# Physikalisches Kurspraktikum für Mediziner und Naturwissenschaftler

Von
Jan van Calker †
und
Hans-Rudolf Kleinhanß



3. Auflage

Mit 98 Abbildungen und 12 Tabellen

Schattauer Verlag Stuttgart – New York

Professor Dr. phil. Jan van Calker, Jahrgang 1908, verstorben 1981. Studium der Physik in Freiburg, Heidelberg und München. Von 1935 bis 1937 tätig an der Medizinischen Klinik und dem Radiologischen Institut der Universität Freiburg, von 1937 bis 1964 am Physikalischen Institut der Universität Münster. Von 1965 bis 1976 Direktor des Physikalischen Institutes I der Universität Düsseldorf.

Professor Dr. rer. nat. Hans-Rudolf Kleinhanß, Jahrgang 1930. Studium der Physik an der Universität Münster. Von 1960 bis 1965 Wissenschaftlicher Mitarbeiter der Deutschen Forschungsgemeinschaft bzw. der Fraunhofer-Gesellschaft, seit 1965 am Physikalischen Institut der Universität Düsseldorf, Leiter der Physikalischen Anfängerpraktika.

**CIP-Titelaufnahme der Deutschen Bibliothek**

**Calker, Jan** van:
Physikalisches Kurspraktikum für Mediziner und Naturwissenschaftler / von Jan van Calker u. Hans-Rudolf Kleinhanß. – 3. Aufl. – Stuttgart ; New York : Schattauer, 1989
(UTB für Wissenschaft : Uni-Taschenbücher ; Bd. 504)
ISBN 3-7945-1262-6
NE: Kleinhanß, Hans-Rudolf:; UTB für Wissenschaft / Uni-Taschenbücher


Printed in Germany.
Satz und Druck: Schwabenverlag AG, Senefelderstraße 12, D-7302 Ostfildern 1 (Ruit), Germany.

# Vorwort zur 3. Auflage

Die im Vorwort zur ersten Auflage dieses Taschenbuches geschilderte Zielsetzung hat sich nicht geändert. Auch nach dem Tode des Kollegen van Calker, dem die Ausbildung der Studienanfänger ein besonderes Anliegen war, soll das Taschenbuch durch die Verknüpfung von theoretischen Grundlagen und praktischer Anwendung den Studierenden den Einstieg in das Physikstudium erleichtern.

In die Neuauflage des Taschenbuches wurden die Erfahrungen eingearbeitet, die sich aus dem Gebrauch neben den praktischen Übungen bei den Assistenten und Studenten ergaben. Die „Stoffgrundlagen für die schriftlichen ärztlichen Prüfungen“ von 1988 (Neufassung des Gegenstandskataloges) wurden bei der Überarbeitung ebenso berücksichtigt wie neuere gesetzliche Vorschriften zum Strahlenschutz und zum Umgang mit Gefahrenstoffen.

Stärkere Veränderungen erfuhr insbesondere das Kapitel zur Fehlerrechnung und Statistik. Unter Verwendung der Begriffe Meßabweichung und Meßunsicherheit wurden weitgehend die Vorschläge des DIN-Ausschusses übernommen. Hier wie auch an anderen Stellen wurde dem praktischen Einsatz von Taschenrechnern bei der Auswertung Rechnung getragen. Die Übernahme statistischer Programme gestattet eine erste Einführung in Grundprobleme der linearen Regression.

Das umfangreiche Kapitel zur Optik wurde umgeschrieben und in zwei Kapitel aufgeteilt. In anderen Kapiteln wurden Versuche, die sich im Rahmen des Praktikums bewährt haben, neu aufgenommen bzw. gegen andere Versuche ausgetauscht.

Allen, die mich auf Druckfehler und Verbesserungsmöglichkeiten in der Darstellung aufmerksam gemacht haben, danke ich herzlich. Mein besonderer Dank gilt den Herren Stud. Prof. J. Luysberg und Akad. Oberrat Dr. B. Wischgoll für wertvolle Ratschläge und tatkräftige Unterstützung. Ferner danke ich dem F. K. Schattauer-Verlag für die bereitwillige Berücksichtigung aller Änderungswünsche.

Düsseldorf, im November 1988 *Hans-Rudolf Kleinhanß*

# Vorwort zur 1. Auflage

Die zunehmende Straffung des akademischen Studiums erfordert, das für Studierende der Naturwissenschaften, Medizin und Pharmazie mit Physik als Nebenfach obligatorische Physikalische Praktikum zur Vermittlung experimenteller physikalischer Methoden in einen Kurs mit ca. 40 Praktikumsstunden zusammenzufassen. Andererseits haben in der Regel die Teilnehmer am Physikalischen Anfängerpraktikum als Studierende des 1. oder 2. Semesters die Physikalische Grundvorlesung noch nicht oder erst teilweise gehört, und das durch die Schule vermittelte Grundwissen reicht häufig nicht zum Verständnis der Versuche aus.

Dieser Situation versuchen wir dadurch zu entsprechen, daß wir im Rahmen eines *Kurses* von ca. 10 Praktikumstagen sukzessiv aufeinander aufbauend jeweils an einem Tag ein abgeschlossenes Stoffgebiet behandeln. Trotz unumgänglicher Beschränkungen wird dabei dem Studienanfänger ein Querschnitt durch experimentelle physikalische Methoden vermittelt. Für das physikalische Verständnis wichtige Grundversuche werden gleichermaßen behandelt wie apparativ aufwendige Meßverfahren. Der zunehmenden Bedeutung der elektrischen Messung nichtelektrischer Größen entsprechend wird den elektrischen Meßverfahren mit drei Kurstagen besondere Aufmerksamkeit gewidmet.

Das „Physikalische Kurspraktikum für Mediziner und Naturwissenschaftler" stützt sich auf Erfahrungen am Physikalischen Institut der Universität Düsseldorf, wo das Kurspraktikum in der vorliegenden Form seit 4 Jahren praktiziert, diskutiert und überarbeitet wird.

Als Grundlage für einen Kurstag dient eine theoretische Einführung, in der die für das Verstehen der Versuche wichtigen physikalischen Begriffe und Gesetzmäßigkeiten kurz erläutert werden. Die für die Durchführung der Versuche wichtigen Formeln werden abgeleitet und der methodische Ablauf der Messung wird beschrieben. In der Regel führen die im Team zu zweit oder zu dritt arbeitenden Studenten in einem 4stündigen Praktikum zwei bis drei Versuche durch. Wenn wir dennoch zu einem Themenkreis mehrere Versuche beschreiben, so soll dadurch die Vielseitigkeit der Meßverfahren bzw. der Anwendungsmöglichkeiten einer Methode herausgestellt werden. Wir glauben, auf diese Weise mit der Durchführung eines Versuches zugleich das Verständnis für andere, methodisch ähnliche Verfahren vermitteln zu können.

Dem Wunsch der Studenten auf Überprüfung der eigenen Kenntnisse wird durch eine kurze Zusammenfassung der wesentlichen Stoffinhalte und der Lernziele Rechnung getragen. Die Bedeutung der besprochenen Methoden für die Praxis wird durch eine — keineswegs vollständige — Aufzählung von Anwendungsbeispielen gezeigt; diese mögen zugleich als Anregung für weitere vertiefte Studien dienen.

Dieses Taschenbuch soll die physikalische Grundvorlesung und das Lehrbuch nicht ersetzen; aber wir hoffen, daß es den Studenten durch die unmittelbare Verknüpfung des theoretischen Stoffes mit der praktischen Anwendung hilft, sich physikalisches Grundlagenwissen und Verständnis für experimentelle Methoden anzueignen.

Herrn Dr. B. Wischgoll danken wir für die kritische Durchsicht des Manuskripts und wertvolle Anmerkungen, den Assistenten und Studenten des Kurspraktikums für zahlreiche Anregungen.

Unser Dank gilt auch dem F. K. Schattauer-Verlag für die verständnisvolle Zusammenarbeit sowie für die sorgfältige Drucklegung.

Düsseldorf im Juli 1975

Jan van Calker
Hans-Rudolf Kleinhanß

# Inhaltsverzeichnis

**Einleitung** . . . . . . . . . . 1

*Physikalische Grundbegriffe* . . . . . . . . . . 1

*Grundlagen des experimentellen Arbeitens* . . . . . . . . . . 4

**1. Fehlerrechnung – Statistik** . . . . . . . . . . 7

*1.1. Theoretische Grundlagen* . . . . . . . . . . 7

1.1.1. Fehler und ihre Ursachen . . . . . . . . . . 7
1.1.2. Statistische Gesetzmäßigkeiten – Verteilungsfunktionen . . . . . . 10
1.1.3. Auswertung endlicher Meßreihen . . . . . . . . . . 13
1.1.4. Fehlerfortpflanzung . . . . . . . . . . 16
1.1.5. Ausgleichsgerade, lineare Regression . . . . . . . . . . 19

*1.2. Versuche zur Fehlerrechnung und Statistik* . . . . . . . . . . 21

1.2.1. Zusammenfassung von Lernstoff und Lernzielen . . . . . . . . . . 21
1.2.2. Versuch: Protokollführung und Auswertung bei statistisch verteilten Meßgrößen . . . . . . . . . . 22
1.2.3. Versuch: Beobachtungsfehler bei einer Geschwindigkeitsmessung 24
1.2.4. Versuch: Zählmethoden im klinischen Labor . . . . . . . . . . 26
1.2.5. Versuch: Zählstatistik beim radioaktiven Zerfall . . . . . . . . . . 28
1.2.6. Versuch: Protokollführung und Auswertung bei einer funktionalen Abhängigkeit von Meßgrößen . . . . . . . . . . 30
1.2.7. Versuch: Bestimmung der Schallgeschwindigkeit . . . . . . . . . . 32
1.2.8. Versuch: Bestimmung von Zerfallskonstante und Halbwertszeit eines radioaktiven Präparates . . . . . . . . . . 33
1.2.9. Anwendungsbeispiele zu den Versuchen und Anregungen zum Selbststudium . . . . . . . . . . 37

**2. Mechanische Größen** . . . . . . . . . . 38

*2.1. Theoretische Grundlagen* . . . . . . . . . . 38

2.1.1. Einführung . . . . . . . . . . 38
2.1.2. Kraft und abgeleitete Größen . . . . . . . . . . 39
2.1.3. Mechanische Eigenschaften von Flüssigkeiten . . . . . . . . . . 43

*2.2. Messen mechanischer Größen* . . . . . . . . . . 46

*2.3. Versuche zur Mechanik der Flüssigkeiten* . . . . . . . . . . . . . . . . 50

2.3.1. Zusammenfassung von Lernstoff und Lernzielen . . . . . . . . . . . 50
2.3.2. Versuch: Meßprinzip der Mohrschen Waage . . . . . . . . . . . . . 51
2.3.3. Versuch: Mohrsche Waage, Volumenkontraktion . . . . . . . . . . 54
2.3.4. Versuch: Mohrsche Waage, Schwebemethode . . . . . . . . . . . . 55
2.3.5. Versuch: Ausflußviskosimeter . . . . . . . . . . . . . . . . . . 56
2.3.6. Versuch: Viskosimeter nach Ostwald . . . . . . . . . . . . . . . 58
2.3.7. Versuch: Bestimmung der Viskosität nach Stokes . . . . . . . . . 60
2.3.8. Anwendungsbeispiele zu den Versuchen und Anregungen zum Selbststudium . . . . . . . . . . . . . . . . . . . . . . . . . . . 62

**3. Thermische Größen** . . . . . . . . . . . . . . . . . . . . . . . . 64

*3.1. Theoretische Grundlagen* . . . . . . . . . . . . . . . . . . . . . 64

3.1.1. Einführung . . . . . . . . . . . . . . . . . . . . . . . . . . . 64
3.1.2. Zustandsgleichung, Änderung des Aggregatzustandes . . . . . . . 66
3.1.3. Wärme, Wärmeleitung . . . . . . . . . . . . . . . . . . . . . . 70

*3.2. Messen thermischer Größen* . . . . . . . . . . . . . . . . . . . . 73

*3.3. Versuche zur Wärmelehre: Bestimmung thermischer und kalorischer Größen* . . . . . . . . . . . . . . . . . . . . . . . . . . . . . 74

3.3.1. Zusammenfassung von Lernstoff und Lernzielen . . . . . . . . . . 74
3.3.2. Versuch: Zustandsgleichung idealer Gase, isotherme und isochore Zustandsänderung . . . . . . . . . . . . . . . . . . . . . . . . 75
3.3.3. Versuch: Gefrierpunktserniedrigung, Bestimmung der molaren Masse . . . . . . . . . . . . . . . . . . . . . . . . . . . . . . 77
3.3.4. Versuch: Mischungskalorimeter, spezifische Wärmekapazität fester Körper . . . . . . . . . . . . . . . . . . . . . . . . . . . . . 80
3.3.5. Versuch: Mischungskalorimeter, spezifische Wärmekapazität von Flüssigkeiten . . . . . . . . . . . . . . . . . . . . . . . . . . 83
3.3.6. Versuch: Mischungskalorimeter, Schmelzwärme von Eis . . . . . . 85
3.3.7. Anwendungsbeispiele zu den Versuchen und Anregungen zum Selbststudium . . . . . . . . . . . . . . . . . . . . . . . . . . . 86

**4. Elektrische Größen: Grundlagen, Gleichstromgrößen** . . . . 88

*4.1. Theoretische Grundlagen* . . . . . . . . . . . . . . . . . . . . . 88

4.1.1. Grundbegriffe der Elektrizitätslehre . . . . . . . . . . . . . . 88
4.1.2. Schaltzeichen und Ersatzschaltbilder . . . . . . . . . . . . . . 91
4.1.3. Kirchhoffsche Gesetze und Anwendungsbeispiele . . . . . . . . . 93

*4.2. Elektrische Meßgeräte* . . . . . . . . . . . . . . . . . . . . . . 98

*4.3. Versuche zur Schaltung von Strom- und Spannungsmesser, spezielle Meßverfahren* . . . 103

4.3.1. Zusammenfassung von Lernstoff und Lernzielen . . . 103
4.3.2. Versuch: Schaltung elektrischer Meßgeräte . . . 103
4.3.3. Versuch: Kennlinien elektrischer Schaltelemente . . . 107
4.3.4. Versuch: Kenngrößen einer Spannungsquelle, Spannungsmessung mit stromführenden Voltmetern, Poggendorffsche Kompensation . . . 108
4.3.5. Versuch: Poggendorffsche Kompensation, Kalibrierung eines Thermoelementes . . . 113
4.3.6. Versuch: Wheatstonesche Brückenschaltung, Serien- und Parallelschaltung von Widerständen . . . 116
4.3.7. Versuch: Wheatstonesche Brückenschaltung, Widerstandsthermometer . . . 119
4.3.8. Anwendungsbeispiele zu den Versuchen und Anregungen zum Selbststudium . . . 119

**5. Zeitabhängige elektrische Größen: Wechselstromgrößen** . . . 121

*5.1. Theoretische Grundlagen* . . . 121

5.1.1. Einführung . . . 121
5.1.2. Wechselstromgrößen . . . 123
5.1.3. Serienschaltung von $R$, $L$ und $C$ . . . 125
5.1.4. Elektrische Leistungen im Wechselstromkreis . . . 128

*5.2. Geräte zur Messung von Wechselstromgrößen* . . . 132

*5.3. Versuche zum Verhalten von Wechselstromwiderständen* . . . 133

5.3.1. Zusammenfassung von Lernstoff und Lernzielen . . . 133
5.3.2. Versuch: Wechselstromwiderstände bei der Serienschaltung von $R$, $L$ und $C$ . . . 133
5.3.3. Versuch: $R$-$C$-Kombinationen als Hoch- und Tiefpaß . . . 136
5.3.4. Versuch: Frequenzabhängigkeit des Wechselstromwiderstandes bei der Serienschaltung von $R$, $L$ und $C$ . . . 139
5.3.5. Anwendungsbeispiele zu den Versuchen und Anregungen zum Selbststudium . . . 143

**6. Zeitaufgelöste Darstellung elektrischer Größen** . . . 145

*6.1. Theoretische Grundlagen* . . . 145

6.1.1. Einführung . . . 145
6.1.2. Einschaltvorgänge an der $R$-$C$-Kombination . . . 145
6.1.3. Differenzierglied und Integrierglied . . . 148

6.2. *Meßgeräte für eine zeitlich aufgelöste Darstellung elektrischer Größen* . . . 149

6.2.1. Registrierende Meßgeräte . . . 149
6.2.2. Elektronenstrahloszillograph . . . 150

6.3. *Versuche mit dem Oszillographen* . . . 156

6.3.1. Zusammenfassung von Lernstoff und Lernzielen . . . 156
6.3.2. Versuch: Messungen von Gleich- und Wechselspannungen und Zeitdifferenzen mit dem Oszillographen . . . 157
6.3.3. Versuch: Die *R-C*-Kombination als Differenzier- und Integrierglied 160
6.3.4. Versuch: Oszillographische Darstellung der Kennlinien elektrischer Bauelemente . . . 162
6.3.5. Versuch: Periodendauermessungen über Lissajous-Figuren . . . 163
6.3.6. Versuch: Messung der Phasendifferenz über Lissajous-Figuren . . . 165
6.3.7. Anwendungsbeispiele zu den Versuchen und Anregungen zum Selbststudium . . . 166

**7. Schwingungen und Wellen** . . . 168

7.1. *Theoretische Grundlagen* . . . 169

7.1.1. Einführung . . . 169
7.1.2. Die harmonische Schwingung . . . 169
7.1.3. Die ungedämpfte harmonische Welle . . . 172
7.1.4. Ausbreitung und Überlagerung von Wellen . . . 175

7.2. *Messen akustischer Größen* . . . 179

7.3. *Versuche an Schwingungen und Wellen* . . . 183

7.3.1. Zusammenfassung von Lernstoff und Lernzielen . . . 183
7.3.2. Versuch: Federwaage, Federpendel . . . 184
7.3.3. Versuch: Mathematisches Pendel . . . 186
7.3.4. Versuch: Bestimmung des Adiabatenexponenten . . . 188
7.3.5. Versuch: Schallgeschwindigkeit, Messung der Impulslaufzeit, Impulsechoverfahren . . . 191
7.3.6. Versuch: Schallgeschwindigkeit, Bestimmung der Wellenlänge durch Phasenvergleich . . . 195
7.3.7. Versuch: Schallgeschwindigkeit, Bestimmung der Wellenlänge aus der Amplitudenverteilung einer stehenden Welle . . . 196
7.3.8. Versuch: Schallgeschwindigkeit, Bestimmung der Wellenlänge aus der Resonanz einer Luftsäule . . . 199
7.3.9. Anwendungsbeispiele zu den Versuchen und Anregungen zum Selbststudium . . . 200

**8. Optik: Linsen und Linsensysteme** . . . 201

*8.1. Theoretische Grundlagen* . . . 201

8.1.1. Einführung . . . 201
8.1.2. Geometrische Optik . . . 202

*8.2. Versuche zur optischen Abbildung* . . . 210

8.2.1. Zusammenfassung von Lernstoff und Lernzielen . . . 210
8.2.2. Versuch: Brennweite dünner Linsen, Anwendung der Linsenformel 210
8.2.3. Versuch: Brennweite dünner Linsen, Bessel-Methode . . . 211
8.2.4. Versuch: Sphärische und chromatische Aberration einer Sammellinse . . . 212
8.2.5. Versuch: Brennweite einer Zerstreuungslinse . . . 214
8.2.6. Versuch: Augenmodell . . . 215
8.2.7. Versuch: Vergrößerung einer Lupe . . . 217
8.2.8. Versuch: Mikroskop . . . 219
8.2.9. Anwendungsbeispiele zu den Versuchen und Anregungen zum Selbststudium . . . 223

**9. Optische Strahlung, Wellenoptik** . . . 225

*9.1. Theoretische Grundlagen* . . . 226

9.1.1. Optische Strahlungsgrößen . . . 226
9.1.2. Phänomene der Wellen- und Quantenoptik . . . 228

*9.2. Optische Meßgeräte* . . . 231

*9.3. Spezielle optische Untersuchungsmethoden* . . . 234

9.3.1. Zusammenfassung von Lernstoff und Lernzielen . . . 234
9.3.2. Versuch: Polarimeter, Malussches Gesetz . . . 235
9.3.3. Versuch: Polarimeter, Saccharimetrie . . . 238
9.3.4. Versuch: Gitterspektrometer, Messung optischer Wellenlängen . . 241
9.3.5. Versuch: Prismenspektrometer, Spektralanalyse . . . 243
9.3.6. Versuch: Photometer, Lambert-Beersches Gesetz . . . 245
9.3.7. Anwendungsbeispiele zu den Versuchen und Anregungen zum Selbststudium . . . 247

**10. Ionisierende Strahlen** . . . 249

*10.1. Theoretische Grundlagen* . . . 250

10.1.1. Einführung . . . 250
10.1.2. Wechselwirkung von Korpuskularstrahlung mit Materie . . . 251
10.1.3. Wechselwirkung energiereicher elektromagnetischer Strahlung mit Materie . . . 253

*10.2. Messen ionisierender Strahlung* . . . 256

10.2.1. Meßgeräte . . . 256
10.2.2. Dosimetrie . . . 258

*10.3. Versuche mit dem Geiger-Müller-Zählrohr: Grundprobleme des Strahlenschutzes* . . . 262

10.3.1. Zusammenfasssung von Lernstoff und Lernzielen . . . 262
10.3.2. Versuch: Geiger-Müller-Zählrohr . . . 263
10.3.3. Versuch: Absorption monoenergetischer $\gamma$-Strahlung . . . 270
10.3.4. Versuch: Absorption polychromatischer Röntgenstrahlung . . . 272
10.3.5. Versuch: Absorption von $\beta$-Strahlung . . . 276
10.3.6. Versuch: Geometrisches Abstandsgesetz für ionisierende Strahlung 280
10.3.7. Anwendungsbeispiele zu den Versuchen und Anregungen zum Selbststudium . . . 282

**11. Anhang: Elementare Differentialgleichungen und ihre Lösungsfunktionen** . . . 284

*11.1. Die Exponentialfunktion* . . . 284

*11.2. Die harmonische Schwingung* . . . 288

**Sachverzeichnis** . . . 293

# Einleitung

## Physikalische Grundbegriffe

Das Experiment ist eine wesentliche Grundlage des physikalischen Erkenntnisprozesses. Im Unterschied zur reinen Naturbeobachtung wird das physikalische Experiment so angelegt, daß der interessierende Teilbereich des Naturgeschehens möglichst weit von anderen Einflüssen isoliert wird. Besteht im Idealfall keine Wechselwirkung mit anderen Teilbereichen, so sprechen wir von einem **abgeschlossenen physikalischen System.** Wegen der praktisch immer vorliegenden Störungen muß man sich häufig mit Näherungen begnügen und auf den Idealfall extrapolieren.

Im abgeschlossenen System liefert das Experiment den Zusammenhang zwischen bestimmten Naturerscheinungen in Form von Ursache und Wirkung. Aber erst eine quantitative Beschreibung der Naturerscheinung durch die Messung macht eine Vielzahl von Experimenten überschaubar, so daß letztlich durch Abstraktion Gesetze erkannt und formuliert werden können.

Als Messung bezeichnen wir den Vorgang, daß eine physikalische Erscheinungsform — die **physikalische Größe** $G$ — mit einer gleichartigen Bezugsgröße — der **Maßeinheit** $[G]$ — verglichen wird. Das Verhältnis dieser Größen ist dann eine reine Zahl — die **Maßzahl** $\{G\}$. Es gilt also $\{G\} = G/[G]$ bzw.

$$G = \{G\} \cdot [G] .$$

**Physikalische Größe = Maßzahl × Maßeinheit.**

Die physikalische Größe ist naturgegeben und als solche invariant gegenüber der gewählten Maßeinheit, deshalb hat eine Veränderung der Einheit eine Veränderung der Maßzahl zur Folge.

Eine physikalische Größe ist beispielsweise die Länge $l$ eines Objektes. Diese Länge ist unabhängig von der Wahl einer Längeneinheit. Beim Vergleich mit der englischen Längeneinheit $[l] = \text{inch}$ ergebe sich die Maßzahl zu $\{l\} = 20{,}5$; bei Wahl der Längeneinheit $[l] = \text{cm}$ beträgt dann die Maßzahl $\{l\} = 52{,}07$. Die Länge $l$ läßt sich also verschieden darstellen:

$l = 20{,}5 \text{ inch} = 52{,}07 \text{ cm}.$

Zwischen den verschiedenen Einheiten inch und cm besteht dann wegen der Eindeutigkeit der Größe $l$ eine Beziehung, die als Einheitengleichung bezeichnet wird:

$$1 \text{ inch} = \frac{52{,}07}{20{,}5} \text{ cm} = 2{,}54 \text{ cm}.$$

Besteht zwischen unterschiedlichen physikalischen Größen eine quantitative Verknüpfung, so wird diese in der allgemeinsten Form durch eine Gleichung zwischen den physikalischen Größen — kurz: Größengleichung — angegeben.

**Größengleichungen** beschreiben den Zusammenhang zwischen physikalischen Größen unabhängig von der Wahl der Einheiten.

Gelegentlich wird der Zusammenhang zwischen physikalischen Größen nur als Relation der Maßzahlen der Größen angegeben. Fast immer handelt es sich um Formeln, die gewohnheitsmäßig aus der älteren Literatur übernommen werden. Solche Zahlenwertgleichungen sind unzweckmäßig; sie gelten nur für die jeweils gewählten Einheiten, die zusätzlich explizit angegeben werden müssen!

Physikalische Größen, die durch Angabe von Einheit und Maßzahl vollständig beschrieben werden, nennt man **Skalare.** Skalare sind z. B. Temperatur, Zeit, Masse. Skalare werden in Größengleichungen wie einfache algebraische Größen behandelt. Oft ist jedoch neben der Angabe von Einheit und Maßzahl auch noch die Richtung der Größe wesentlich, z. B. bei Geschwindigkeit, Kraft, elektrischer Feldstärke. Solche Größen werden **Vektoren** genannt und durch Fettdruck (z. B. $\boldsymbol{v}$, $\boldsymbol{F}$, $\boldsymbol{E}$) gekennzeichnet. Bei Größengleichungen mit Vektoren sind die Rechenoperationen der Vektorrechnung anzuwenden.

Über physikalische Beziehungen und Gesetzmäßigkeiten kann die Vielzahl physikalischer Größen auf wenige Grundgrößen oder **Basisgrößen** zurückgeführt werden; dabei sind Anzahl und Art der Basisgrößen weitgehend frei wählbar. Die Wahl der tatsächlich benutzten Basisgrößen und ihrer Einheiten ist durch historische Gegebenheiten und Zweckmäßigkeitsgründe bestimmt. Dem „Internationalen Einheitensystem" (SI = système international d'unités) folgend wurden in der Bundesrepublik Deutschland durch Gesetz* folgende Basisgrößen und Einheiten eingeführt:

* „Gesetz über Einheiten im Meßwesen" vom 2. Juli 1969 und „Ausführungsverordnung zum Gesetz über Einheiten im Meßwesen" vom 26. Juni 1970, beide in Kraft getreten am 5. Juli 1970.

Tab. 1.

| Basisgröße | Basiseinheit | Einheitenzeichen |
| --- | --- | --- |
| Länge | Meter | m |
| Masse | Kilogramm | kg |
| Zeit | Sekunde | s |
| Elektrische Stromstärke | Ampere | A |
| Thermodynamische Temperatur | Kelvin | K |
| Lichtstärke | Candela | cd |
| Stoffmenge | Mol | mol |

Dezimale Vielfache und Teile von Einheiten können durch Vorsetzen von Vorsilben (Vorsätze genannt) gekennzeichnet werden:

Tab. 2.

| Zehnerpotenz | Vorsatz | Vorsatzzeichen |
| --- | --- | --- |
| *Dezimale Vielfache* | | |
| $10^{12}$ | Tera… | T |
| $10^{9}$ | Giga… | G |
| $10^{6}$ | Mega… | M |
| $10^{3}$ | Kilo… | k |
| $10^{2}$ | Hekto… | h |
| $10^{1}$ | Deka… | da |
| *Dezimale Teile* | | |
| $10^{-1}$ | Dezi… | d |
| $10^{-2}$ | Zenti… | c |
| $10^{-3}$ | Milli… | m |
| $10^{-6}$ | Mikro… | $\mu$ |
| $10^{-9}$ | Nano… | n |
| $10^{-12}$ | Piko… | p |

Um Mißverständnisse mit dem Vorsatz m (Milli) zu vermeiden, ist das Einheitenzeichen m (Meter) in abgeleiteten Einheiten *hinter* anderen Einheitenzeichen zu setzen, z. B.

mN bedeutet Millinewton
Nm bedeutet Newtonmeter.

## Grundlagen des experimentellen Arbeitens

Das Experiment sollte zu einer Fragestellung eine möglichst klare Entscheidung liefern. Damit das angestrebte Ziel optimal erreicht wird, sind sorgfältige Vorbereitung, planvolles Handeln, systematisches Erfassen der Versuchsergebnisse und zweckmäßige Auswertung erforderlich.

Solche methodischen Probleme sind wichtiger Bestandteil des Praktikums für den Studienanfänger. Allen Versuchen werden deshalb im folgenden einige Grundsätze vorangestellt, die der Praktikant immer beherzigen sollte.

1. Für das **Verständnis** eines Versuches sind gewisse theoretische Kenntnisse unabdingbar. Diese physikalischen und mathematischen Grundlagen eigne man sich möglichst frühzeitig an. Der Assistent wird gerne einzelne offene Fragen besprechen, aber der wesentliche Teil des theoretischen Lernprozesses sollte vor dem Praktikum liegen.

2. Ein erfolgreiches Experiment setzt eine sorgfältige **Planung** voraus. Man orientiert sich am Ziel des Versuches und legt fest, welche Größen in welcher Reihenfolge zu bestimmen sind. Bestimmte Versuche erfordern einen definierten Zeitplan. Man stellt dann sicher, daß zum vorgesehenen Zeitpunkt die notwendigen Versuchsschritte durchgeführt werden können.

Man informiert sich über den Gang der Auswertung und schätzt den Einfluß von Meßfehlern auf das Ergebnis ab. Auf Grund dieser Abschätzung ergeben sich bestimmte Forderungen hinsichtlich der Meßgenauigkeit, denen durch Wahl geeigneter Meßgeräte, durch entsprechende Sorgfalt und mehrfache Wiederholung der Messung Rechnung getragen wird. Andererseits verzichtet man auf einen übertriebenen Meßaufwand, wenn die Meßunsicherheit des Resultates ausschließlich durch andere Meßgrößen bestimmt wird.

3. Die Aufzeichnungen des **Meßprotokolls** besitzen dokumentarischen Charakter in Bezug auf das Experiment. Entsprechend sollten alle Aufzeichnungen *vollständig* sein und unmittelbar während des Versuches angefertigt werden.

Die Vollständigkeit aller Unterlagen eines Versuches wird am besten gewährleistet, wenn für die Protokollführung ein gebundenes Heft benutzt wird, in das auch zusätzliche Unterlagen (Diagramme u.ä.) eingeklebt werden. Es ist unzulässig, Meßdaten auf Schmierzetteln zu notieren und nachträglich in Reinschrift zu übertragen. Abgesehen davon, daß dieses Verfahren unökonomisch ist, schleichen sich durch die zu lässige Protokollführung und die Übertragung der Meßdaten leicht zusätzliche Fehler ein.

Zur Vollständigkeit gehört insbesondere auch eine Skizze (bei elektrischen Schaltungen ein Schaltplan) des Versuchsaufbaus, die mit den tatsächlichen Gegebenheiten übereinstimmt. Man notiert die Inventarnummer der benutzten Meßgeräte, damit diese überprüft werden können, wenn der Verdacht auf Vorliegen eines systematischen Meßfehlers auftritt. (Systematische Meßfehler werden häufig erst bei der Auswertung, unter Umständen also nach Abbau der Versuchsapparaturen, als solche erkannt.) Gemessen und im Versuchsprotokoll festgehalten werden solche physikalischen Größen, die einen Einfluß auf das Versuchsergebnis haben könnten, auch wenn sie nicht Bestandteil der speziellen Theorie des Versuches sind. Beispielsweise ist die Viskosität, die nur über mechanische Größen gemessen wird, stark temperaturabhängig; erst die zusätzliche Temperaturmessung ermöglicht den Vergleich der eigenen Versuchsergebnisse mit den Literaturdaten.
*Meßreihen* werden zweckmäßigerweise in *tabellarischer Form* aufgenommen. Dies erleichtert die Auswertung erheblich, insbesondere wenn die Tabelle so angelegt wird, daß weitere, sich wiederholende Auswertungsschritte direkt im Anschluß an die Meßdaten durchgeführt werden können. Aus Gründen der Konzentration empfiehlt es sich, während der eigentlichen Messung nur die Meßdaten (beispielsweise als Skalenwerte) zu notieren und eventuelle Umrechnungen nachträglich durchzuführen. Unnötiges Mitschleppen von Maßeinheiten wird durch konsequente Anwendung der Größengleichung vermieden: Man bezeichnet den Kopf einer Spalte durch den Quotienten Physikalische Größe/Maßeinheit und notiert in der Spalte die reinen Maßzahlen.

4. Die **Auswertung** schließt sich dem Meßprotokoll direkt an und wird ebenfalls, soweit zweckmäßig, tabellarisch durchgeführt. Bei formelmäßigen Berechnungen sollte eindeutig erkennbar sein, welcher Zahlenwert und welche Einheit jeweils für eine Größe eingesetzt wurden; hingegen brauchen Nebenrechnungen, die jederzeit wiederholt werden können, nicht festgehalten zu werden. Ist das Ergebnis einer Formelrechnung eine physikalische Größe, so sind Maßzahl und Maßeinheit anzugeben.

**Graphische Darstellungen** sollen funktionale Zusammenhänge veranschaulichen und dienen häufig als Grundlage für die Entnahme weiterer Daten. Damit Ungenauigkeiten bei der Ablesung vermieden werden, nutzt man die Größe des Diagrammpapieres möglichst aus und wählt die Einteilung der Achsen so, daß die Meßkurve etwa im Bereich der Diagonalen zu den Achsen verläuft. Man zieht eine ausgleichende Kurve derart durch die mit Meßunsicherheiten behafteten Punkte, daß die Summe der Abweichungsquadrate minimal wird.

Zur Auswertung gehört insbesondere eine **Angabe der Meßgenauigkeit.** Sofern einzelne Meßgrößen mehrfach bestimmt wurden, kann eine Meßunsicherheit berechnet werden, andernfalls gebe man zumindest einen Schätzwert der Meßunsicherheit an, der sich an der Ablesegenauigkeit der Maßstäbe orientiert. Aufgrund der berechneten bzw. geschätzten Meßunsicherheit der Meßgrößen ermittelt man über die Fehlerfortpflanzung die Meßunsicherheit des Endergebnisses (s. Kap. 1). Wenn möglich, ist das Ergebnis mit Daten aus der Literatur zu vergleichen. Liegen wesentliche Abweichungen vor, überlege man, welche Gründe (systematische Fehler, eine zu optimistische Schätzung der Meßgenauigkeit u. ä.) vorliegen könnten. Auf keinen Fall fälsche man Meßdaten; nicht das mit den Literaturdaten übereinstimmende Ergebnis ist Voraussetzung für das Abtestat, sondern nur die einwandfreie und sorgfältige Protokollführung und Auswertung!

# 1. Fehlerrechnung – Statistik

| Symbole | Größen | SI-Einheiten | |
|---|---|---|---|
| $X$, $Y$ | Physikalische Größen, „wahrer Wert“ | | |
| $k$, $N$ | Meßwerte, ganzzahlig | | |
| $n$ | Anzahl der Messungen | | |
| $h$ | relative Häufigkeit | | |
| $x_i$, $y_i$ | Meßwerte, diskret | | |
| $x$, $y$ | Meßwerte, stetig | | |
| $\overline{x}$, $\overline{y}$ | Mittelwert, endliche Meßreihen | | |
| $\mu$ | Mittelwert, unendliche Meßreihen | | |
| $s$ | Standardabweichung, endliche Meßreihen | | |
| $\sigma$ | Standardabweichung, unendliche Meßreihen | | |
| $u$ | Meßunsicherheit | | |
| $\varepsilon$ | relative Meßunsicherheit | | |
| $l$, $d$, $r$ | Länge, Durchmesser, Radius | m | Meter |
| $t$ | Zeit | s | Sekunde |
| $T$ | Periodendauer | s | Sekunde |
| $v$, $c$ | Geschwindigkeit | m/s | |
| $A$ | Aktivität | Bq=1/s | Becquerel |
| $Z$ | Zählrate | 1/s | |
| $\lambda$ | Zerfallskonstante | 1/s | |
| $T_{1/2}$ | Halbwertszeit | s | |

## 1.1. Theoretische Grundlagen

### 1.1.1. Fehler und ihre Ursachen

Jede Messung einer physikalischen Größe bedarf einer kritischen Analyse, bevor sie als Grundlage einer quantitativen Beschreibung des Naturgeschehens dienen kann. Das Ergebnis jeder Messung wird beeinflußt durch die Unvollkommenheit der Meßeinrichtungen und Meßverfahren. Aber auch wenn eine Messung mit einer dem Meßproblem angepaßten Meßgenauigkeit mehrfach wiederholt wird, so liefern nicht alle Einzelbeobachtungen $x_i$ das gleiche Resultat. Die Einzelergebnisse werden, je nach Art des Versuches und der bei seiner Ausführung angewandten Sorgfalt, mehr oder weniger stark voneinander abweichen. Dies bedeutet aber, daß die Messungen prinzipiell kein objektiv richtiges, absolut wahres Bild des der Messung unterworfenen Objektes geben.

Abweichungen der Messungen vom wahren Wert können verschiedene Ursachen haben:

a) **Grobe Fehler** liegen vor, wenn Meßapparaturen unsachgemäß angewendet oder wesentliche physikalische Nebenbedingungen nicht beachtet werden. Solche Fehler sind prinzipiell vermeidbar.

**Beispiele:** Grobe Fehler liegen vor, wenn Meßgeräte (Verstärker, Oszillographen) in unkalibrierter Stellung zur Messung benutzt werden. Ein grober Fehler ist auch die falsche Ablesung eines Maßstabes oder einer Skala, die evtl. *psychologisch* bedingt sein kann, wenn der Beobachter mit seiner Messung eine Erwartung verbindet und eine geschätzte Ablesung unbewußt zu dem Erwartungswert korrigiert.

b) Als **systematische Fehler** bzw. **systematische Meßabweichungen*** bezeichnet man einseitige Abweichungen des Verbrauchsergebnisses. Die Abweichung ist u. U. im *Meßverfahren* begründet, wenn die Messung auf das zu messende Ereignis rückwirkt und dort eine Störung verursacht.

**Beispiele:** Die Temperatur eines Objektes wird verfälscht, wenn die Wärmekapazität des zur Messung benutzten Thermometers so groß ist, daß dem Meßobjekt ein merkbarer Anteil der Wärme entzogen wird. Der elektrische Widerstand kann prinzipiell nicht über eine gleichzeitige Messung von Strom und Spannung bestimmt werden, wenn für beide Meßgrößen stromführende Meßinstrumente benutzt werden (vgl. Versuch 4.3.2.).

Zu der Gruppe der systematischen Fehler zählen auch die *Instrumentenfehler*, deren Ursachen auf konstruktive Ungenauigkeiten oder auf falsche Eichung der verwendeten Meßgeräte zurückgehen.

**Beispiele:** Ein Instrument mit einer linearen Anzeige weist einen *konstanten Fehler* auf, wenn der Nullpunkt falsch eingestellt wurde. Zur Meßgröße *proportionale Fehler* liegen vor, wenn ein Maßstab mit falscher Länge oder eine gleichmäßig zu schnell gehende Uhr benutzt werden. Bei einem *Hysterese-Fehler* hängt das Ergebnis von der Vorgeschichte der Messung ab; der tote Gang einer Meßspindel bewirkt, daß unterschiedliche Meßwerte abgelesen

---

* Der Begriff „Fehler“ impliziert die Differenz gegenüber einem wahren Wert, der bei der Messung aber zumeist nicht bekannt ist. In diesen Fällen verwendet man besser den wertneutralen Begriff „Meßabweichung“ (DIN 1319).

werden, je nachdem, ob die Einstellung von kleineren zu größeren Werten oder umgekehrt erfolgt.

Systematische Fehler werden bei entsprechender Sorgfalt des Experimentierenden erkannt. Sie lassen sich dann durch Anwendung geeigneter Meßverfahren weitgehend unterdrücken bzw. über rechnerische Korrekturen eliminieren.

Unbekannte systematische Abweichungen versucht man z. B. aufgrund verläßlicher Angaben des Geräteherstellers abzuschätzen. Dieser Schätzwert wird als **systematische Komponente der Meßunsicherheit** $u_s$ bezeichnet.

c) Prinzipiell nicht vermeidbar sind **unsystematische Meßabweichungen.** Unregelmäßige Versuchsergebnisse gehen häufig auf den Beobachter zurück, treten aber auch bei sogenannten objektiven Meßverfahren auf.

**Beispiele:** Subjektiv bedingte Meßabweichungen treten auf, wenn bei einer Ablesung Werte zwischen den Teilstrichen der Meßskala geschätzt werden müssen. Eine rein physiologische Fehlerquelle ist auch dadurch gegeben, daß die Feststellung von Koinzidenzen mit dem bloßen Auge nicht einwandfrei möglich ist. Die Einstellgenauigkeit einer Meßeinrichtung kann von Messung zu Messung schwanken, subjektiv z. B. durch unterschiedliches Anlegen eines Maßstabes oder objektiv z. B. durch wechselnde Lagerreibung des Instrumentes bzw. geringfügig streuende Triggerschwellen elektronischer Meßgeräte.

Die Analyse einer Anzahl von Messungen der gleichen Größe zeigt, daß die Meßwerte bzw. deren Abweichungen zufällige, statistische Schwankungen aufweisen, die bestimmten Annahmen der Wahrscheinlichkeitstheorie genügen. Die **Fehlerrechnung** befaßt sich mit diesen unsystematischen Meßabweichungen und ermöglicht es, die **Zufallskomponente der Meßunsicherheit** $u_z$ empirisch zu bestimmen (Abschn. 1.1.3.).

d) Man beachte aber auch, daß das der Beobachtung unterworfene Objekt zuweilen **natürlichen Schwankungen** unterliegt und in Wirklichkeit *nicht* durch einen „wahren“ Wert dargestellt werden kann.

**Beispiele:** Die „Körpertemperatur des gesunden Menschen“ ist eine Fiktion, da die Körpertemperaturen verschiedener Personen natürliche Schwankungen aufweisen. Selbst die Temperatur eines einzelnen Menschen weist Schwankungen im Tagesrhythmus auf; sie ist ferner abhängig von momentanen körperlichen und psychologischen Belastungen. Solche Schwankungen sind auch bei nichtbiologischen Prozessen zu beobachten: Bei einem radioaktiven Präparat erfolgen die Zerfälle weder in konstanten Zeitabständen, noch ist die Anzahl der zerfallenden Atome pro Zeiteinheit konstant.

In diesen Fällen wird zur Charakterisierung der Gesamtheit verschiedener Einzelmessungen ein häufigster, wahrscheinlichster oder auch Durchschnittswert angegeben. Sind die Ereignisse oder Messungen zufällig, statistisch verteilt, so werden zur Beurteilung dieser Meßwerte häufig die gleichen Methoden angewandt wie für die Beurteilung der zufälligen Meßabweichungen oder genauer formuliert: Die Fehlerrechnung ist ein Teilgebiet der Statistik und läßt sich unter bestimmten Voraussetzungen auch auf andere statistische Probleme anwenden.

Alle unbekannten Meßabweichungen werden im abschließenden Ergebnis einer kritisch ausgewerteten Meßreihe berücksichtigt durch die Angabe eines Intervalls, in dem der „wahre" Wert $X$ mit einer vorgegebenen Wahrscheinlichkeit liegt:

$$\bar{x} - u \leq X \leq \bar{x} + u$$

bzw. abgekürzt geschrieben

$$X = \bar{x} \pm u \tag{1.1}$$

Dabei sollte der Mittelwert $\bar{x}$, der bereits um bekannte systematische Abweichungen berichtigt wurde, dem wahren Wert möglichst nahe kommen. Die Meßunsicherheit $u$ beinhaltet die mit Hilfe der Fehlerrechnung bestimmte Zufallskomponente $u_z$ erweitert um die geschätzte systematische Komponente $u_s$.

## 1.1.2. Statistische Gesetzmäßigkeiten — Verteilungsfunktionen

Statistische Berechnungen stützen sich auf Gesetzmäßigkeiten, denen Zufallsereignisse bei einer hinreichend großen Anzahl von Versuchen unterliegen. Ein Kollektiv zufällig verteilter Messungen $x$ wird in der Statistik durch seine Verteilungsfunktion $h(x)$ charakterisiert, d.h. durch eine Funktion, die jedem Meßwert die relative Häufigkeit dieses Meßwertes zuordnet. Zahlreiche experimentell bestimmbare Häufigkeitsverteilungen lassen sich wahrscheinlichkeitstheoretisch begründen und auswerten.

Von besonderer Bedeutung sind im Bereich physikalischer Meßtechnik die Verteilungsfunktionen nach C.F. Gauß und S.D. Poisson.

**Gaußsche Normalverteilung:**
Die Gaußsche Normalverteilung beschreibt die Verteilung von unendlich vielen Messungen, bei denen positive und negative Fehler, d.h. Abweichungen vom „wahren" Wert, gleich häufig sind und bei denen die

Häufigkeit für (absolut) kleine Fehler zunimmt und für den Fehler Null ein Maximum erreicht. Zu den Gaußschen Normalverteilungen gehört insbesondere die Verteilung der subjektiven, unsystematischen Meßabweichungen. Darüber hinaus gilt sie für zahlreiche statistische Probleme aus dem Bereich der Biologie und Technik. Die Normalverteilung ist eine kontinuierliche Verteilungsfunktion, die durch zwei Konstanten $\mu$ und $\sigma$ bestimmt ist*:

$$h(x) = \frac{1}{\sigma \cdot \sqrt{2\pi}} \exp\left(-\frac{(x-\mu)^2}{2\sigma^2}\right). \tag{1.2}$$

Die Normalverteilung besitzt in der graphischen Darstellung eine glockenförmige Gestalt, sie ist symmetrisch zum Maximum an der Stelle $x=\mu$, hat Wendepunkte an den Stellen $\mu \pm \sigma$ und erstreckt sich über die ganze Abszissenachse. Die Lage des Maximums bei $x=\mu$ ist identisch mit dem „wahren" Wert; die Größe $\sigma$ ist ein Maß dafür, wie stark die einzelnen Funktionswerte um den Mittelwert streuen, bzw. vom Mittelwert abweichen: Für kleine $\sigma$ wird die Kurve $h(x)$ steil und schmal, für große $\sigma$ dagegen flach und breit (Abb. 1).

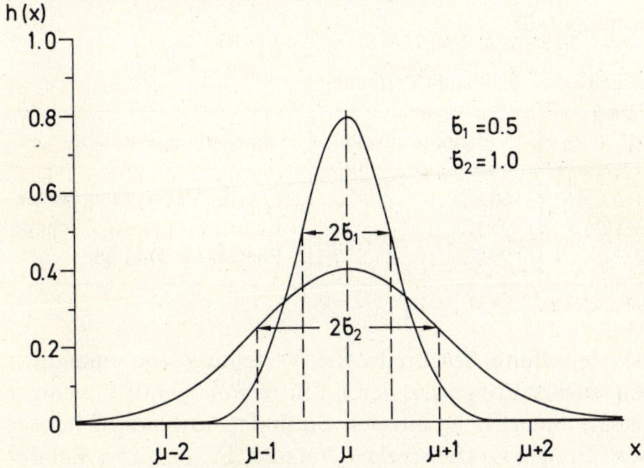


Abb. 1. Gaußsche Normalverteilungen.

---

* Hinsichtlich der Definition der Exponentialfunktion $y=\exp(x)$ vgl. Abschnitt 11.1.

Die Lage des Maximums bestimmt sich als **Mittelwert** aller Funktionswerte:

$$\mu = \int_{-\infty}^{+\infty} x \cdot h(x) \mathrm{d}x \,. \tag{1.3}$$

Die Größe $\sigma^2$, die als **Streuung** oder **Varianz** bezeichnet wird, bestimmt sich als Mittelwert über alle Fehlerquadrate $(x-\mu)^2$

$$\sigma^2 = \int_{-\infty}^{+\infty} (x-\mu)^2 \, h(x) \mathrm{d}x \,. \tag{1.4}$$

Die Größe $\sigma$ selbst, d.h. die Quadratwurzel aus der Varianz wird als **mittlerer quadratischer Fehler** oder als **Standardabweichung** bezeichnet.

Die gesamte Fläche unter der Gaußschen Normalverteilung ist, da $h(x)$ eine relative Verteilung darstellt, definitionsgemäß gleich eins. Wird die Funktion nur innerhalb gewisser Schranken integriert, so ist die Größe dieser Fläche ein Maß für die Wahrscheinlichkeit, daß ein einzelner Meßwert innerhalb dieser Schranken liegt. Man bezeichnet die Integrationsgrenzen als *Vertrauensgrenzen*, das Intervall selbst als *Vertrauensbereich* und die Wahrscheinlichkeit als *Vertrauensniveau*. Die Zahlenwerte für einige praktisch interessierende Intervalle sind in Tabelle 3 zusammengefaßt.

Tab. 3. Vertrauensniveaus der Gauß-Verteilung.

| Vertrauensbereich | Vertrauensniveau | Anwendungsbereiche |
|---|---|---|
| $\mu-\sigma$ bis $\mu+\sigma$ | 68,3% | Physik, Vermessungswesen |
| $\mu-1{,}96\,\sigma$ bis $\mu+1{,}96\,\sigma$ | 95,0% | Industriestandard, Technik |
| $\mu-3\,\sigma$ bis $\mu+3\,\sigma$ | 99,7% | Pharmazie, Biologie |

**Poisson-Verteilung:**

Die Poissonsche Verteilung beschreibt die Verteilung von unendlich vielen Messungen solcher Ereignisse, deren Eintreten wesentlich weniger wahrscheinlich ist als deren Nichteintreten. Sie findet Anwendung bei der Zählung „seltener" Ereignisse (Beispiele s. Versuch 1.2.4., 1.2.5.). Bei der Zählung treten nur ganzzahlige positive Werte einschließlich der Null auf. Für diese diskreten Werte $k$ ist die Poisson-Verteilung definiert durch

$$h(k) = \frac{\mu^k}{k!} \exp(-\mu) \,. \tag{1.5}$$

Die Verteilung enthält nur eine Konstante $\mu$, die beliebige positive Werte annehmen kann. Entsprechend Formel (1.3) ist $\mu$ der Mittelwert aller Messungen. Wird analog zu Formel (1.4) die Varianz $\sigma^2$ berechnet, so folgt die wichtige Beziehung

$$\sigma^2 = \mu \quad \text{bzw.} \quad \sigma = \sqrt{\mu}\,. \tag{1.6}$$

Die Standardabweichung $\sigma$ wird bei der Poisson-Verteilung allein durch den Mittelwert $\mu$ bestimmt.

Das Bild dieser Verteilung ist für kleine Werte von $\mu$ stark unsymmetrisch. Mit wachsendem $\mu$ wandert der Gipfel der Verteilung immer weiter nach rechts und die Asymmetrie der Kurve nimmt ab. Für große $\mu$ kann Poisson-Verteilung praktisch durch eine Gaußverteilung angenähert werden, für deren Standardabweichung $\sigma$ zusätzlich die Bedingung (1.6) erfüllt ist (Abb. 2).

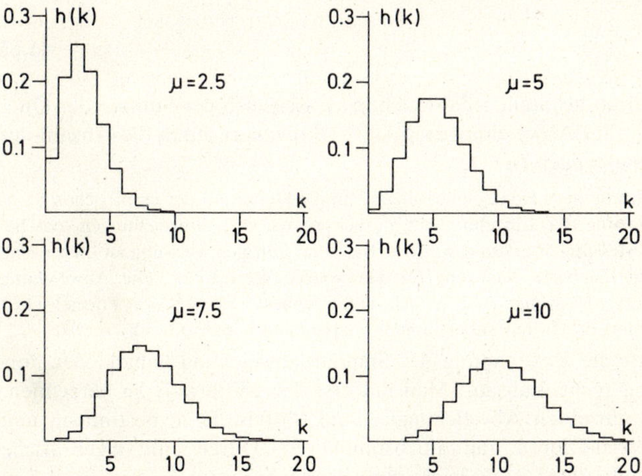


Abb. 2. Poisson-Verteilung für verschiedene Mittelwerte $\mu$.

### 1.1.3. Auswertung endlicher Meßreihen

Bei einer endlichen Zahl von Meßwerten weist die Verteilung statistische Schwankungen auf. Aus diesem Grunde können das wahre Maximum der Verteilung $\mu$ und die wahre Standardabteilung $\sigma$ prinzipiell nicht bestimmt werden, man muß sich auf die Berechnung von Näherungswerten beschränken:

Für eine physikalische Größe, zu deren Bestimmung eine Messung genügen würde, aber n Messungen ($x_i$ mit $i = 1, 2, \ldots, n$) durchgeführt wurden, gilt:

Die beste Näherung an den „wahren Mittelwert $\mu$“ ist der arithmetische Mittelwert $\bar{x}$:

$$\bar{x} = \frac{\sum x_i}{n} . \tag{1.7}$$

Der Mittelwert $\bar{x}$ ist gleich der Summe aller Messungen $\sum x_i$ dividiert durch die Anzahl der Messungen $n$.

Die beste Näherung an die „wahre Standardabweichung $\sigma$“ ist die empirische Standardabweichung $s$, die in Anlehnung an die Definition der Varianz (Formel 1.4) definiert wird durch:

$$s^2 = \frac{\sum (x_i - \bar{x})^2}{(n-1)} . \tag{1.8}$$

Das Quadrat der Standardabweichung $s^2$ ist gleich der Summe der Quadratwerte aller Abweichungen $\sum (x_i - \bar{x})^2$ dividiert durch die Anzahl der Kontrollmessungen $(n-1)$.

Die Einführung der „Kontrollmessungen“ in die Definition der empirischen Standardabweichung der Einzelmessung berücksichtigt, daß Abweichungen erst bei mehreren Messungen erkannt werden. Bei einer einzigen Messung ist dieser eine Meßwert $x_1$ die beste Näherung für den wahren Wert $\bar{x} = x_1$. Die Abweichung evtl. weiterer Messungen ist jedoch völlig unbestimmt, in der Formel (1.8) charakterisiert durch den unbestimmten mathematischen Ausdruck $s = \sqrt{0/0}$ .

Die praktische Bestimmung der Standardabweichung anhand der Formel 1.8 ist recht mühsam: Man hat erst den Mittelwert zu berechnen, dann die einzelnen Abweichungen vom Mittelwert zu bestimmen und diese zu quadrieren und aufzusummieren. Durch eine algebraische Umrechnung unter Berücksichtigung der Definition 1.7

$$\begin{aligned} \sum (x_i - \bar{x})^2 &= \sum (x_i^2 - 2\bar{x}x_i + \bar{x}^2) = \sum x_i^2 - 2\bar{x}\sum x_i + n\bar{x}^2 \\ &= \sum x_i^2 - (\sum x_i)^2/n. \end{aligned}$$

findet man die für einen Taschenrechner geeignetere Formel

$$s = \sqrt{\frac{\sum x_i^2 - (\sum x_i)^2/n}{(n-1)}} . \tag{1.8a}$$

Mit der Standardabweichung $s$ eng verknüpft ist die Angabe über die statistische Unsicherheit des Mittelwertes:

$$u_z = t \cdot \frac{s}{\sqrt{n}} \quad . \tag{1.9}$$

Die Zufallskomponente der **Meßunsicherheit** $u_z$ ist gleich der Standardabweichung $s$ multipliziert mit einem Gewichtsfaktor $t$ und dividiert durch die Wurzel aus der Anzahl der Messungen $\sqrt{n}$ .

Der Term $s/\sqrt{n}$ berechnet sich durch Anwendung des Fehlerfortpflanzungsgesetzes (Abschnitt 1.1.4.) auf den Mittelwert und wird deshalb auch als **Standardabweichung des Mittelwertes** bezeichnet. Der Gewichtsfaktor t ist abhängig von dem vorgegebenen Vertrauensbereich und von der Anzahl der Messungen und kann aufgrund statistischer Annahmen (Student-Verteilung) berechnet werden. Einige Werte von t sind in Tabelle 4 aufgeführt.

Tab.4. Studentfaktoren t für verschiedene Anwendungsbereiche.

| Anwendungsbereich | Physik | Industrie | Pharmazie |
|---|---|---|---|
| Vertrauensniveau | 68,3% | 95,0% | 99,7% |
| Anzahl der Messungen | | | |
| n = 5 | t = 1,15 | t = 2,78 | t = 6,62 |
| 10 | 1,06 | 2,26 | 4,09 |
| 20 | 1,03 | 2,09 | 4,45 |
| 50 | 1,01 | 2,01 | 3,16 |
| 100 | 1,00 | 1,98 | 3,07 |
| $n \rightarrow \infty$ | 1,00 | 1,96 | 3,00 |

**Wichtig:** Man beachte die unterschiedliche Bedeutung der Intervalle, die mit den Begriffen Standardabweichung (der Einzelmessung) $s$ und statistische Meßunsicherheit $u_z$ (bzw. Standardabweichung des Mittelwertes) verknüpft sind:

**Die Standardabweichung $s$ charakterisiert die Verteilung der Einzelmessungen um den Mittelwert.** Eine *Einzelmessung* liegt mit 68,3% Wahrscheinlichkeit in dem Intervall $\bar{x} \pm s$. Da die Verteilung der Einzelmessungen unabhängig von der Zahl der Messungen ist, ist die Standardabweichung bei einer hinreichend großen Zahl von Messungen konstant ($s \approx \sigma$).

**Die Meßunsicherheit** $u_z$ **charakterisiert den Vertrauensbereich für den wahren Wert,** sofern systematische Meßabweichungen nicht zusätzlich zu berücksichtigen sind. Der *wahre Wert* liegt dann mit einer vorgegebenen Wahrscheinlichkeit (Physik 68,3%) in dem Intervall $\bar{x} \pm u$. Auch bei einer großen Standardabweichung der Einzelmessung $s$ läßt sich durch eine hinreichende Zahl von Messungen eine beliebige Genauigkeit des Mittelwertes erreichen, da sich die Standardabweichung des Mittelwertes mit $1/\sqrt{n}$ dem Wert Null nähert.

Im Rahmen dieses Praktikums stützen sich alle Angaben hinsichtlich der Meßunsicherheit auf das Vertrauensniveau 68,3%. Wir verzichten ferner darauf, die Abhängigkeit des Studentfaktors von der Zahl der Messungen zu berücksichtigen, d.h., wir setzen t = 1. Die Zufallskomponente der Meßunsicherheit $u_z$ wird mit dieser Vereinbarung gleichgesetzt der Standardabweichung des Mittelwertes

$$u_z = s/\sqrt{n} \qquad (1.9\,a)\,1.$$

Eine bessere Vorstellung über die Genauigkeit des Mittelwertes erhält man im allgemeinen, wenn man die Meßunsicherheit in Relation setzt zum Mittelwert. Man definiert als relative Meßunsicherheit

$$\varepsilon = \frac{u}{\bar{x}} .$$

Für die relativen Werte sind dabei auch die Angaben in Prozent (1% = $10^{-2}$) oder Promille (1‰ = $10^{-3}$) üblich.

**Beispiel:** Beträgt die absolute Meßunsicherheit einer Längenmessung $u = 1$ mm, so ist die relative Meßunsicherheit bei einer Meßstrecke von 1 m gleich 1/1000 = 0,001 = 1‰, also verhältnismäßig klein, während sie bei einer Meßstrecke von 1 cm mit 1/10 = 0,1 = 10% eine im allgemeinen unzulässige Größe besitzt.

**Anmerkung:** Sofern bei einem Meßergebnis die Meßunsicherheit nicht explizit angegeben wird, gilt die letzte gültige Ziffer des Ergebnisses als gerundet: Demnach würde bei einer Angabe $m$ = 200 g = 0,200 kg die Meßunsicherheit $u$ = 0,5 g, bei einer Angabe $m$ = 0,2 kg hingegen $u$ = 50 g betragen. Man hüte sich davor, durch eine zu lange Ziffernfolge (z. B. durch Abschreiben eines Ergebnisses vom Rechner) eine Meßgenauigkeit vorzutäuschen, die nicht gesichert ist!

### 1.1.4. Fehlerfortpflanzung

Im allgemeinen Fall ergibt sich die bei einem Versuch zu ermittelnde Größe durch eine mathematische Beziehung $R = f(x, y, \ldots)$ aus mehreren voneinander unabhängigen Meßgrößen $x, y, \ldots$ Da jede einzelne Meßgröße mit einer Meßunsicherheit behaftet ist, läßt sich das Resultat nur mit einer begrenzten Genauigkeit berechnen.

Die **exakte Fehlerfortpflanzungsrechnung** bestimmt den Mittelwert und die Meßunsicherheit des Ergebnisses unter Berücksichtigung der Häufigkeitsverteilung der einzelnen Meßgrößen und der Wahrscheinlichkeit für das gleichzeitige Auftreten zufälliger Ereignisse. Es gelten dann folgende Beziehungen:

1. Die beste Näherung für die zu berechnende physikalische Größe ergibt sich durch Einsetzen der Mittelwerte der Meßgrößen in die Bestimmungsgleichung:

$$\overline{R} = f(\overline{x}, \overline{y}, \ldots). \tag{1.10}$$

2. Die Meßunsicherheit des Resultates ist gleich der Wurzel aus der Quadratsumme der gewichteten Meßunsicherheiten der Meßgrößen:

$$u_\mathrm{R} = \sqrt{\left(\frac{\partial f}{\partial x}\, u_x\right)^2 + \left(\frac{\partial f}{\partial y}\, u_y\right)^2 + \cdots}\,. \tag{1.11}$$

Der Gewichtsfaktor $\left(\frac{\partial f}{\partial x}\right)$ für die Meßunsicherheit $u_x$ ist die partielle Ableitung der Funktion $f(x, y, \ldots)$, d. h. der Differentialquotient nach $x$ mit dem Ansatz, daß alle anderen Variablen konstant sind.

**Beispiel:** Die zu bestimmende Größe sei das Volumen eines Zylinders $V = \pi \cdot r^2 \cdot h$. Gemessen werden Radius und Höhe des Zylinders zu $r = \overline{r} \pm u_r$ und $h = \overline{h} \pm u_h$. Der Mittelwert des Volumens ist dann $\overline{V} = \pi \cdot \overline{r}^2 \cdot \overline{h}$. Die partiellen Ableitungen sind $\frac{\partial V}{\partial r} = 2 \cdot \pi . r \cdot h$ und $\frac{\partial V}{\partial h} = \pi \cdot r^2$. Die Meßunsicherheit des Mittelwertes $\overline{V}$ ist somit gegeben durch

$$u_V = \sqrt{(2\, \pi\, \overline{r} \cdot \overline{h} \cdot u_r)^2 + (\pi\, \overline{r}^2 \cdot u_h)^2}\,.$$

Bei Division durch $\overline{V}$, also Bildung der relativen Meßunsicherheit, erhält die Formel eine einfachere Struktur

$$\frac{u_V}{\overline{V}} = \sqrt{\left(\frac{2\, u_r}{\overline{r}}\right)^2 + \left(\frac{u_u}{\overline{h}}\right)^2}\,.$$

Für einfache algebraische Verknüpfungen zweier physikalischer Meßgrößen, die durch $a = \overline{a} + u_a$ und $b = \overline{b} + u_b$ gegeben sind, sind absolute und relative Meßunsicherheit in Tabelle 5 aufgeführt. Abhängig von der Rechenoperation ist teils die absolute und teils die relative Meßunsicherheit leichter zu berechnen (in der Tabelle durch Balken gekennzeichnet):

Tab. 5. Formeln zur Fehlerfortpflanzung (Meßunsicherheit).

| Rechenoperation | $\overline{c} = f(\overline{a}, \overline{b})$ | Meßunsicherheit absolut $u_c =$ | Meßunsicherheit relativ $u_c / \overline{c} =$ |
|---|---|---|---|
| Multiplikation mit einem konstanten Faktor | $\overline{c} = k \cdot \overline{a}$ | $k \cdot u_a$ | $\frac{u_a}{\overline{a}}$ |
| Potenzieren | $\overline{c} = \overline{a}^n$ | $\sqrt{(n \cdot \overline{a}^{n-1} u_a)^2}$ | $n \cdot \frac{u_a}{\overline{a}}$ |
| Addition | $\overline{c} = \overline{a} + \overline{b}$ | $\sqrt{u_a^2 + u_b^2}$ | $\sqrt{\frac{u_a^2 + u_b^2}{(\overline{a} + \overline{b})^2}}$ |
| Subtraktion | $\overline{c} = \overline{a} - \overline{b}$ | $\sqrt{u_a^2 + u_b^2}$ | $\sqrt{\frac{u_a^2 + u_b^2}{(\overline{a} - \overline{b})^2}}$ |
| Multiplikation | $\overline{c} = \overline{a} \cdot \overline{b}$ | $\sqrt{(\overline{b} u_a)^2 + (\overline{a} u_b)^2}$ | $\sqrt{\left(\frac{u_a}{\overline{a}}\right)^2 + \left(\frac{u_b}{\overline{b}}\right)^2}$ |
| Division | $\overline{c} = \frac{\overline{a}}{\overline{b}}$ | $\sqrt{\frac{(\overline{b} u_a)^2 + (\overline{a} u_b)^2}{\overline{b}^2}}$ | $\sqrt{\left(\frac{u_a}{\overline{a}}\right)^2 + \left(\frac{u_b}{\overline{b}}\right)^2}$ |

a) Bei der **Multiplikation mit einer Konstanten** ist die *relative* Meßunsicherheit des Ergebnisses gleich der *relativen* Meßunsicherheit der Ausgangsgröße.

b) Bei **Potenzieren** zur n-ten Potenz ist die *relative* Meßunsicherheit des Ergebnisses gleich dem n-fachen der *relativen* Meßunsicherheit der Ausgangsgröße.

c) Bei **Addition und Subtraktion** ist die *absolute* Meßunsicherheit gleich der *geometrischen Summe* der *absoluten* Meßunsicherheiten der Ausgangsgrößen.

d) Bei **Multiplikation und Division** ist die *relative* Meßunsicherheit des Ergebnisses gleich der *geometrischen Summe* der *relativen* Meßunsicherheiten der Ausgangsgrößen.

Unter der *geometrischen Summe* wird dabei (in Anlehnung an den Satz von Pythagoras) die Wurzel aus der Summe der Quadratwerte verstanden.

**Größtfehler:** Gelegentlich begnügt man sich mit einer einfacher zu berechnenden oberen Schranke für die Meßunsicherheit des Ergebnisses, die auch als Größtfehler bezeichnet wird. Diese obere Schranke erhält man, wenn man die absoluten bzw. relativen Meßunsicherheiten nicht *geometrisch,* sondern *algebraisch* addiert. Die Benutzung des Größtfehlers ist besonders dann angebracht, wenn der Einfluß der Unsicherheiten der Meßgrößen auf das Ergebnis nur überschlägig abgeschätzt werden soll.

Rechenoperationen lassen sich prinzipiell mit beliebiger Stellenzahl ausführen. Sofern jedoch Ziffern ab einer bestimmten Stelle des Ergebnisses infolge der unvermeidbaren Meßfehler nicht mehr gesichert sind, wird die Berechnung nachfolgender Stellen sinnlos.

**Beispiel:** Man wird den Durchmesser eines Kreises, der auf 0,2 mm genau vermessen wurde, angeben mit etwa $d = (20{,}38 \pm 0{,}02)$ cm (Fall a). Beträgt die Meßgenauigkeit aber 1,5 mm und wurde der Fehler aufgrund nur weniger Messungen bestimmt bzw. nur geschätzt, wird man das Ergebnis runden: $d = (20{,}4 \pm 0{,}2)$ cm (Fall b).

Ist der Flächeninhalt des Kreises zu berechnen: $A = \pi \cdot d^2/4$, so ist nach Tab. 5 die relative Meßunsicherheit der Rechengröße $A$ doppelt so groß wie die relative Meßunsicherheit der Meßgröße $d$:

| | | | |
|---|---|---|---|
| Fall a) | $d$ | $= (20{,}38 \pm 0{,}02)\,\text{cm}$ | $= 20{,}38\,\text{cm} \cdot (1 \pm 0{,}1\%)$ |
| | $A$ | $= (326{,}2 \pm 0{,}7\,\text{cm}^2$ | $= 326{,}2\,\text{cm}^2 \cdot (1 \pm 0{,}2\%)$ |
| Fall b) | $d$ | $= (20{,}4 \pm 0{,}2\,\text{cm})$ | $= 20{,}4\,\text{cm} \cdot (1 \pm 1\%)$ |
| | $A$ | $= (327 \pm 7)\,\text{cm}^2$ | $= 327\,\text{cm}^2 \cdot (1 \pm 2\%)$ |

In der Flächeneinheit $\text{mm}^2$ schreibt man das letzte Ergebnis nicht etwa in der Form $A = 32700\,\text{mm}^2 \cdot (1 \pm 2\%)$ sondern als $A = 3{,}27 \cdot 10^4\,\text{mm}^2 \cdot (1 \pm 2\%)$

### 1.1.5. Ausgleichsgerade, lineare Regression

Häufig werden Meßreihen mit dem Ziel durchgeführt, funktionale oder stochastische Zusammenhänge zwischen zwei Meßgrößen nachzuweisen und charakteristische Konstanten dieser Abhängigkeit zu bestimmen.

**Beispiel:** Zwischen den beiden Größen Gewicht $F_G$ und Masse $m$ verschiedener Körper besteht der funktionale Zusammenhang $F_G = g \cdot m$ mit $g$ gleich Erdbeschleunigung, das Gewicht ist eine Funktion der Masse. Von einem stochastischen Zusammenhang spricht man, wenn an Stelle der funktionalen Abhängigkeit eine nicht streng deterministische Relation tritt, die Zufallskomponenten enthält, z. B. der Zusammenhang zwischen Gewicht und Größe von Individuen.

Wird aufgrund theoretisch begründeter Annahmen ein linearer Zusammenhang zwischen den Meßgrößen $x$ und $y$ vermutet, so stellt sich die Aufgabe, aus einer Anzahl zueinandergehöriger Meßwerte $(x_i, y_i)$ zwei Parameter $a$ und $b$ zu bestimmen, so daß die Wertepaare möglichst gut durch die Gerade $y = a + b \cdot x$ beschrieben werden.

Im allgemeinen sind beide Meßgrößen $x$ und $y$ mit Meßabweichungen behaftet. Häufig kann man aber von der vereinfachten Ausgangslage ausgehen, daß die Meßwerte der unabhängigen Variablen $x$ genau bekannt sind und nur die Meßwerte der abhängigen Variablen $y$ zufälligen Meßabweichungen unterliegen. Die Gerade, welche die Abhängigkeit der $y$-Werte von den $x$-Werten am besten wiedergibt, ist dann dadurch bestimmt, daß die Summe der quadrierten Abstände zwischen ihr und den Meßpunkten (gemessen in $y$-Richtung) minimal ist **(Gaußsches Prinzip der kleinsten Fehlerquadrate)**.

Aus dieser Minimalforderung lassen sich die folgenden Aussagen ableiten:

1. Die Ausgleichsgerade geht durch den Schwerpunkt $(\overline{x}, \overline{y})$ der Meßpunkte, wobei $\overline{x} = \sum x_i / n$ und $\overline{y} = \sum y_i / n$.

2. Die Steigung der Geraden, der **Regressionskoeffizient** $b$ ist bestimmt durch

$$b = \frac{\sum [(x_i - \overline{x}) \cdot (y_i - \overline{y})]}{\sum (x_i - \overline{x})^2} \,. \tag{1.12}$$

Diese Formel läßt sich analog zur Ableitung von Gleichung (1.8a) umformen in

$$b = \frac{\sum x_i \cdot y_i - \sum x_i \sum y_i / n}{\sum x_i^2 - (\sum x_i)^2 / n} \,. \tag{1.12a}$$

Der Ordinatenabschnitt $y = a$ für $x = 0$ folgt aus den genannten Aussagen zu

$$a = \overline{y} - b \cdot \overline{x} \tag{1.13}$$

Regressionskoeffizient $b$ und Achsenabschnitt $a$ sind mit Meßunsicherheiten behaftet, die im Prinzip mit Hilfe der Fehlerfortpflanzung berechnet werden können. Im Rahmen dieses Praktikums werden wir uns auf Schätzwerte für diese Unsicherheiten beschränken (vgl. Versuch 1.2.6.).

Der Ansatz, daß nur die $x_i$ mit Meßabweichungen behaftet sind, führt aufgrund gleicher Überlegungen zu den Parametern $a^*$ und $b^*$ der Darstellung $x = a^* + b^* \cdot y$. Beide Geraden schneiden sich im Schwerpunkt $(\bar{x}, \bar{y})$ und bilden eine Schere. Im Idealfall $b^* = 1/b$ liegen beide Geraden übereinander. Der **Korrelationskoeffizient** $r$

$$r = \frac{\sum[(x_i - \bar{x}) \cdot (y_i - \bar{y})]}{\sqrt{\sum(x_i - \bar{x})^2 \cdot \sum(y_i - \bar{y})^2}} = \sqrt{b \cdot b^*}$$

ist ein Maß dafür, wie stark der Zusammenhang zwischen zwei Zufallsvariablen $y$ und $x$ ist. Er kann Werte zwischen $-1$ und $1$ annehmen, $|r| = 1$ bedeutet eine streng lineare Abhängigkeit, $r = 0$ einen unkorrelierten Zusammenhang.

# 1.2. Versuche zur Fehlerrechnung und Statistik

## 1.2.1. Zusammenfassung von Lernstoff und Lernzielen

1. Einführung in die Theorie der Meßfehler bzw. Meßabweichungen; Unterscheidung zwischen systematischen und unsystematischen Meßabweichungen.

2. Statistische Analyse der unsystematischen Meßabweichungen; Darstellung einer Verteilungsfunktion durch ein Histogramm; qualitative Beschreibung der Gaußschen Normalverteilung und der Poisson-Verteilung und die Bedeutung des Mittelwertes $\mu$ und der Standardabweichung $\sigma$ für diese Verteilungen.

3. Bedeutung und Interpretation der statistischen Größen Mittelwert, Standardabweichung der Einzelmessung und Meßunsicherheit des Mittelwertes für eine endliche Zahl von Messungen.

4. Fehlerfortpflanzung bei einfachen algebraischen Zusammenhängen.

5. Auswertung funktionaler Abhängigkeiten; Bestimmung der Ausgleichsgeraden durch lineare Regression, Linearisierung nicht linearer Funktionen.

6. Durchführung einfacher meßtechnischer Aufgaben: Längenmessung, Zeitmessung, Zählung von Ereignissen; Erkennen systematischer Fehlerquellen (Parallaxe, Reaktionszeit).

## 1.2.2. Versuch: Protokollführung und Auswertung bei statistisch verteilten Meßgrößen

**Aufgabe:** Durch wiederholte Messung einer Größe $X$ soll

a) eine Aussage über die Genauigkeit des Meßverfahrens gewonnen werden (Standardabweichung $s$) und

b) der Vertrauensbereich für den „wahren“ Wert ($\bar{x} \pm u$) bestimmt werden.

**Grundlagen:** Gegeben sei ein Kollektiv von $n$ Meßgrößen $x_i$, die unter gleichen Versuchsbedingungen und mit gleicher Meßgenauigkeit bestimmt wurden und zufällig streuen mögen. Da auch stetige Größen nur mit einer endlichen Auflösung gemessen werden können, besteht das Kollektiv immer aus diskreten Werten!
Einen ersten Überblick über die Art der Verteilung erhält man, indem man die Meßwerte hinsichtlich ihrer Größe und deren Häufigkeit untersucht. Das Aussehen der Verteilungskurve wird wesentlich durch die Klasseneinteilung, d.h. durch die Breite des Intervalles bestimmt, in dem man die auftretenden Meßwerte zusammenfaßt. Ist die Intervallbreite zu klein, treten Zufälligkeiten stark hervor, und die Verteilung ist schlecht zu erkennen. Wird die Intervallbreite zu groß gewählt, wird der Charakter der Verteilung verwischt.

Die Größe der geeigneten Intervallbreite hängt von der Anzahl $n$ der Meßwerte und der gesamten Streubreite, der Differenz zwischen größtem und kleinstem Wert $x_{\max} - x_{\min}$, ab. Als Richtwert empfiehlt es sich, die Intervallbreiten, in denen man die Meßwerte zu Klassen zusammenfaßt, in der Größenordnung $(x_{\max} - x_{\min})/\sqrt{n}$ zu wählen.

Die Häufigkeitsverteilung kann auf unterschiedliche Weise anschaulich gemacht werden; auf einfachste Weise in Form einer Strichliste (Abb. 3a). Bei der graphischen Auftragung der relativen Häufigkeit $h(x)$ als Funktion der Meßgröße $x$ werden häufig die Intervallmitten durch einen Linienzug verbunden (Abb. 3b). Zweckmäßiger ist, insbesondere bei einer kleineren Zahl von Klassen, eine Treppenlinie entsprechend Abb. 3c, die zugleich die Breite der Intervalle besser erkennen läßt.

80 Meßwerte $x_i$ im Intervall
129.8 mm bis 134.6 mm

Abschätzung der Teilintervallbreite

$$\Delta x = \frac{134.6 - 129.8}{\sqrt{80}}\,\text{mm} \approx 0.5\,\text{mm}$$

| Jntervall $\Delta x$/mm | Häufigkeit |
|---|---|
| 130.0 ± 0.25 | I |
| 130.5 ± 0.25 | IIII |
| 131.0 ± 0.25 | IIII |
| 131.5 ± 0.25 | 𝍸 𝍸 𝍸 |
| 132.0 ± 0.25 | 𝍸 𝍸 𝍸 IIII |
| 132.5 ± 0.25 | 𝍸 𝍸 𝍸 II |
| 133.0 ± 0.25 | 𝍸 III |
| 133.5 ± 0.25 | 𝍸 II |
| 134.0 ± 0.25 | II |
| 134.5 ± 0.25 | III |

a)

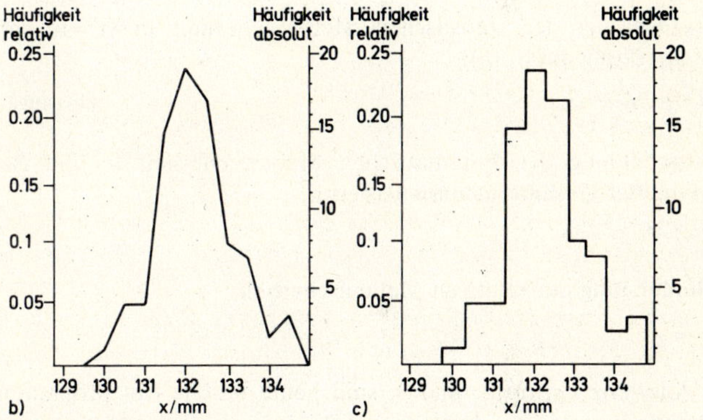


Abb. 3. Graphische Darstellung der Häufigkeitsverteilung eines Kollektivs (Histogramm).

**Protokollführung und Auswertung:** Zur Versuchsdurchführung und Auswertung wird folgendes Meßprotokoll empfohlen ($[x]$ = Maßeinheit und $\{x\}$ = Maßzahl der Meßgröße $x$):

| Spalte 1 | Spalte 2 | Spalte 3 |
|---|---|---|
| $i$ | $\frac{x_i}{[x]}$ | $\left(\frac{x_i}{[x]}\right)^2$ |
| 1 | $\{x_1\}$ | $\{x_1\}^2$ |
| ⋮ | ⋮ | ⋮ |

$n = ..$

$\sum x_i = ..$

$\sum x_i^2 = ..$

Die Protokollführung gliedert sich in folgende Schritte:

1. Aufnahme des Meßprotokolls in den Spalten 1 und 2.
2. Berechnung der Quadratwerte von Spalte 2 und Übernahme in Spalte 3.
3. Addition der Werte in den Spalten 2 und 3; Berechnung des Mittelwertes $\bar{x}$ und der Standardabweichung $s$:

$$\bar{x} = \frac{\sum x_i}{n} . \qquad \text{(Formel 1.7)}$$

$$s = \sqrt{\frac{\sum x_i^2 - (\sum x_i)^2/n}{(n-1)}} . \qquad \text{(Formel 1.8a)}$$

4. Berechnung der statistischen Meßunsicherheit $u_z$ (t = 1, vgl. die Bemerkung auf S. 16):

$$u_z = \frac{s}{\sqrt{n}} . \qquad \text{(Formel 1.9)}$$

5. Abschätzung der systematischen Meßunsicherheit $u_s$ und Bestimmung der Gesamtmeßunsicherheit $u$.

$$u = u_z + u_s .$$

6. Berechnung der relativen Meßunsicherheit

$$\varepsilon = \frac{u}{\bar{x}} .$$

Die Auswerteschritte 2. und 3. sind heute bereits fest programmierte Bestandteile vieler Taschenrechner. Bei jeder Eingabe können die Größen $n$, $\sum x_i$ und $\sum x_i^2$ durch einen Tastendruck gebildet und bei Bedarf ebenso wie der Mittelwert und die Standardabweichung aufgerufen werden. Bei der Anwendung des Programmes kann die Aufstellung der Spalte 3 entfallen, es empfiehlt sich, neben den eigentlichen Endergebnissen zu Kontrollzwecken auch die Endsummen $\sum x_i$ und $\sum x_i^2$ zu notieren. Eine sinnvolle Nutzung der Programme setzt auf jeden Fall das Verständnis für die Bedeutung der Größen und den Ablauf der Rechenschritte voraus!

## 1.2.3. Versuch: Beobachtungsfehler bei einer Geschwindigkeitsmessung

**Aufgabe:** Die Umfangsgeschwindigkeit einer mit konstanter Drehzahl rotierenden Scheibe soll über Längen- und Zeitmessung bestimmt werden. Beide Größen sind mehrfach zu messen und die Verteilung der

Meßwerte durch Histogramme darzustellen. Mit den Methoden der Fehlerrechnung sind die Mittelwerte der Meßgrößen und des Versuchsergebnisses sowie deren Meßunsicherheiten zu berechnen.

**Grundlagen und Versuchsdurchführung:** Die Umfangsgeschwindigkeit einer gleichmäßig rotierenden Scheibe beträgt

$$v = 2\pi r / T = d\pi / T. \tag{1.14}$$

Sie kann durch Messung der beiden physikalischen Größen Durchmesser $d = 2r$ und Periodendauer $T$, das ist die Dauer eines Umlaufes, bestimmt werden.

Werden beide Größen mehrfach gemessen und entsprechend Versuch 1.2.2 ausgewertet, so sind die wahren Werte mit der vorgegebenen Wahrscheinlichkeit von 68% bestimmt durch

$$d = \overline{d} \pm u_{\mathrm{d}},$$

$$T = \overline{T} \pm u_T.$$

Der Mittelwert der Geschwindigkeit berechnet sich nach Formel (1.10)

$$\overline{v} = \frac{\pi \cdot \overline{d}}{\overline{T}}. \tag{1.15}$$

Da die Berechnung der Größe $v$ eine Division der Meßgrößen erfordert, geht man bei der Bestimmung der Gesamtmeßunsicherheit zweckmäßigerweise von den *relativen* Meßunsicherheiten der Meßgrößen aus (Tab. 5). Man erhält für die relative Meßunsicherheit der Geschwindigkeit

$$\varepsilon_v = \frac{u_{\mathrm{v}}}{\overline{v}} = \sqrt{\left(\frac{u_{\mathrm{d}}}{\overline{d}}\right)^2 + \left(\frac{u_T}{\overline{T}}\right)^2} \tag{1.16}$$

und daraus die absolute Meßunsicherheit

$$u_v = \overline{v} \cdot \varepsilon_v. \tag{1.16a}$$

**Versuchsdurchführung:**

1. Die Bestimmung des Durchmessers erfolgt durch Vergleich mit einem Maßstab als Differenz zweier Ablesungen. Wir erhalten voneinander unabhängige Einzelmessungen, wenn zwischen zwei Messungen der Maßstab in seiner Längsrichtung verschoben wird.

2. Die Messung der Umfangsgeschwindigkeit erfolgt mit einer elektrischen Stoppuhr. Die Stoppuhr wird gestartet, wenn eine auf der Scheibe befindliche Markierung an einer äußeren festen Marke vorbei läuft, und gestoppt, wenn die Marke wieder erreicht wird.

3. Die Auswertung der Meßgrößen erfolgt jeweils gemäß Versuch 1.2.2.

4. Man bestimme Mittelwert, relative und absolute Meßunsicherheit der Umfangsgeschwindigkeit. Dabei sind die in Abschnitt 1.1.4. angegebenen Richtwerte für die Rechengenauigkeit zu beachten.

5. Man diskutiere systematische Meßabweichungen, die bei der Längenmessung und der Zeitmessung zu berücksichtigen sind (vgl. Abschnitt 2.2).

### 1.2.4. Versuch: Zählmethoden im klinischen Labor

**Aufgabe:** Die Zählkammermethode zur Bestimmung von Erythrozyten (roten Blutkörperchen) soll im Hinblick auf den Vergleich zweier verschiedener Blutproben untersucht werden.

**Grundlagen:** Bei der Anwendung von Zählmethoden im klinischen Labor mittels der Zählkammer wird zunächst das zu untersuchende Material gemäß Vorschrift mit bestimmten Lösungen in einem definierten Verhältnis verdünnt, so z.B. zur Erythrozytenbestimmung auf 1:200. Die verdünnte und durch Schütteln homogenisierte Lösung wird auf eine 0,1 mm tiefe Zählkammer aufgebracht, die durch eine Unterteilung in Quadrate die Zählung der einzelnen Zellen unter dem Mikroskop erleichtern soll. Dabei sind 16 Kleinstquadrate zu einem Gruppenquadrat von $0{,}04\,\mathrm{mm}^2$ Querschnitt zusammengefaßt. Werden in einem Gruppenquadrat $N$ Teilchen gezählt, so berechnet sich die Erythrozytenzahl im Blut pro $\mathrm{mm}^3$ unter Berücksichtigung des Volumens $0{,}1 \cdot 0{,}04\,\mathrm{mm}^3$ und der Verdünnung 1:200 zu $N \cdot 50000/\mathrm{mm}^3$ (Abb. 4).

Bei der relativ hohen Verdünnung ist das Auftreten von Erythrozyten ein vergleichsweise seltenes Ereignis und erfolgt deshalb entsprechend einer Poisson-Verteilung. Werden von einer Probe $n$ Gruppenquadrate ausgezählt mit den Werten $N_i$ $(i=1, \ldots, n)$ und werden damit gemäß Versuch 1.2.1. Mittelwert $\bar{N}$ und die Standardabweichung der Einzelmessung $s_N$ berechnet, so sollte zusätzlich gelten

$$s_N = \sqrt{\bar{N}}\,. \tag{1.17}$$

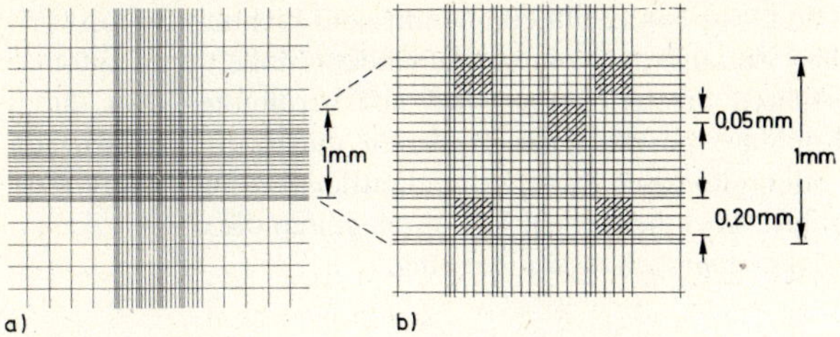


Abb. 4. a) Zählnetz der Neubauer-Zählkammer.
b) Ausschnitt aus der Zählkammer mit Schraffierung der Flächen, über denen Erythrozyten gezählt werden.

Bei der Poisson-Verteilung ist die Standardabweichung der Einzelmessung gleich der Wurzel aus dem Mittelwert! Absolute und relative Meßunsicherheit sind dann gegeben durch

$$u_N = \frac{s_N}{\sqrt{n}} = \sqrt{\frac{\bar{N}}{n}}\,, \tag{1.18}$$

$$\frac{u_N}{\bar{N}} = \frac{1}{\sqrt{n \cdot \bar{N}}} = \frac{1}{\sqrt{\sum N_i}}\,. \tag{1.19}$$

Die relative Meßunsicherheit des Versuchsergebnisses ist gleich der reziproken Wurzel aus der Gesamtzahl aller gezählten Teilchen!

**Versuchsdurchführung:**

1. Jeder Praktikant erhält je eine mikroskopische Zählkammeraufnahme der Proben A und B.

2. Für jede Probe sind 5 Gruppenquadrate auszuzählen. Man achte darauf, daß auf der Grenze liegende Zellen einheitlich berücksichtigt werden, z. B. nur nach oben und rechts.

3. Mittelwert sowie die Standardabweichungen der Einzelmessung und des Mittelwertes sind zu berechnen.

4. Man bestimme die Differenz zwischen den beiden Proben A und B und den Größtfehler der Differenz.

5. Die Ergebnisse von 5 *verschiedenen* Aufnahmen jeder Probe, d. h. von jeweils 25 Gruppenquadraten, sind zusammenzufassen, rechnerisch auszuwerten und graphisch aufzutragen.

6. Man vergleiche die Ergebnisse für 5 und für 25 Gruppenquadrate miteinander und mit den theoretischen Werten (Formeln 1.17 und 1.19).

**Anmerkung:** Die klassische Zählmethode mit dem Lichtmikroskop wird wegen des hohen Zeitaufwandes in zunehmendem Maße durch automatische Zählverfahren ersetzt. Dabei wird hochverdünntes Blut durch eine dünne Kapillare gesaugt, das Passieren einzelner Erythrozyten wird optisch oder elektrisch (über eine Leitfähigkeitänderung) registriert und gezählt. Auch bei diesen Verfahren gelten die obigen Aussagen über die Meßgenauigkeiten der Zählung.

### 1.2.5. Versuch: Zählstatistik beim radioaktiven Zerfall

**Aufgabe:** Die Gültigkeit der Poisson-Verteilung für den radioaktiven Zerfall ist nachzuweisen bei

a) Zählung der Impulse in vorgegebenen Meßzeiten,
b) Bestimmung der Zählzeit bei vorgegebener Impulszahl.

**Grundlagen:**

a) Der radioaktive Zerfall eines langlebigen Präparates ist ein Ereignis, bei dem die Zahl der zerfallenden Atome sehr klein ist im Vergleich zu der Zahl der vorhandenen Atome, oder anders formuliert: Für ein einzelnes Atom ist die Wahrscheinlichkeit, in der nächsten Sekunde zu zerfallen, sehr klein. Deshalb erfolgt der radioaktive Zerfall nach einer Poisson-Verteilung!

Werden mit Hilfe einer Zählapparatur bei jeweils konstanter Meßzeit die Werte $N_i$ ($i=1$ bis $n$) gemessen, so sollte bei konstanter Versuchsanordnung (langlebiges Präparat!) die Standardabweichung der Einzelmessung $s_N$ durch den Mittelwert $\bar{N}$ bestimmt sein.

Absolute und relative Meßunsicherheit sind dann gegeben durch

$$u_N = \frac{s_N}{\sqrt{n}} = \sqrt{\frac{\bar{N}}{n}}\,, \tag{1.21}$$

$$\varepsilon_N = \frac{u_N}{\bar{N}} = \frac{1}{\sqrt{n \cdot \bar{N}}} = \frac{1}{\sqrt{\sum N_i}}\,. \tag{1.22}$$

Die relative Meßunsicherheit der Impulszahl beim radioaktiven Zerfall ist gleich der reziproken Wurzel aus der Gesamtzahl aller Impulse!

b) Der Aussage, daß die relative Meßunsicherheit mit zunehmender Impulszahl abnimmt, wird häufig meßtechnisch dadurch Rechnung getragen, daß man nicht die Impulse für eine vorgegebene Zeit mißt, sondern die Zählzeit für eine vorgegebene Impulszahl. Wird für die Dauer der Registrierung von $N = \text{const.}$ Teilchen die Zeit $t$ gemessen, so ist die Zählrate Z (d.h. Impulse/s) bestimmt durch

$$Z = \frac{N}{t} \tag{1.23}$$

und die relative Meßunsicherheit der Zählrate durch die relative Meßunsicherheit der Zeitmessung:

$$\frac{u_Z}{Z} = \frac{u_t}{t}. \tag{1.24}$$

Beträgt der statistische Mittelwert der Zeitdifferenz zwischen zwei aufeinanderfolgenden Impulsen für unendlich viele Messungen $\tau$, so ist die Meßzeit für $N$ Impulse $t = \tau(N-1) \approx \tau \cdot N$. Die relative Meßunsicherheit der Meßzeit $t$ für $N$ Impulse ist also bei einer einzigen Messung bestimmt durch

$$\frac{u_t}{t} = \frac{u_N}{N} = \frac{1}{\sqrt{N}} \tag{1.25}$$

und somit gilt auch

$$\frac{u_Z}{Z} = \frac{1}{\sqrt{N}}. \tag{1.26}$$

Die Genauigkeit der Zählratenbestimmung ist durch die vorgegebene Impulszahl bestimmt, z.B. ist die relative Meßunsicherheit der Zählrate bei $10^4$ Impulsen gleich $0{,}01 = 1\%$.

**Versuchsdurchführung:**

*Teil a)*

1. Mit einer Zählapparatur werden bei konstanten Versuchsbedingungen (langlebiges Präparat) $n$ Messungen bei konstanter Zählzeit $t = 1\,\text{s}$ durchgeführt.
2. Die Messungen werden entsprechend Versuch 1.2.2. ausgewertet. Die Gültigkeit der Beziehungen (1.21 und 1.22) ist zu überprüfen.

*Teil b)*

3. Die Zählapparatur wird in der Betriebsart „Impulsvorwahl" benutzt und mit einer hochauflösenden Zeitmeßeinrichtung derart verschaltet, daß die Zeitmessung bei Beginn der Zählung gestartet und beim Eintreffen des vorgewählten $N$-ten Impulses gestoppt wird.

4. Die bei $n$ Messungen ermittelten Zählzeiten $t_i$ werden entsprechend Versuch 1.2.2. ausgewertet. Die Gültigkeit der Beziehung (1.25) ist zu überprüfen.

### 1.2.6. Versuch: Protokollführung und Auswertung bei einer funktionalen Abhängigkeit von Meßgrößen

**Aufgabe:** Die funktionale Abhängigkeit zweier Meßgrößen $x$ und $y$ soll überprüft werden. Die Konstanten einer linearen Regression sind zu bestimmen.

**Grundlagen:** Gegeben seien $n$ Wertepaare zweier Meßgrößen $x_i, y_i$, deren funktionale Abhängigkeit untersucht werden soll. Die Meßgenauigkeit sei innerhalb eines jeden der beiden Kollektive von Meßgröße $x_i$ bzw. $y_i$ konstant. Der quantitativen Bestimmung der Ausgleichsgeraden werden die Formeln des Abschnittes 1.1.5. zugrunde gelegt, danach sollten die statistischen Meßabweichungen bei der Bestimmung der $x_i$ gegenüber denen bei der Bestimmung der $y_i$ vernachlässigt werden können.

Graphische Darstellung: Einen ersten Überblick liefert eine graphische Auftragung der Meßwerte. Dabei repräsentiert jedes Wertepaar $(x_i, y_i)$ einen Punkt in der x-y-Ebene. Bei einer solchen Auftragung beachte man, daß durch eine geeignete Wahl der Achseneinteilungen und ggf. Unterdrückung des Nullpunktes die Größe des Diagrammpapiers in beiden Achsrichtungen möglichst gut ausgenutzt wird.

Für eine subjektive Auswertung einer linearen Abhängigkeit $y = a + bx$ zeichnet man eine Ausgleichsgerade so durch die Meßpunkte, daß die Summe der Abweichungsquadrate der Meßpunkte zur Geraden möglichst klein wird (Gaußsches Prinzip)! Zur Bestimmung des Steigungsmaßes wählt man für das Steigungsdreieck Punkte auf der Ausgleichsgeraden, die nicht Meßpunkte sein müssen (!); das Steigungsdreieck zeichnet man möglichst groß, damit die relative Ableseungenauigkeit klein wird.

Die Meßunsicherheit des Steigungsmaßstabes $b$ läßt sich subjektiv abschätzen, indem man durch den Schwerpunkt der Wertepaare ($\bar{x} = \sum x_i / n$; $\bar{y} = \sum y_i / n$) die beiden Geraden mit der größten bzw. kleinsten Steigung ($b_1$ bzw. $b_2$) zeichnet, die mit den Meßwerten noch verträglich sind. Der Schätzwert der statistischen Meßunsicherheit ist dann gegeben durch $u_b = (b_1 - b_2)/2$.

Nicht lineare funktionale Abhängigkeiten lassen sich häufig dadurch linearisieren, daß man nach einer Umformung der Funktionen an Stelle der Meßwerte geeignet umgerechnete Größen gegeneinander aufträgt. In den folgenden Beispielen seien c, $y_o$ und e Konstanten und lg der Logarithmus zur Basis 10:

$$y \cdot x = c \quad \rightarrow y = c/x \quad \rightarrow y = c \cdot z \quad \text{mit} \quad z = 1/x.$$

$$y = y_o \cdot e^{cx} \quad \rightarrow \lg\left(\frac{y}{y_o}\right) = cx \cdot \lg e \quad \rightarrow z = (c \cdot \lg e) \cdot x \quad \text{mit} \quad z = \lg\left(\frac{y}{y_o}\right).$$

Die Umrechnung der Meßgrößen kann man sich ggf. ersparen durch Benutzung geeigneter Koordinatenpapiere, bei denen z. B. eine oder auch beide Achsen logarithmisch geteilt sind (vgl. Vers. 1.2.8. und 3.3.2.).

**Protokollführung und Auswertung:** Zur Protokollführung und Auswertung mit Hilfe der Formeln aus 1.1.5 wird folgendes Protokoll empfohlen ($[x]$ bzw. $\{x\}$ = Maßeinheit bzw. Maßzahl der Meßgröße $x$, analog $[y]$ und $\{y\}$):

| Sp. 1 | Sp. 2 | Sp. 3 | Sp. 4 | Sp. 5 |
|---|---|---|---|---|
| $i$ | $\frac{x_i}{[x]}$ | $\frac{y_i}{[y]}$ | $\frac{x_i}{[x]} \cdot \frac{y_i}{[y]}$ | $\left(\frac{x_i}{[x]}\right)^2$ |
| 1<br>⋮ | $\{x_1\}$ | $\{y_1\}$ | $\{x_1\} \cdot \{y_1\}$ | $\{x_1\}^2$ |
| n = | $\sum x_i =$ | $\sum y_i =$ | $\sum (x_i \cdot y_i) =$ | $\sum x_i^2 =$ |

Die Protokollführung gliedert sich in folgende Schritte:

1. Aufnahme der lfd. Nr. und der Meßgrößen in den Spalten 1 bis 3.
2. Berechnung der Produkte aus Sp. 2 und Sp. 3 und Übernahme in Spalte 4.
3. Berechnung der Quadratwerte aus Sp. 2 und Übernahme in Sp. 5.
4. Addition der Werte in den Spalten 2 bis 5 und Berechnung von

Schwerpunkt: $\bar{x} = \frac{\sum x_i}{n}, \ \bar{y} = \frac{\sum y_i}{n}$

Regressionskoeffizient: $b = \frac{\sum x_i y_i - \sum x_i \sum y_i / n}{\sum x_i^2 - (\sum x_i)^2 / n}$ (Formel 1.12a)

Ordinatenabschnitt: $a = \overline{y} - b \cdot \overline{x}$ . (Formel 1.13)

5. Eintragung der Ausgleichsgeraden in das Diagramm. Überprüfung der Meßwerte auf Ausreißer (systematische Meßabweichungen).
6. Ggf. Bestimmung eines Schätzwertes der Meßunsicherheit.

Die Auswerteschritte 2. bis 4. liegen häufig als feste Programme in Taschenrechnern vor. Bei der Nutzung der Programme kann die Aufstellung der Spalten 4 und 5 im Meßprotokoll entfallen, es empfiehlt sich aber, neben den eigentlichen Endergebnissen zu Kontrollzwecken auch die Endsummen $\sum x_i$, $\sum y_i$, $\sum (x_i \cdot y_i)$ und $\sum x_i^2$ zu notieren.

### 1.2.7. Versuch: Bestimmung der Schallgeschwindigkeit

**Aufgabe:** Die Konstanz der Ausbreitungsgeschwindigkeit des Schalles in Luft soll überprüft und die Schallgeschwindigkeit über eine lineare Regression bestimmt werden.

**Grundlagen:** Bei konstanter Schallgeschwindigkeit $c$ gilt zwischen Weg l und Zeit $t$ die Beziehung

$$l = c \cdot t + l_o , \qquad (1.27)$$

wobei $s_o$ die Ortskoordinate des Schalls zur Zeit $t = 0$ ist.

Zur Überprüfung des linearen Zusammenhangs wird die Zeit als Funktion des Weges gemessen: Ein elektronischer Kurzzeitmesser wird simultan mit dem Auslösen eines kurzen Schallimpulses (Knall) gestartet und bei der Registrierung des Impulses durch ein Mikrophon in unterschiedlichen Abständen gestoppt. Die Entfernung des Mikrophons wird gemessen in bezug auf eine Nullmarke, die auf der Verbindungslinie Lautsprecher–Mikrophon willkürlich festgelegt wurde.

Eine Überprüfung der Meßabweichungen ergibt, daß die Zeitmessung, bedingt durch Schwankungen in der Lautstärke und der Ansprechschwelle des Mikrophons, eine größere Streuung aufweist als die Ortsmessung. Für eine lineare Regression wird deshalb der Zusammenhang

$$t = a + b \cdot l \qquad (1.27\,a)$$

mit Regressionskoeffizient $b = 1/c$ und Ordinatenabschnitt $a = t_o$ zu Grunde gelegt. $t_o$ beinhaltet die Laufzeit $l_o/c$ und ggf. eine zusätzliche Zeitdifferenz, die durch die unterschiedlichen Ansprechvorgänge bei Start und Stop des Zeitmeßgerätes bedingt ist.

**Versuchsdurchführung:**

1. Die Protokollführung erfolgt gemäß Versuch 1.2.6., wobei $x=l$ und $y=t$ gewählt werden.

2. Zwischen Lautsprecher und Mikrophon wird eine Marke als Nullpunkt der Entfernungsmessung festgelegt.

3. Die Entfernung Nullmarke–Mikrophon wird mit einem Bandmaß gemessen und ebenso wie die mit dem Zeitmeßgerät ermittelte Zeit registriert.

4. Die Messungen zu 3. werden wiederholt, nachdem jeweils das Mikrophon längs der Geraden Lautsprecher–Nullmarke verschoben wurde.

5. Das Meßprotokoll wird entsprechend Versuch 1.2.6. ausgewertet. Aus dem Regressionskoeffizienten ist die Schallgeschwindigkeit $c$ zu berechnen!

6. Man zeichne die Meßpunkte und die Ausgleichsgerade in ein Diagramm und versuche die Meßgenauigkeit der Schallgeschwindigkeit abzuschätzen.

7. Bei einem Vergleich des Ergebnisses mit dem Literaturwert beachte man die Temperaturabhängigkeit der Schallgeschwindigkeit in Gasen (Tab.9, Seite 180)!

## 1.2.8. Versuch: Bestimmung von Zerfallskonstante und Halbwertszeit eines radioaktiven Präparates

**Aufgabe:** Der exponentielle Abfall der Aktivität eines künstlich radioaktiven Präparates ist nachzuweisen

a) durch Linearisierung der Exponentialgleichung,

b) durch Auftragung der Meßdaten in ein Exponentialpapier (Einfach-Logarithmen-Papier).

Aus beiden Auftragungen sind Zerfallskonstante und Halbwertszeit des radioaktiven Präparates zu bestimmen.

**Grundlagen:** Als Aktivität eines radioaktiven Präparates bezeichnet man die Anzahl der Zerfälle pro Zeiteinheit $A=\Delta N/\Delta t$ (s. Abschnitt 10.2.2). Bei einer festen Anordnung von radioaktivem Präparat und Zählapparatur ist die Zählrate der Aktivität proportional $Z=k\cdot A$, wobei die Konstante $k$ durch den Versuchsaufbau bestimmt ist.

Die Aktivität $A$ und damit auch die Zählrate $Z$ nehmen exponentiell mit der Zeit $t$ ab (Abb. 5a):

$$Z = Z_o \cdot \exp(-\lambda t) = Z_o \cdot \exp\left(-0{,}693 \cdot \frac{t}{T_{1/2}}\right). \tag{1.28}$$

($Z$, $Z_o$ = Zählraten zur Zeit $t$ bzw. $t=0$; $\lambda$ = Zerfallskonstante, $T_{1/2}$ = Halbwertszeit).

Die Größe $T_{1/2}$ heißt Halbwertszeit, weil die Aktivität (und damit die Zählrate) jeweils in der Zeit $t = T_{1/2}$ auf den halben Wert absinkt. Zwischen Zerfallskonstante $\lambda$ und Halbwertszeit $T_{1/2}$ besteht die Beziehung

$$\lambda \cdot T_{1/2} = \ln 2 = 0{,}693. \tag{1.29}$$

Der exponentielle Zusammenhang der Gleichung (1.28) läßt sich linearisieren, wenn man statt der Meßgröße Z die umgerechnete Größe $y = \lg(Z/Z_o)$ als Funktion der Zeit $t$ aufträgt (Abb. 5b).

$$\begin{aligned} \lg \frac{Z}{Z_o} &= \lg(e^{-\lambda t}) = -\lambda \cdot t \cdot \lg(e) \\ y &= 0{,}434\,\lambda \cdot t \end{aligned} \tag{1.28a}$$

Aus der Steigung der Ausgleichsgeraden $\Delta y / \Delta t$ kann die Zerfallskonstante $\lambda$ und damit die Halbwertszeit $T_{1/2}$ berechnet werden.

Die Meßwerte ergeben (abgesehen von den Meßabweichungen) unmittelbar einen linearen Zusammenhang, wenn in einem Koordinatenpapier, bei dem die Ordinate logarithmisch und die Abszisse linear geteilt sind, die Zählrate als Funktion der Zeit aufgetragen wird (Abb. 5c). Solche Einfach-Logarithmenpapiere werden deshalb auch als Exponentialpapiere bezeichnet. Aus der subjektiv gezogenen Ausgleichsgeraden kann sehr leicht die Halbwertszeit abgelesen und daraus die Zerfallskonstante berechnet werden.

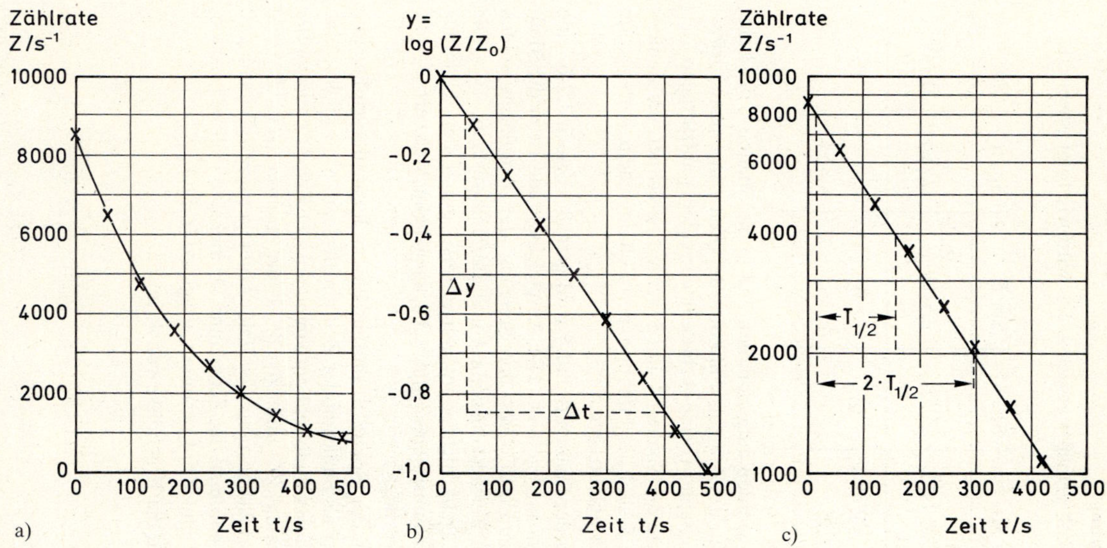


Abb. 5. Exponentielle Abnahme der Aktivität eines radioaktiven Präparates ($^{108}_{47}Ag$)
a) Zählrate als Funktion der Zeit, beide Achsen linear geteilt,
b) Ordinatenwerte umgerechnet $y = \log(Z/Z_o)$, beide Achsen linear geteilt,
c) Zählrate als Funktion der Zeit, Ordinate logarithmisch geteilt.

**Versuchsdurchführung:**

1. Das Meßprotokoll gemäß Versuch 1.2.6. wird wie folgt erweitert:

| Sp. 1 | Sp. 2 | Sp. 3 | Sp. 4 | Sp. 5 | Sp. 6 | Sp. 7 |
|---|---|---|---|---|---|---|
| $i$ | $t_i/\mathrm{s}$ | $Z_i/\mathrm{s}^{-1}$ | $Z_i/Z_o$ | $y_i = \lg \dfrac{Z_i}{Z_o}$ | $(t_i \cdot y_i)/\mathrm{s}$ | $(t_i/\mathrm{s})^2$ |
| 1 | 0 | $\{Z_o\}$ | 1 | 0 | 0 | 0 |
| ⋮ | ⋮ | ⋮ | ⋮ | ⋮ | ⋮ | ⋮ |

2. Die Meßdaten werden aufgenommen und in die Spalten 1 bis 3 eingetragen, die Zählrate $Z$ ist als Funktion der Zeit $t$ in einem kartesischen Koordinatenpapier (beide Achsen linear geteilt) aufzutragen.

3. Die Zahlenwerte der Spalten 4 und 5 werden berechnet, die Zahlenwerte der Spalte 5 sind als Funktion der Zeit in einem kartesischen Koordinatenpapier aufzutragen.

4. Mit den Daten der Spalten 2 und 5 wird gemäß Versuch 1.2.6. eine lineare Regression durchgeführt. Die Ausgleichsgerade ist in die Meßwerte zu 3. einzutragen. Aus der Steigung der Ausgleichsgeraden berechne man die Zerfallskonstante $\lambda$ und die Halbwertszeit $T_{1/2}$. (Die Ausgleichsgerade geht nicht notwendigerweise durch den Ursprung (0;0) des Koordinatensystems, weil u. U. auch beim Meßwert $Z_o$ eine Meßabweichung vorliegt.)

5. Die Zählraten der Spalte 3 sind in einem logarithmisch-linearen Koordinatenpapier als Funktion der Zeit einzutragen. Man zeichne eine subjektive Ausgleichsgerade und entnehme aus der Zeitdifferenz zweier geeigneter Zählraten $Z^*$ und $Z = Z^*/2$ die Halbwertzeit $T_{1/2}$ und berechne die Zerfallskonstante $\lambda$. (Die Ablesegenauigkeit kann ggf. erhöht werden, wenn man die Zeitspanne für mehrere Halbwertszeiten, z. B. zwischen $Z^*$ und $Z^*/4$ bestimmt – vgl. Abb. 5c.)

6. Man vergleiche die Ergebnisse von 4. und 5.

### 1.2.9. Anwendungsbeispiele zu den Versuchen und Anregungen zum Selbststudium

Statistische Methoden finden Anwendung in fast allen Wissenschaftsbereichen, was durch die folgenden Anwendungsbeispiele nur sehr unvollständig angedeutet werden kann:

**Physik:** Meßfehler, statistisches Verhalten von Teilchen (statistische Thermodynamik, Atomphysik, Elementarteilchenphysik).

**Technik:** Qualitätskontrolle in der Produktion, Werkstoffprüfung (Festigkeit und Ermüdungserscheinungen bei Werkstoffen).

**Wirtschafts- und Sozialwissenschaften:** Bevölkerungsstatistiken, Einkommensstatistik, Handelsstatistik, Kriminalstatistik.

**Biologie und Medizin:** Genetik, Ökologie (Wechselwirkungen Organismen und Umwelt), Krankheitsverlaufsstatistik, Pharmakologie und Toxikologie (Wirkung von Medikamenten und Giften).

*Spezielle* statistische Probleme sind unter anderem:

**Untersuchungsverfahren:** Auswahl repräsentativer Stichproben aus der Gesamtheit der Meßgrößen, Unterscheidung und Austauschbarkeit von Einzelelementen, Nachweis bestimmter Verteilungsfunktionen.

**Spieltheorie:** Anwendung der Statistik und Wahrscheinlichkeitsrechnung als Grundlage für auf Gewinn gerichtete strategische Entscheidungen in wirtschaftlichen, biologisch-medizinischen und militärischen Bereichen.

**Biometrik:** Die Gesamtheit der statistischen Methoden in Biologie und Medizin. Die Biometrik zeichnet sich dadurch aus, daß die den statistischen Untersuchungen zugrunde liegenden Kollektive in einem sehr hohen Maße zahlreichen nicht beeinflußbaren Faktoren unterliegen (Wetterverhältnisse in der Pflanzenzüchtung) oder aus gewichtigen Gründen nur aus Beobachtungen und nicht durch systematische Experimente gewonnen werden (ethische Verpflichtung zur Heilung des kranken Menschen).

# 2. Mechanische Größen

| Symbole | Größen | S.I.-Einheiten | |
|---|---|---|---|
| $m$ | Masse | kg | Kilogramm |
| $t$ | Zeit | s | Sekunde |
| $s, l, x, r, R, h$ | Weg, Längen, (Radius, Höhe) | m | Meter |
| $A$ | Fläche | $m^2$ | |
| $V$ | Volumen | $m^3$ | |
| $\rho$ | Dichte | $kg/m^3$ | |
| $v$ | Geschwindigkeit | m/s | |
| $a, g$ | Beschleunigung, Erdbeschl. | $m/s^2$ | |
| $p$ | Impuls | kg m/s | |
| $F$ | Kraft | $N = kg\ m/s^2$ | Newton |
| $M$ | Drehmoment | $N \cdot m$ | |
| $E, W$ | Energie, Arbeit | $J = N \cdot m$ | Joule |
| $\sigma, p$ | Normalspannung, Druck | $Pa = N/m^2$ | Pascal |
| $\tau$ | Tangentialspannung | | |
| $\eta$ | Dynamische Viskosität | $Pa \cdot s$ | |
| $u_x$ | Meßunsicherheit der Größe x | | |

## 2.1. Theoretische Grundlagen

### 2.1.1. Einführung

Die Mechanik beschreibt die räumlich-zeitliche Orientierung von Materie unter dem Einfluß von Kräften. Als unveränderliche Eigenschaft wird der Materie in der klassischen, nichtrelativistischen Mechanik die **Masse** $m$ zugeordnet.

Indem bei homogenen Körpern die Masse auf das Volumen bezogen wird, ergibt sich die wichtige spezifische Größe Dichte

$$\rho = \frac{m}{V}. \tag{2.1}$$

Dichte $\rho$ ist das Verhältnis von Masse $m$ zu Volumen $V$ eines Körpers.

Die Lage eines Körpers im **Raum** kann vermessen werden, wenn ein Bezugssystem angegeben wird. Die Bewegung des Körpers relativ zu diesem Bezugssystem wird durch den funktionalen Zusammenhang zwischen dem Ortsvektor und der **Zeit** sowie den daraus abgeleiteten vektoriellen Größen Geschwindigkeit und Beschleunigung beschrieben (Kinematik). Der Ablauf einer Bewegung wird beeinflußt durch die **Kräfte**, die auf den Körper wirken.

Die Kraft ist eine der fundamentalen Größen der Physik; fast alle Phänomene der Physik lassen sich auf die Wirkung von Kräften zurückführen. Unter Beachtung des Vektorcharakters von Kraft, Geschwindigkeit und Beschleunigung gestatten die **Newtonschen Axiome** eine vollständige Beschreibung der Kraftwirkungen und Bewegungsvorgänge bei ruhenden und bewegten Körpern.

Zur Einführung in experimentelle Methoden der Mechanik stehen hier deshalb Versuche im Mittelpunkt, die die Bedeutung spezieller Kraftgrößen (Gewicht, Auftrieb) und aus der Kraft abgeleitete Größen (Drehmoment, Druck, Tangentialspannung) herausstellen. Als Untersuchungsbeispiele wählen wir einige Eigenschaften von Flüssigkeiten, da die Hydromechanik dem Studienanfänger im allgemeinen weniger geläufig ist als beispielsweise die Mechanik starrer Körper.

In einem späteren Abschnitt — Kap. 7 — werden wir auch solche Kraftwirkungen diskutieren, die zu speziellen Bewegungsformen — Schwingungen und Wellen — führen.

### 2.1.2. Kraft und abgeleitete Größen

Die Newtonschen Axiome definieren die „Trägheit" als wichtige Eigenschaft der Masse und verknüpfen diese mit der Wirkung von Kräften. Sie lauten:

**I. Newtonsches Axiom (Trägheitsgesetz):**
Ein Körper verharrt im Zustand der Ruhe oder der geradlinig gleichförmigen Bewegung, solange er nicht durch äußere Kräfte gezwungen wird, seinen Bewegungszustand zu ändern.

**II. Newtonsches Axiom (Bewegungsgesetz):**
Die zeitliche Änderung der Bewegungsgröße eines Körpers ist gleich der resultierenden Kraft.

**III. Newtonsches Axiom (Wechselwirkungsgesetz):**

Die Kräfte, die zwei Körper wechselseitig aufeinander ausüben, sind einander entgegengesetzt und vom Betrage gleich (actio = reactio).

Die Newtonsche „Bewegungsgröße" wird heute als Impuls $\boldsymbol{p}$ bezeichnet und ist definiert durch

$$\boldsymbol{p} = m\boldsymbol{v}\,. \tag{2.2}$$

Der **Impuls** $\boldsymbol{p}$ eines Körpers ist gleich dem Produkt aus Masse $m$ und Geschwindigkeit $\boldsymbol{v}$ des Körpers.

Mit dieser Definition schreibt sich das II. Newtonsche Axiom in der Form der Gleichung (2.3), bei konstanter Masse folgt daraus Gleichung (2.4).

**Grundgleichung der Dynamik:**

$$\sum \boldsymbol{F}_i = \frac{\mathrm{d}\boldsymbol{p}}{\mathrm{d}t} = \frac{\mathrm{d}}{\mathrm{d}t}(m\boldsymbol{v})\,. \tag{2.3}$$

$$\sum \boldsymbol{F}_i = m\frac{\mathrm{d}\boldsymbol{v}}{\mathrm{d}t} = m\,\boldsymbol{a} \tag{2.4}$$

Die resultierende Kraft $\sum \boldsymbol{F}_i$ und die Beschleunigung $\boldsymbol{a}$ eines Körpers sind einander proportional: Kraft gleich Masse mal Beschleunigung.

Ändert sich der Bewegungszustand eines Körpers nicht, d.h. treten keine Beschleunigungen auf, gilt die

**Grundgleichung der Statik:**

$$\sum \boldsymbol{F}_i = 0\,. \tag{2.5}$$

Bei einem Körper in einem Gleichgewichtszustand ist die Summe der angreifenden Kräfte $\boldsymbol{F}_i$ gleich Null.

Wird ein starrer Körper so gelagert, daß er nur kreisförmige Bewegungen um eine Drehachse 0 ausführen kann, so wird die Wirkung der an dem Körper angreifenden Kräfte durch den senkrechten Abstand der Wirkungslinien von der Drehachse, dem Kraftarm $l$, bestimmt. Man beschreibt diese Wirkung durch einen Vektor Drehmoment (Abb. 6).

$$\boldsymbol{M} = \boldsymbol{r} \times \boldsymbol{F}\,,$$

$$M = r \cdot F \cdot \sin\alpha = l \cdot F\,. \tag{2.6}$$

Das Drehmoment $\boldsymbol{M}$ ist ein Vektor in Richtung der Drehachse, dessen Betrag durch das Produkt aus dem Betrag der Kraft $\boldsymbol{F}$ und der Länge des Kraftarmes $l$ gegeben ist.

Im statischen Gleichgewicht gilt

$$\sum \boldsymbol{M}_i = \sum (\boldsymbol{r}_i \times \boldsymbol{F}_i) = 0 . \qquad (2.7)$$

Bei einem Körper im Gleichgewichtszustand ist die Summe der angreifenden Drehmomente $\boldsymbol{M}_i$ gleich Null.

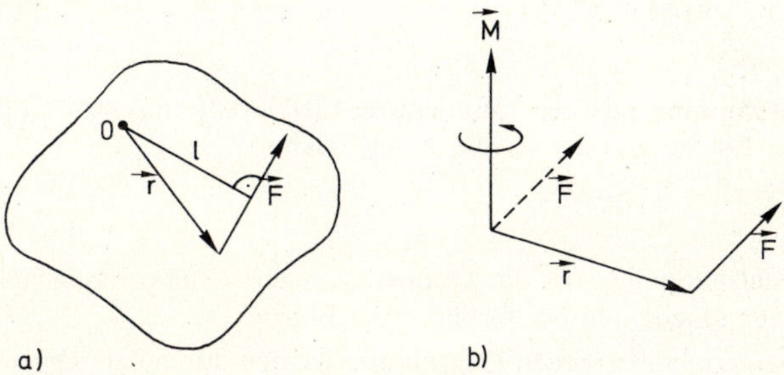


Abb. 6. Zur Definition des Drehmoments.
a) Definition des Betrages,
b) Definition der Richtung ($\boldsymbol{r}$, $\boldsymbol{F}$, $\boldsymbol{M}$ bilden ein Rechtssystem).

Das III. Newtonsche Axiom macht eine Aussage über die Kräfte, die Körper wechselseitig ausüben. Zu den Wechselwirkungskräften zählt insbesondere die Gravitation.

**Gewichtskraft*** : Jedes Massenelement d$m$ erfährt infolge der Gravitation im Wirkungsbereich der Erde eine Kraft d$\boldsymbol{F}_G$, die auf den Massenmittelpunkt der Erde gerichtet ist.

$$\mathrm{d}\boldsymbol{F} = \boldsymbol{g}\, \mathrm{d}m . \qquad (2.8)$$

Die Gewichtskraft d$\boldsymbol{F}$ ist gleich dem Produkt aus Masse d$m$ und Erdbeschleunigung $\boldsymbol{g}$. Die Erdbeschleunigung $\boldsymbol{g}$ ist von der Massenvertei-

* Der Begriff Gewicht wird häufig doppeldeutig benutzt, im technischen Maßsystem gilt das Gewicht als eine Kraft, während im massebezogenem Internationalen Einheitensystem (SI) das Gewicht eine Massengröße ist (Gewichtssatz = Massensatz!). Der hier benutzte Ausdruck „Gewichtskraft" soll eindeutig klarstellen, welche physikalische Größe gemeint ist.

lung der Erde und damit in gewissem Umfang von der geographischen Lage abhängig. Als Normalbeschleunigung gilt der Wert $g = 9{,}80665\ \mathrm{m/s^2}$, näherungsweise $g = 9{,}81\ \mathrm{m/s^2}$.

Unter dem Einfluß äußerer Kräfte erfährt Materie Formveränderungen. Wesentlich für die Wirkung der Kraft ist dabei das Verhältnis von angreifender Kraft zur Größe der beanspruchten Fläche. Dieses Verhältnis wird als **Normalspannung** (Druck, Zug) bezeichnet, wenn die Kraft senkrecht zur Fläche wirkt, und als **Tangentialspannung** (Schubspannung), wenn die Kraft parallel zur Fläche wirkt.

$$\sigma = \frac{F_n}{A}. \qquad (2.9\,a)$$

Die Normalspannung $\sigma$ ist der Quotient aus der Kraftkomponente $F_n$ senkrecht zur Fläche und der Größe $A$ der Fläche.

$$\tau = \frac{F_{tg}}{A}. \qquad (2.9\,b)$$

Die Tangentialspannung $\tau$ ist der Quotient aus der Kraftkomponente $F_{tg}$ parallel zur Fläche und der Größe $A$ der Fläche.

Die in der Materie auftretenden Gegenkräfte werden durch den **Aggregatzustand** des Körpers — fest, flüssig oder gasförmig — bestimmt:

In einem **festen, kristallinen Körper** wirken zwischen den Molekeln Bindungs- und Abstoßungskräfte, die über größere Entfernungen eine Orientierung der Molekeln bewirken, und die die Verformung des Körpers nach Verschwinden der äußeren Kräfte in einem gewissen Umfange rückgängig machen. Diesen reversiblen Vorgang bezeichnet man als *elastische Deformation.* Charakteristisch für feste Körper ist, daß sie neben der *Volumenelastizität* bei allseitiger Kompression auch eine *Formelastizität* gegenüber an einzelnen Flächen angreifenden Normal- und Tangentialspannungen besitzen.

Bei **Flüssigkeiten** liegt nur eine Nahorientierung benachbarter Molekeln vor, die Molekeln lassen sich im allgemeinen leicht gegeneinander verschieben. Infolgedessen besitzen Flüssigkeiten noch eine *Volumenelastizität* in der gleichen Größenordnung wie die festen Körper; sie besitzen jedoch *keine Formelastizität.*

**Gase** besitzen *weder Form- noch Volumenbeständigkeit*, sie füllen jeden dargebotenen Raum aus. Infolge des großen Abstandes zwischen den Gasmolekülen ist die Dichte der Gase sehr niedrig, die Kompressibilität sehr groß und die Wechselwirkung zwischen den Gasmolekülen im allgemeinen sehr gering.

### 2.1.3. Mechanische Eigenschaften von Flüssigkeiten

Die im allgemeinen leichte Verschiebbarkeit der Molekeln einer Flüssigkeit bewirkt, daß in *ruhenden Flüssigkeiten keine Schubspannungen* auftreten; der in einem Punkt gemessene Druck ist nach allen Richtungen gleich groß. Die freie Oberfläche einer Flüssigkeit stellt sich senkrecht zur wirkenden Kraft ein. Ist die einzig wirkende Kraft die Gravitation, so ist die freie Oberfläche waagerecht; bei rotierenden Flüssigkeiten stellt sich die Oberfläche senkrecht zur Resultierenden aus Gravitation und Zentrifugalkraft ein.

Die Gewichtskraft einer Flüssigkeit übt auf die tieferliegenden Schichten einen Schweredruck oder hydrostatischen Druck $p_h$ aus.

**Hydrostatischer Druck:**

$$p_h = \rho_{\mathrm{Fl}} \cdot g \cdot h\,. \tag{2.10}$$

Der hydrostatische Druck $p_h$ ist proportional der Höhe $h$ und der Dichte $\rho_{\mathrm{Fl}}$ der höher liegenden Flüssigkeitssäule, er ist unabhängig von der Form des Gefäßes und wirkt in alle Richtungen.

Der Schweredruck wirkt auf in Flüssigkeiten eintauchende Körper und bewirkt bei diesen, da er mit der Tiefe zunimmt, eine resultierende Kraft, die der Erdbeschleunigung entgegen gerichtet ist, den Auftrieb $\boldsymbol{F}_A$.

**Archimedisches Prinzip:**

$$\boldsymbol{F}_A = -\varrho_{\mathrm{Fl}} \cdot \boldsymbol{g} \cdot V\,. \tag{2.11}$$

Der Auftrieb $\boldsymbol{F}_A$ eines Körpers in einer Flüssigkeit ist der Gewichtskraft entgegengesetzt gerichtet und vom Betrage gleich der Gewichtskraft der verdrängten Flüssigkeitsmenge.

Bei der Strömung von Flüssigkeiten treten zusätzliche Kräfte auf, die ihre Ursache in der Trägheit der Materie und in der inneren Reibung der Flüssigkeit haben.

Bei **idealen Flüssigkeiten,** d.h. inkompressiblen und reibungsfreien Flüssigkeiten bewirken Trägheit bzw. kinetische Energie einer bewegten Flüssigkeit einen dynamischen Druck oder auch Staudruck $\rho v^2/2$. Der statische Druck $p_{\mathrm{st}}$, der z.B. auf eine Rohrwandung wirkt, ist abhängig von der Strömungsgeschwindigkeit der Flüssigkeit.

**Gesetz von Bernoulli:**

$$p_{ges} = p_{st} + \frac{\rho}{2} v^2 . \tag{2.12}$$

Der Gesamtdruck $p_{ges}$ einer Flüssigkeit ist gleich der Summe aus statischem Druck $p_{st}$ und Staudruck $\rho v^2/2$.

Wenn der statische Druck $p_{st}$ den äußeren Druck unterschreitet, hat die Flüssigkeit eine ansaugende Wirkung (vgl. Wasserstrahlpumpe).

Bei **realen Flüssigkeiten** verwandelt sich infolge der *inneren Reibung* beim Fließen der Flüssigkeit ein Teil der kinetischen Energie in Wärmeenergie. Liegt eine schlichte oder *laminare Strömung* vor, können die Trägheitskräfte gegenüber den Zähigkeitskräften vernachlässigt werden. Damit zwei Flüssigkeitsschichten aneinander vorbeigleiten, ist zur Überwindung der inneren Reibung eine Tangentialkraft $F_{tg}$ erforderlich. In der Flüssigkeit bildet sich eine *Schubspannung* $\tau$ aus, die dem Geschwindigkeitsgefälle $dv/dx$ proportional ist (Abb. 7).

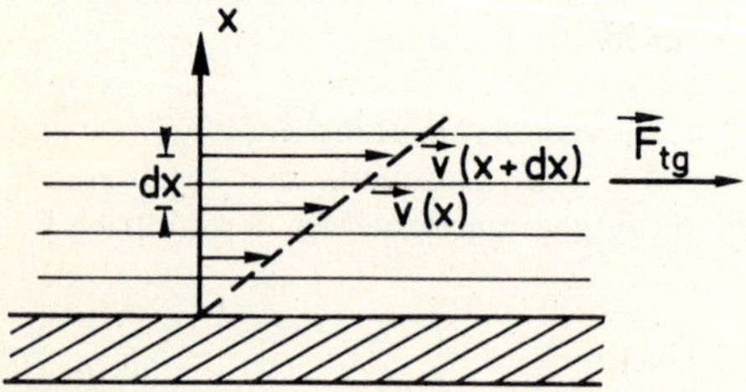


Abb. 7. Zur Definition der Viskosität.

**Newtonsche Flüssigkeit:**

$$\tau = \eta \frac{dv}{dx} . \tag{2.13}$$

Der Koeffizient der inneren Reibung $\eta$ (dynamische Viskosität) ist gleich dem Quotienten aus Schubspannung $\tau$ und Geschwindigkeitsgefälle $dv/dx$ bei laminarer Strömung.

Die Viskosität kann sehr unterschiedliche Werte annehmen (Wasser, Honig, Glas), sie ist stark temperaturabhängig und nimmt bei Flüssigkeiten mit steigender Temperatur $T$ ab. Für viele Flüssigkeiten gilt mit guter Näherung ein exponentieller Zusammenhang zwischen der Viskosität und der Temperatur,

$$\eta = k \cdot \exp(b/T), \quad (2.14)$$

dabei sind $k$ und $b$ experimentelle Konstanten.

**Strömung durch Kapillaren:** Bei *laminarer Strömung* durch ein Rohr haftet die äußerste Flüssigkeitsschicht am Rohr fest, während die Geschwindigkeit der inneren konzentrischen Schichten zur Rohrmitte hin parabelförmig zunimmt (Abb. 8).

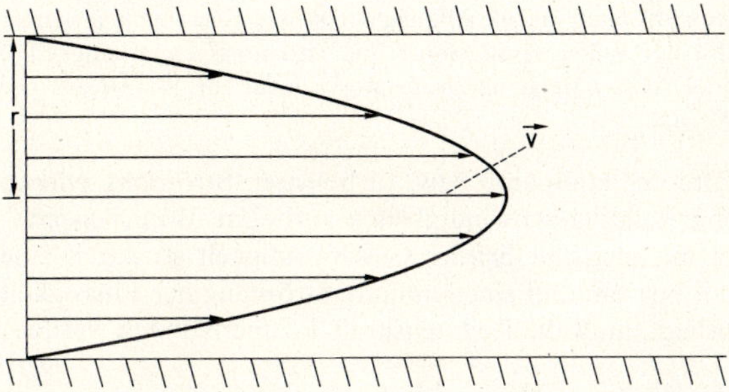


Abb. 8. Parabolische Geschwindigkeitsverteilung bei laminarer Strömung durch ein Rohr.

Durch Integration über die parabolische Geschwindigkeitsverteilung ergibt sich die durch ein Rohr mit dem Radius $r$ und der Länge $l$ strömende Flüssigkeitsmenge:

**Hagen-Poiseuillesches Gesetz:**

$$\frac{\Delta V}{\Delta t} = \frac{\pi r^4 \Delta p}{8 \eta l}. \quad (2.15)$$

Die Volumenstromstärke $\Delta V/\Delta t$ ist proportional der Druckdifferenz $\Delta p$ und der vierten Potenz (!) des Radius $r$ und umgekehrt proportional der Länge $l$ und der Viskosität $\eta$.

Wird über die Stromstärke die mittlere Strömungsgeschwindigkeit $\bar{v}$ eingeführt $\Delta V/\Delta t = \pi r^2 \cdot \bar{v}$, so folgt für die angreifende Kraft

$$F = \pi r^2 \Delta p = 8 \pi \eta l \bar{v}. \quad (2.16)$$

Der Zusammenhang, daß die (mittlere) Strömungsgeschwindigkeit proportional zur angreifenden Kraft ist, ist charakteristisch für laminare Strömungen!

Wenn die Geschwindigkeit einen kritischen Wert überschreitet, der von dem Verhältnis $\eta/\rho$ und dem Rohrradius $r$ abhängt, reißt die laminare Strömung an den Grenzschichten ab, und es bildet sich eine wirbelnde, *turbulente Strömung* aus. Damit die Strömung durch das Rohr laminar bleibt, darf die dimensionslose Reynoldsche Zahl Re den kritischen Wert 1200 nicht überschreiten

$$\mathrm{Re} = \frac{\varrho \cdot r \cdot \overline{v}}{\eta} < 1200 \quad \text{(für laminare Strömung).}$$

Da in der turbulenten Strömung für die Bildung der Wirbel Energie aufgewendet werden muß, wächst der Reibungswiderstand; die Strömungsgeschwindigkeit $\overline{v}$ bzw. die Stromstärke $\Delta V/\Delta t$ steigt nur noch proportional zur Wurzel aus der Druckdifferenz $\sqrt{\Delta p}$ an.

Die Reibungskräfte der laminaren bzw. turbulenten Strömung wirken immer dann, wenn Relativgeschwindigkeiten vorliegen. Wird beispielsweise eine Kugel mit gleichbleibender Geschwindigkeit so durch eine viskose Flüssigkeit bewegt, daß eine laminare Strömung der Flüssigkeit um die Kugel vorliegt, muß die Reibungskraft $\boldsymbol{F}_\mathrm{S}$ überwunden werden:

**Stokessches Gesetz:**

$$\boldsymbol{F}_\mathrm{s} = -6\pi\eta r \boldsymbol{v}. \quad (2.17)$$

Bei laminarer Strömung um eine Kugel ist die Reibungskraft proportional der Viskosität $\eta$, dem Kugelradius $r$ und der Geschwindigkeit $v$.

## 2.2. Messen mechanischer Größen

**Längenmessung:** Die direkte Längenmessung erfolgt durch Anlegen eines geeichten Maßstabes an die zu messende Strecke. Die Eichung des Maßstabes kann durch den definierten Abstand seiner Endflächen gegeben sein — **Endmaße** — oder durch auf dem Maßstab angebrachte Markierungen — **Strichmaße.**

**Parallaxe:** Können Meßstrecke und Maßstab nicht unmittelbar zur Deckung gebracht werden, so erfordert eine korrekte Messung, daß Anfang und Ende der Meßstrecke den gleichen Abstand von Maßstab haben und unter dem

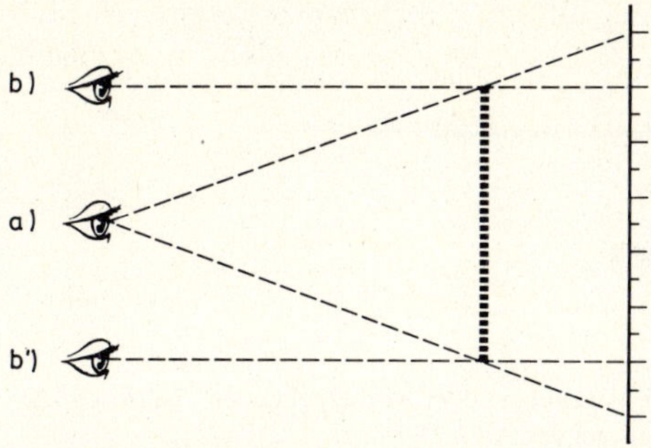


Abb. 9. Ablesefehler durch Parallaxe bei dem Blickwinkel a); korrekte Ablesung bei der Augenstellung b) und b′).

gleichen Winkel anvisiert werden. Der Ablesefehler, der durch Anvisieren des Maßstabes unter verschiedenen Winkeln auftritt (Abb. 8a) wird als Parallaxenfehler bezeichnet. Er ist abhängig vom Abstand der Meßstrecke vom Maßstab. Eine parallaxenfreie, senkrechte Ablesung wird bei der Verwendung von Spiegelmaßstäben dadurch erreicht, daß bei der Ablesung die zu messende Marke und ihr Spiegelbild zur Deckung gebracht werden. Die Skalen hochwertiger Zeigerinstrumente werden aus dem gleichen Grunde mit einem Spiegel hinterlegt.

Die Ablesegenauigkeit läßt sich durch optische Instrumente erhöhen, die den Sehwinkel vergrößern, z.B. können sehr kleine Objekte mit Hilfe von Mikroskopen mit geeignet fein geteilten Skalen — Objektmikrometer — verglichen werden. Bei **Komparatoren** und **Kathetometern** wird die Parallelverschiebung von Mikroskop bzw. Fernrohr gemessen, die erforderlich ist, um Anfang und Ende der Meßstrecke auf ein Fadenkreuz im Gesichtsfeld des optischen Instrumentes einzustellen.

Bei der **Schieblehre** erfolgt die Ablesung über zwei zum Maßstab senkrechte Ansatzstücke oder Anschläge. Ein Ansatzstück ist mit dem Maßstab fest verbunden. Das zweite Ansatzstück befindet sich an einem Schieber, der über den Maßstab gleiten kann und mit einer Nebenskala, dem Nonius, versehen ist.

**Nonius:** Mit Hilfe eines Nonius kann die Ablesung einer Skala verfeinert werden. Er besitzt eine Teilung, deren Abstand $d$ im festen Verhältnis zum Abstand $s$ der Teilstriche des eigentlichen Maßstabes steht.

In Abb. 10 ist beispielsweise $10d = 9s$. Koinzidiert nun der $k$-te Teilstrich des Nonius mit einem Teilstrich der Hauptskalen, so ist die Nullmarke des Nonius

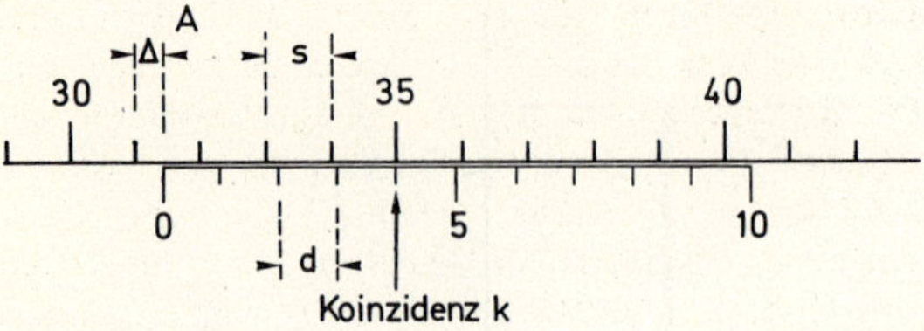


Abb. 10. Nonius, Ablesung 31,4.

um die Strecke $\Delta = k(s-d)$ gegenüber dem vorhergehenden Teilstrich der Hauptskala verschoben. Im Beispiel der Abb. 10 ist

$$\Delta = k\left(s - \frac{9s}{10}\right) = k \cdot \frac{s}{10}.$$

Die Bezifferung des Teilstriches des Nonius gibt also die Dezimale der Stellung der Nullmarke relativ zur Hauptskala an. Je nach Teilung der Hauptskala finden, z. B. bei Winkelmessungen, auch andere Noniusteilungen Anwendungen, die richtige Ablesung läßt sich im allgemeinen durch einfache Überlegungen finden.

Weitere Meßverfahren zur Bestimmung von Längen stützen sich auf physikalische und geometrische Gesetzmäßigkeiten. Mit Hilfe mechanischer Übersetzungen — **Mikrometer, Fühlhebel, Meßuhr** — lassen sich kleine Meßstrecken mit einer Genauigkeit von $10^{-2}$ bis $10^{-3}$ mm bestimmen. Als mechanisch-elektrische Wandler für Längenmessungen finden **Dehnungsmeßstreifen** Anwendung: Ein elektrisch leitender Draht verändert unter dem Einfluß einer Dehnung seinen Widerstand; solche Widerstandsänderungen lassen sich mit geeigneten Schaltungen sehr genau bestimmen (Versuch 4.3.6.).

Die Anwendung von Wellenerscheinungen (Interferometer, Impulsechoverfahren) zur Längenmessung wird in Abschnitt 7 behandelt.

**Zeitmessung:** Zur Zeitmessung kann jeder Vorgang verwendet werden, der eine regelmäßige Periodizität aufweist. Anwendung finden insbesondere mechanische, elektrische, molekulare und atomare Schwingungsvorgänge, die definierte Resonanzfrequenzen aufweisen. Solche Schwingungen in Eigenresonanz lassen sich über lange Zeiten aufrechterhalten, wenn der Vorgang selbst die Energiezufuhr von außen so steuert, so daß evtl. Energieverluste gerade kompensiert werden (Rückkopplung).

Zur Messung von Zeitdifferenzen finden **Stoppuhren** Verwendung, die mechanisch durch den Druck auf einen Knopf gestartet und gestoppt werden, ihre Zeitauflösung beträgt 1/10 bis 1/100 s. Bei subjektiven Messungen ist infolge der Reaktionszeit des Experimentierenden die Zeitauflösung auf ca. 1/10 s begrenzt. Höhere Meßgenauigkeiten erfordern objektive Meßverfahren. Elektronische Schaltungen können elektrische Impulse mit sehr hoher Folgefrequenz zählen. Mit solchen **elektronischen Zählern**, die durch elektrische Signale auf- und zugetastet werden, lassen sich sehr hohe Zeitauflösungen (unter $10^{-9}$ s) erreichen.

**Reaktionszeit:** Die Betätigung eines Schalters durch den Experimentierenden erfolgt zeitlich verzögert gegenüber dem zu messenden Ereignis, bedingt durch die endliche Laufzeit der Reaktionskette: Wahrnehmung des Signals – Informationsverarbeitung – Befehlsübermittlung – Reaktion der Muskeln. Die Reaktionszeit ist keine Konstante, selbst bei einer Person sind subjektive Gegebenheiten (Training, Gemütszustand, Alkohol und ähnliches) von Bedeutung. Die Reaktionszeit ist kürzer, wenn das Eintreten des Ereignisses erwartet wird, und länger, wenn das Ereignis plötzlich eintritt. Anfang und Ende einer Zeitmessung müssen somit unter den gleichen Bedingungen erfolgen, da anderenfalls systematische Meßabweichungen auftreten können.

**Masse, Kraft, Druck:** Die dynamische Bestimmung von Massen oder Kräften erfolgt aufgrund des II. Newtonschen Axiomes durch Messung der Beschleunigung, wobei eine der beiden Größen bekannt sein muß. Im Prinzip können sowohl Masse als auch Kraft als Basisgröße eingeführt werden. Im gesetzlichen Maßsystem ist die Masse als Basisgröße (Einheit kg) definiert und die Kraft wird als abgeleitete Größe angesehen. In der Regel werden Kraftmessungen im statischen Gleichgewichtszustand durchgeführt; die zu messende Kraft wird durch eine bekannte, gleichgroße Kraft kompensiert.

**Dynamometer** benutzen die elastische Deformation von Festkörpern unter dem Einfluß der angreifenden Kraft zu deren Messung. Die elastische Verformung kann als Längenänderung direkt abgelesen werden (Federwaagen) oder über mechanisch-elektrische Wandler (Dehnungsmeßstreifen, Kraftmeßdosen) in elektrische Signale umgeformt werden.

Da die Masse der Gewichtskraft streng proportional ist, erfolgen Massenbestimmungen in der Praxis zumeist durch den Vergleich von Kräften. Bei der **Balkenwaage** wird der Einfluß der zu bestimmenden Masse auf einen Gleichgewichtszustand durch einen geeichten Massensatz kompensiert. Unter der Voraussetzung daß die Gravitation als einzige Kraft gleichmäßig auf die zu bestimmende Masse und auf die Eichmassen wirkt, ist die Messung unabhängig von der Erdbeschleunigung; die Balkenwaage ermöglicht im Gegensatz zum Dynamometer einen echten Massenvergleich.

Die Methoden der Kraftmessung finden, indem sie auf eine Fläche bezogen werden, auch für Druckmessungen Anwendung. Besondere Bedeutung kommt aber auch den **Flüssigkeitsmanometern** zu: Ein U-förmig gebogenes Rohr wird teilweise mit einer Flüssigkeit gefüllt. Ein unterschiedlicher Druck auf die Flüssigkeitsoberflächen in den beiden Schenkeln des U-Rohres bewirkt eine Verschiebung der Flüssigkeitssäule, bis die Höhendifferenz der Oberflächen der Druckdifferenz gemäß $\Delta p = \rho_{Fl} \cdot g \cdot h$ proportional ist. Auf diesem Meßverfahren beruhen noch ältere, nicht dem SI-System entsprechende Druckeinheiten wie Millimeter Wassersäule (mmWS) und Millimeter Quecksilbersäule (mmHg = Torr).

Die Messung niedriger Drücke kann durch Verkleinerung des Gasvolumens erfolgen (Kompressionsmanometer). Elektrische Meßverfahren nutzen die Druckabhängigkeit verschiedener physikalischer Eigenschaften der Gase aus, so die Wärmeleitung, die elektrische Leitfähigkeit und die Stromverstärkung durch Ionisation.

## 2.3. Versuche zur Mechanik der Flüssigkeiten

### 2.3.1. Zusammenfassung von Lernstoff und Lernzielen

*A. Dichtebestimmung mit der Mohrschen Waage:*

1. Einführung in Grundbegriffe der Mechanik: Masse, Kraft, Drehmoment. Anwendung der Grundgleichungen der Statik am Beispiel der Mohrschen Waage.

2. Ursache und Definition von Gewichtskraft und Auftrieb; Archimedisches Prinzip und Anwendung auf Schwimmen, Schweben oder Sinken fester Körper in Flüssigkeiten und Gasen.

3. Definition und Bestimmung der Dichte als wichtige spezifische Stoffkonstante; Unterscheidung von Massengehalt und Volumengehalt bei Stoffgemischen.

4. Praktische Erfahrung über den Aufbau einer Analysen-Balkenwaage und im experimentellen Umgang mit Waagen.

*B. Bestimmung der Viskosität von Flüssigkeiten:*

5. Verständnis für das Strömungsverhalten von Flüssigkeiten, Unterscheidung von laminarer und turbulenter Strömung und deren Aus-

wirkung auf den Strömungswiderstand; Bedeutung und Definition der Viskosität, Temperaturabhängigkeit der Viskosität.

6. Kenntnis des Hagen-Poiseuilleschen Gesetzes einschließlich der Folgerungen für das Strömungsverhalten von Flüssigkeiten durch Kapillaren: Einfluß der Viskosität und der Kapillarkonstanten ($r^4$!); Parallel- und Hintereinanderschaltung von Kapillaren.

7. Praktische Durchführung von Längenmessungen mit Maßstab, Schieblehre, Mikrometer und Mikroskop.

### 2.3.2. Versuch: Meßprinzip der Mohrschen Waage

**Aufgabe:** Die Dichte von Flüssigkeiten ist mit der Mohrschen Waage zu bestimmen.

**Grundlagen:** Die Mohrsche Waage ist eine symmetrische Balkenwaage mit dem Drehpunkt 0 und der Balkenlänge $l_0$, bei der die beiden Waagschalen durch einen aus Glas angefertigten Senkkörper $m_G$ und ein Gegengewicht der Masse $m_K$ ersetzt werden. Senkkörper und Gegengewicht sind so bemessen, daß sich die Waage in Luft im Gleichgewicht befindet.

Taucht der Senkkörper vollständig in eine Flüssigkeit ein, so wirkt an ihm als zusätzliche Kraft der Auftrieb, der der Gewichtskraft des Glaskörpers entgegengerichtet und vom Betrag gleich der Gewichtskraft der verdrängten Flüssigkeit ist (Archimedisches Prinzip) $F_A = \varrho_{Fl} \cdot g \cdot V$. Indem der Balkenarm, an dem der Senkkörper hängt, zusätzlich belastet wird, läßt sich die Waage wieder in den Gleichgewichtszustand bringen. Dazu werden vier „Reiter" mit den Massen $m_1$ bis $m_4$ benutzt, die in den Abständen $l_1$ bis $l_4$ vom Drehpunkt auf den Balkenarm aufgesetzt werden (Abb. 11).

Die Waage ist so konstruiert, daß im Gleichgewicht die Angriffspunkte der Kräfte auf einer Horizontalen liegen, die Beträge der Drehmomente sind somit durch das Produkt aus Kraft $F_i$ und Balkenlänge $l_i$ gegeben. Da alle Drehmomente auf die gleiche Achse durch 0 bezogen werden, kann die Richtung durch Vorzeichen charakterisiert werden, z. B. rechtsdrehend gleich positiv und linksdrehend gleich negativ.

Die Drehmomentengleichung (2.7) für den Gleichgewichtsfall

$$\sum \boldsymbol{M}_i = \sum (\boldsymbol{r}_i \times \boldsymbol{F}_i) = 0$$

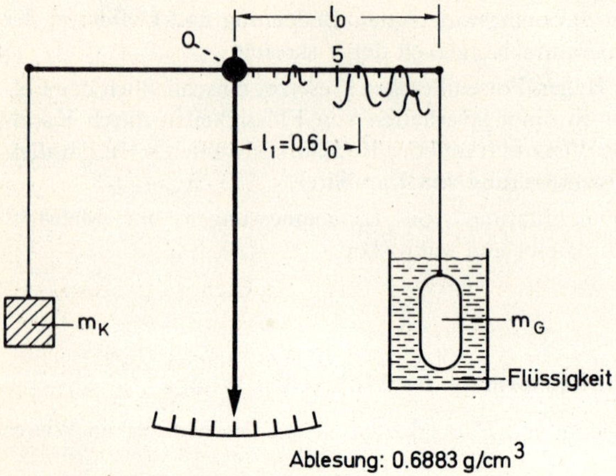


Abb. 11. Mohrsche Waage.

lautet dann:

$$m_G g\, l_0 + \sum (m_i g\, l_i) - m_K g\, l_0 - \rho_{Fl} V_G g\, l_0 = 0. \tag{2.18}$$

Berücksichtigt man die Gleichgewichtsbedingung in Luft

$$m_G g\, l_0 - m_K g\, l_0 = 0, \tag{2.19}$$

so liefert die Auflösung nach $\rho_{Fl}$

$$\rho_{Fl} = \frac{m_1}{V_G} \cdot \left( \frac{l_1}{l_0} + \frac{m_2}{m_1}\frac{l_2}{l_0} + \frac{m_3}{m_1}\frac{l_3}{l_0} + \frac{m_4}{m_1}\frac{l_4}{l_0} \right). \tag{2.20}$$

Bei der Mohrschen Waage werden nun durch konstruktive Maßnahmen folgende Bedingungen realisiert:

1. Der Quotient aus Masse des größten Reiters und Volumen des Senkkörpers ist gleich 1 g/cm³

$$\frac{m_1}{V_G} = \rho_0 = 1{,}0000\ \text{g/cm}^3. \tag{2.21}$$

2. Die Massen der Reiter sind dekadisch unterteilt

$$m_1 = 10\, m_2 = 100\, m_3 = 1000\, m_4. \tag{2.22}$$

3. Die Längen $l_i$, auf die Reiter aufgesetzt werden, sind dezimale Teillängen der Balkenlänge $l_0$

$$l_i = 0{,}1\, n_i \cdot l_0, \tag{2.23}$$

wobei $n_i$ die ganzzahligen Werte von 0 bis 10 annehmen kann.

Mit diesen Voraussetzungen ergibt sich aus der Gleichung (2.20)

$$\rho_{\text{Fl}} = \rho_0(0{,}1\, n_1 + 0{,}01\, n_2 + 0{,}001\, n_3 + 0{,}0001\, n_4). \tag{2.24}$$

Aus der Stellung der Reiter läßt sich somit die Dichte der Flüssigkeit direkt ablesen!

Das maximal rücktreibende Drehmoment liegt bei vier Reitern vor, wenn alle Reiter am Ende des Waagebalkens aufgelegt werden: $n_1 = n_2 = n_3 = n_4 = 10$. Die Dichte der Flüssigkeit beträgt dann $\rho_{\text{Fl}} = 1.1110\ \text{g/cm}^3$. Der Meßbereich läßt sich bis $\rho_{\text{Fl}} = 2.1110\ \text{g/cm}^3$ erweitern, wenn ein zusätzlicher Reiter $m_1' = m_1$ benutzt wird.

**Versuchsdurchführung:**

1. Man hängt an die äußeren Schneiden der Waagebalken den Senkkörper $m_G$ und die Gegenmasse $m_K$ und überzeugt sich, daß sich die Waage im Gleichgewicht befindet. Gegebenenfalls stelle man das Gleichgewicht durch Anwendung von Tariermöglichkeiten her.

2. Ein Standzylinder mit der zu messenden Flüssigkeit wird so untergesetzt, daß der Senkkörper vollständig in die Flüssigkeit eintaucht und die Wand des Standzylinders nicht berührt. Der Glaskörper ist als Thermometer ausgebildet, so daß überprüft werden kann, ob die zur Messung vorgeschriebene Temperatur eingehalten wird. (Bei Abweichung von der Solltemperatur tritt ein systematischer Fehler dadurch auf, daß infolge der Volumenausdehnung des Glaskörpers die Bedingung (2.21) nicht mehr erfüllt ist. Man berücksichtigt eine Temperaturabweichung durch einen Korrekturfaktor, der einer beigegebenen Tabelle entnommen werden kann.)

3. Der Reiter mit der Masse $m_1$ wird auf eine Unterteilung (Kerbe) des Waagebalkens gesetzt. Der Reiter wird längs des Balkens versetzt, bis das Drehmoment des Auftriebes gerade nicht mehr überkompensiert wird. Entsprechend wird mit den folgenden Reitern verfahren.

4. Die Stellung der Reiter wird abgelesen und liefert (abgesehen von der o. a. Temperaturkorrektur) die Dichte der Flüssigkeit.

### 2.3.3 Versuch: Mohrsche Waage, Volumenkontraktion

**Aufgabe:** Die Volumenkontraktion einer Wasser-Ethanol-Mischung soll als Funktion des Massenverhältnisses ermittelt werden.

**Grundlagen:** Beim Mischen zweier Flüssigkeiten ist häufig der Effekt zu beobachten, daß das Gesamtvolumen der Mischung kleiner ist als die Summe der beiden Einzelvolumina. Dieser Effekt ist zum Teil dadurch bedingt, daß infolge unterschiedlicher Größe der Moleküle für die Mischung eine dichtere Packung möglich ist, zum anderen dadurch, daß zwischenmolekulare Bindungskräfte auftreten können.

Wird das Volumen $V_1$ der Flüssigkeit 1 (Dichte $\rho_1$, Masse $m_1 = \rho_1 \cdot V_1$) mit dem Volumen $V_2$ der Flüssigkeit 2 (Dichte $\rho_2$, Masse $m_2 = \rho_2 \cdot V_2$) gemischt, so ist der relative Massenanteil der Flüssigkeit 1 an der Mischung

$$\frac{m_1}{m_1 + m_2} = \frac{\rho_1 V_1}{\rho_1 V_1 + \rho_2 V_2} . \tag{2.25}$$

Die Summe der beiden Volumina liefert theoretisch den Wert

$$V_{th} = V_1 + V_2 .$$

Das tatsächliche Mischungsvolumen berechnet sich aus der Masse und der gemessenen Dichte zu

$$V_{exp} = \frac{m_1 + m_2}{\rho_M} = \frac{\rho_1 V_1 + \rho_2 V_2}{\rho_M} .$$

Die absolute Volumenkontraktion ist die Differenz $\Delta V = V_{th} - V_{exp}$ und die relative Volumenkontraktion

$$\frac{\Delta V}{V_{th}} = 1 - \frac{\rho_1 V_1 + \rho_2 V_2}{\rho_M (V_1 + V_2)} . \tag{2.26}$$

**Versuchsdurchführung:**

1. Entsprechend Versuch 2.3.2. wird die Dichte des reinen Ethanols $\varrho_1$ und des reinen Wassers $\varrho_2$ bestimmt.

2. Man mischt des Volumen $V_1$ Ethanol und das Volumen $V_2$ Wasser und bestimmt die Dichte der Mischung $\varrho_M$ (Temperatur beachten!). Ausgehend von der ursprünglichen Menge reinen Ethanols wird durch eine schrittweise Verdünnung mit Wasser eine Meßreihe mit abnehmender Konzentration erhalten.

3. Der relative Massenanteil der Mischung an Ethanol und die relative Volumenkontraktion werden nach den Formeln (2.25) und 2.26) berechnet.

4. Das Ergebnis ist graphisch aufzutragen und zu diskutieren.

## 2.3.4. Versuch: Mohrsche Waage, Schwebemethode

**Aufgabe:** Die Dichte eines unregelmäßig geformten Körpers (z. B. Bernstein) ist dadurch zu ermitteln, daß er in einer Salzlösung zum Schweben gebracht und anschließend die Dichte der Lösung gemessen wird.

**Grundlagen:** In einer Flüssigkeit homogener Dichte *schwimmt* ein Körper, d. h. er ragt aus der Flüssigkeit hervor, wenn die Gewichtskraft bereits durch den Auftrieb eines Teilvolumens $V_1$ kompensiert wird:

$$\rho_0 \cdot V_0 \cdot g = \rho_{Fl} \cdot g \cdot V_1$$

$$\text{mit} \quad V_0 > V_1 \quad \text{d. h.} \quad \rho_0 < \rho_{Fl} . \tag{2.27}$$

Der Körper *sinkt*, wenn seine Gewichtskraft größer ist als der Auftrieb:

$$\rho_0 \cdot V_0 \cdot g > \rho_{Fl} \cdot V_0 \cdot g ,$$

$$\text{d. h.} \quad \rho_0 > \rho_{Fl} . \tag{2.28}$$

Der Körper *schwebt* in jeder beliebigen Lage unterhalb der Flüssigkeitsoberfläche, wenn Gewichtskraft und Auftrieb vom Betrage gleich sind:

$$\rho_0 \cdot V_0 \cdot g = \rho_{Fl} \cdot V_0 \cdot g ,$$

$$\text{d. h.} \quad \rho_0 = \rho_{Fl} . \tag{2.29}$$

Die Dichte einer Salzlösung ist abhängig von der Konzentration der Lösung. Durch Verändern der Konzentration läßt sich die Dichte der Lösung so einstellen, daß z. B. ein unregelmäßig geformtes Stück Bernstein schwebt. Wird dann die Dichte der Salzlösung bestimmt, so ist über Gleichung (2.29) auch die Dichte des Bernsteins bekannt.

**Versuchsdurchführung:**

1. Der Bernstein wird in eine Salzlösung getaucht. Man achte sorgfältig darauf, daß er vollständig benetzt ist und keine Luftbläschen hängen bleiben.

2. Je nachdem, ob der Bernstein sinkt oder steigt, wird die Dichte der Lösung durch Zugabe von Salz erhöht oder die Lösung mit Wasser verdünnt, bis der Bernstein schwebt. Die Lösung wird dabei gut durchmischt, damit sich kein Konzentrationsgefälle ausbildet.

3. Man überprüft die Homogenität der Lösung, indem man kontrolliert, ob der Bernstein in beliebiger Höhe schwebt.

4. Die Dichte der Lösung und damit des Bernsteins wird mit der Mohrschen Waage bestimmt.

### 2.3.5. Versuch: Ausflußviskosimeter

**Aufgabe:** Mit dem Ausflußviskosimeter ist die dynamische Viskosität einer Flüssigkeit bei verschiedenen Abmessungen der Kapillare zu bestimmen und damit die Gültigkeit des Hagen-Poiseuilleschen Gesetzes zu überprüfen.

**Grundlagen:** Bei der laminaren Strömung einer Flüssigkeit durch eine Kapillare gilt das Hagen-Poiseuillesche Gesetz (Formel 2.15):

$$\frac{\Delta V}{\Delta t}=\frac{\pi r^4 \Delta p}{8\eta l}.$$

Den speziellen Versuchsaufbau zeigt Abb. 12.

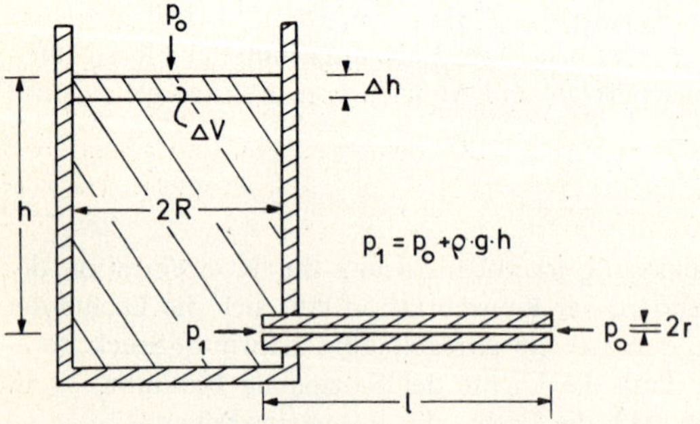


Abb. 12. Ausflußviskosimeter.

Aus einem zylindrischen Vorratsgefäß mit dem Radius $R$ fließt das Wasser über eine horizontale Kapillare mit dem Radius $r$ aus. Bei dieser Versuchsanordnung ist die Druckdifferenz längs der Kapillare durch den hydrostatischen Druck der Flüssigkeitssäule an der Einflußöffnung bestimmt, da sich der Luftdruck $p_0$ bei der Differenzbildung heraushebt:

$$\Delta p=(p_0+\rho_{\mathrm{Fl}}\cdot g\cdot h)-p_0=\rho_{\mathrm{Fl}}\cdot g\cdot h. \tag{2.30}$$

Fließt aus der Kapillare das Volumen $\Delta V$ aus, sinkt der Flüssigkeitsspiegel im Vorratsgefäß um $\Delta h$, wobei

$$\Delta V = -\pi R^2 \Delta h. \tag{2.31}$$

Die Höhe $h$ der Flüssigkeitssäule, die Druckdifferenz $\Delta p$ und die Stromstärke $\Delta V/\Delta t$ sind damit abhängig von der Versuchsdauer $t$. Für ein differentielles Zeitintervall d$t$ erhält man durch Einsetzen der Gleichungen (2.30) und (2.31) in Gleichung (2.15) und Umformung

$$\frac{\mathrm{d}h}{h} = -\frac{\rho_{\mathrm{Fl}} \cdot g \cdot r^4}{8\eta l R^2}\,\mathrm{d}t = -k \cdot \mathrm{d}t, \tag{2.32}$$

mit

$$k = \frac{\rho_{\mathrm{Fl}} \cdot g \cdot r^4}{8\eta l R^2}\,. \tag{2.32a}$$

Die relative Abnahme der Höhe ist proportional der Zeitdifferenz d$t$!

Die Integration dieser Gleichung liefert gemäß Abschnitt 11.1. eine Exponentialfunktion. Mit $h_0$ als Höhe des Flüssigkeitsspiegels zum Versuchsbeginn $t=0$ ergibt sich

$$h = h_0 \cdot \exp(-kt)\,. \tag{2.33}$$

Die Höhe $h$ des Flüssigkeitsspiegels nimmt exponentiell mit der Zeit $t$ ab.

Nachweis und Auswertung des exponentiellen Zusammenhanges erfolgen über eine logarithmische Auftragung (vgl. Versuch 1.2.8., Abb. 5). Wird hierbei für die Koordinate $h$ die logarithmische Teilung und für die Koordinate $t$ die lineare Teilung benutzt, so ergibt die Auftragung des exponentiellen Zusammenhanges eine Gerade.

Entnimmt man der Ausgleichsgeraden durch die Meßpunkte zwei Wertepaare $(h_1/t_1)$ und $(h_2/t_2)$, so gilt:

$$\ln\frac{h_1}{h_2} = k(t_2 - t_1)\,. \tag{2.34}$$

Daraus läßt sich $k$ und somit $\eta$ bestimmen.

$$\eta = \frac{\rho_{\mathrm{Fl}} \cdot g}{8} \cdot \frac{\mathrm{r}^4}{k \cdot l \cdot R^2} \tag{2.35}$$

Die relative Meßunsicherheit des Endergebnisses ergibt sich aus den Formeln der Fehlerrechnung (vgl. Tab. 5) zu

$$\frac{u_\eta}{\eta} = \sqrt{\left(4\,\frac{u_\mathrm{r}}{r}\right)^2 + \left(\frac{u_\mathrm{k}}{k}\right)^2 + \left(\frac{u_\mathrm{l}}{l}\right)^2 + \left(2\,\frac{u_\mathrm{R}}{R}\right)^2}\,. \tag{2.36}$$

Die relative Meßunsicherheit der Viskosität $u_\eta/\eta$ wird entscheidend bestimmt durch die relative Meßunsicherheit des Kapillarradius $u_\mathrm{r}/r$!

**Versuchsdurchführung:**

1. Mit Schieblehre bzw. Maßstab werden Radius $R$ des Vorratsgefäßes und Länge $l$ der Kapillare gemessen.

2. Der Durchmesser der Kapillare wird mit dem Mikroskop bestimmt. Dazu wird der Durchmesser $2r$ in Einheiten des Okularmikrometers gemessen und die Skala des Okularmikrometers mit Hilfe eines Objektmikrometers kalibriert. Damit eine niedrige Meßunsicherheit erreicht wird – vgl. (2.36) –, ist die Bestimmung des Kapillarradius mehrfach zu wiederholen, die Meßwerte sind einer statistischen Analyse zu unterwerfen!

3. Wegen der Temperaturabhängigkeit der Viskosität ist darauf zu achten, daß der Versuch bei konstanter Temperatur der Flüssigkeit durchgeführt wird. Sofern die Versuchsapparatur nicht thermostatisiert ist, verwendet man zweckmäßigerweise eine Flüssigkeit bei Raumtemperatur. Die Temperatur der Flüssigkeit ist zu messen und in das Meßprotokoll aufzunehmen!

4. Als Vorratsgefäß wird ein Meßzylinder mit einer mm-Teilung benutzt, die Lage $h_K$ der Kapillare in Bezug auf diese Teilung wird bestimmt. Nachdem das Vorratsgefäß mit der zu untersuchenden Flüssigkeit gefüllt wurde, wartet man eine kurze Zeit, bis sich eine gleichmäßige laminare Strömung in der Kapillare ausgebildet hat. Danach wird die Höhe $h_x$ des Flüssigkeitsspiegels an der Teilung des Vorratsgefäßes alle 30 s abgelesen.

5. Die Höhe der Flüssigkeitssäule oberhalb der Kapillare $h = h_x - h_K$ wird berechnet und logarithmisch gegenüber der Zeit $t$ aufgetragen. Durch die Meßpunkte wird eine ausgleichende Gerade gelegt, die Steigung der Ausgleichsgeraden ist zu bestimmen.

6. Aus den Meßgrößen ist die dynamische Viskosität $\eta$ mit Hilfe der Formel (2.35) zu berechnen, die Meßunsicherheit $u_\eta$ ist über Formel (2.36) zu bestimmen.

### 2.3.6. Versuch: Viskosimeter nach Ostwald

**Aufgabe:** Bei konstanten Versuchsbedingungen ist die Zeit für das Ausströmen einer definierten Flüssigkeitsmenge durch eine Kapillare ein Maß für die dynamische Viskosität. Ein Ausflußviskosimeter ist mit einer Flüssigkeit bekannter Viskosität zu kalibrieren, die Viskosität einer zweiten Flüssigkeit ist zu bestimmen.

**Grundlagen:** Wir vergleichen das Ausströmen gleicher Flüssigkeitsmengen zweier verschiedener Flüssigkeiten aus demselben Ausflußviskosimeter zwischen zwei vorgegebenen Höhen $h_0$ und $h_1$ am Vorratsgefäß. Bei der Versuchsanordnung gemäß Abb. 12 gilt dann für die Flüssigkeit *i* nach Formel (2.32) bzw. (2.33):

$$h_1 = h_0 \cdot \exp(-k_i \cdot t_i).$$

Für verschiedene Flüssigkeiten ist das durch die Kapillare abgeflossene Volumen konstant, wenn

$$k_1 \cdot t_1 = k_2 \cdot t_2, \tag{2.37}$$

$$\frac{\rho_{Fl,1} \cdot g \cdot r^4 \cdot t_1}{8\eta_1 \cdot l \cdot R^2} = \frac{\rho_{Fl,2} \cdot g \cdot r^4 \cdot t_2}{8\eta_2 \cdot l \cdot R^2}, \tag{2.37a}$$

$$\frac{\rho_{Fl,1}\eta_2}{\rho_{Fl,2}\eta_1} = \frac{t_2}{t_1}. \tag{2.38}$$

Diese Beziehung gilt auch bei anderen Anordnungen des Ausflußviskosimeters, sofern nur die äußeren Versuchsbedingungen bei den Vergleichsmessungen konstant gehalten werden. Der Vorteil der Vergleichsmessung liegt einmal darin, daß der in die Berechnung sehr kritisch eingehende Kapillar-Radius ($r^4$!) nicht bestimmt werden muß; zum anderen ist nicht mehr erforderlich, daß die Kapillare über die gesamte Länge genau kalibriert ist.

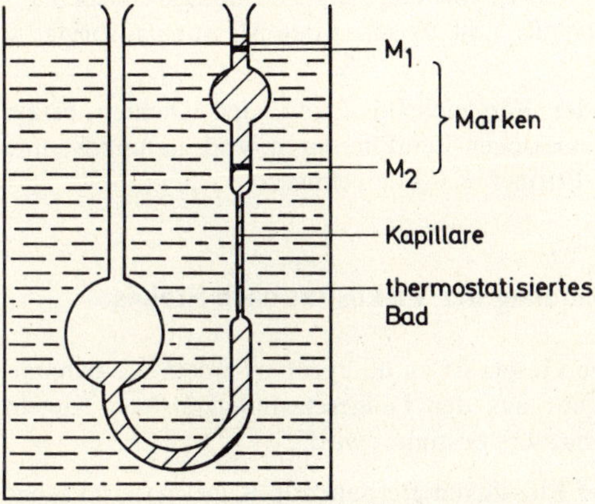


Abb. 13. Ausflußviskosimeter nach Ostwald.

Die Abb. 13 zeigt das Ausflußviskosimeter nach Ostwald, bei dem die Kapillare senkrecht angeordnet ist. Gemessen wird die Zeit, in der die zu untersuchende Flüssigkeit im rechten Schenkel von der Marke $M_1$ bis zur Marke $M_2$ abgesunken ist. Da auch die Höhe des unteren Flüssigkeitsspiegels im linken Schenkel des Viskosimeters maßgeblich in die Druckdifferenz zwischen Anfang und Ende der Kapillare eingeht, müssen beim Ostwald-Viskosimeter stets gleiche Flüssigkeitsvolumina benutzt werden.

Durch ein Wasserbad, dessen Temperatur durch einen Thermostaten geregelt wird, wird das Viskosimeter auf bestimmte Arbeitstemperaturen eingestellt.

**Versuchsdurchführung:**

1. Die Flüssigkeit wird auf die Temperatur des thermostatisierten Viskosimeters gebracht. Temperatur und Dichte der Flüssigkeit werden bestimmt.

2. Ein definiertes Volumen der Flüssigkeit wird in das Viskosimeter gefüllt. Durch Ansaugen bzw. leichten Überdruck am anderen Schenkel wird die Flüssigkeit durch die Kapillare bis etwas oberhalb der Marke $M_1$ angehoben.

3. Die Zeitdifferenz für das Absinken des Flüssigkeitsspiegels von der Marke $M_1$ bis zur Marke $M_2$ wird gemessen.

4. Die Versuche zu 1–3 werden mit der Vergleichsflüssigkeit ebenfalls durchgeführt. (Das Viskosimeter ist zwischen den Messungen sorgfältig zu reinigen!)

5. Aus der Viskosität der Vergleichsflüssigkeit, den Dichten beider Flüssigkeiten und den gemessenen Zeitdifferenzen wird die unbekannte Viskosität mit Hilfe der Formel (2.38) berechnet.

### 2.3.7. Versuch: Bestimmung der Viskosität nach Stokes

**Aufgabe:** Das Stokessche Gesetz ist zu überprüfen, indem die dynamische Viskosität eines Öles aus der Fallgeschwindigkeit von Kugeln unterschiedlichen Durchmessers bestimmt wird.

**Grundlage:** Eine in einer Flüssigkeit frei fallende Kugel wird so lange beschleunigt, bis sich ein Gleichgewicht zwischen den angreifenden

Kräften ausgebildet hat, danach fällt sie mit konstanter Geschwindigkeit. Die an der Kugel mit dem Volumen $V_K = 4\pi r^3/3$ angreifenden Kräfte sind die Gewichtskraft $\boldsymbol{F}_G = V_K \varrho_K \boldsymbol{g}$, der Auftrieb $\boldsymbol{F}_A = -V_K \varrho_{Fl} \boldsymbol{g}$ und bei laminarer Strömung der Flüssigkeit um die Kugel die Reibungskraft nach Stokes $F_R = -6\pi\eta r \boldsymbol{v}$ (Formeln 2.8; 2.11 und 2.17). Bei konstanter Geschwindigkeit gilt nach dem ersten Newtonschen Axiom die Gleichgewichtsbedingung (2.5):

$$\sum \boldsymbol{F}_i = 0,$$

$$\frac{4\pi}{3} r^3 \rho_K \cdot g - \frac{4\pi}{3} r^3 \rho_{Fl} \cdot g - 6\pi \cdot \eta \cdot r \cdot v = 0. \tag{2.39}$$

Daraus folgt für die gleichförmige Geschwindigkeit $v$ der Kugel

$$v = \frac{2gr^2(\rho_K - \rho_{Fl})}{9\eta}.$$

Bei dem Versuch wird die Fallzeit $t$ der Kugel zwischen zwei im Abstand $s$ angebrachten Markierungen gemessen.
Mit $v = s/t$ berechnet sich die Viskosität zu

$$\eta = \frac{2gr^2(\rho_K - \rho_{Fl}) \cdot t}{9s}. \tag{2.40}$$

Nach dieser Beziehung sollte die Fallzeit verschiedener Kugeln in einer Flüssigkeit proportional zu $1/r^2$ sein. Experimentelle Untersuchungen zeigen Abweichungen, weil die idealen Bedingungen des Stokesschen Gesetzes (unendlich ausgedehntes Flüssigkeitsvolumen) nicht erfüllt sind. Ist der Radius der Kugel r nicht mehr klein gegen den Radius des Fallrohres R, tritt die Strömung um die Kugel zusätzlich in Wechselwirkung mit der Rohrwand; es erhöht sich der Reibungswiderstand und damit auch die Fallzeit.

Für reale Verhältnisse, d. h. dem zentrischen Fall von Kugeln in einem zylindrischen Flüssigkeitsraum mit dem Radius $R \geq r/0{,}6$ gilt nach Ladenburg die korrigierte Formel

$$\eta = \frac{2gr^2 \cdot (\rho_K - \rho_{Fl}) \cdot t}{9 \cdot (1 + 2{,}4\,r/R) \cdot s}. \tag{2.41}$$

**Versuchsführung:**

1. Der Abstand der beiden ringförmigen Markierungen auf dem Fallrohr sowie der Durchmesser des Fallrohres werden mit der Schieblehre bestimmt.

2. Die Dichte des Öles wird mit einem Aräometer bestimmt.

3. Jeweils mehrere Kugeln mit gleichem Radius werden sorgfältig gereinigt und die Durchmesser mit einer Mikrometerschraube gemessen.

4. Die Kugeln werden auf einer Analysenwaage gewogen und aus Masse $m$ und Durchmesser $2r$ die Dichte $\rho_K$ der Kugeln berechnet.

5. Die Fallzeit wird für jede Kugel einzeln gemessen. Das Passieren der ringförmigen Markierungen wird parallaxenfrei beobachtet, wenn diese als Geraden gesehen werden. Man achte darauf, daß das Öl genügend hoch über der ersten Marke steht, damit sich bis dahin die konstante Fallgeschwindigkeit ausbildet.

6. Die Meßergebnisse werden gemittelt und gemäß den Formeln (2.40) und (2.41) ausgewertet.

7. Die Messungen und Auswertungen zu 3–6 sind für Kugeln mit anderen Radien zu wiederholen, und die Abhängigkeit der Versuchsergebnisse vom Kugelradius ist zu untersuchen.

### 2.3.8. Anwendungsbeispiele zu den Versuchen und Anregungen zum Selbststudium

Die Eigenschaften der Flüssigkeiten bestimmen zahlreiche physikalische Erscheinungen und finden bei vielen Untersuchungsmethoden Anwendung. Beispiele hierfür sind:

**Auftrieb:** Eintauchtiefe schwimmender Körper (Schiff im Meer und im Süßwasserhafen); meßtechnische Anwendung der Eintauchtiefe schwimmender Körper für die Dichtebestimmung von Flüssigkeiten (Aräometer); Schwebezustand untergetauchter Körper (Embryo im Fruchtwasser); therapeutische Anwendung des Auftriebes bei der Unterwassergymnastik.

**Hydrostatischer Druck:** Einfluß des hydrostatischen Druckes auf die Löslichkeit der Gase in Flüssigkeiten (Taucher).

**Dichte als physikalische Stoffkonstante:** Bestimmung und Einstellung der Konzentration von Lösungen bekannter Zusammensetzung; Ladezustand eines Akkumulators über Dichtemessung der Schwefelsäure; Bestimmung des Zuckergehaltes beim Traubenmost (Mostwaage); Bestimmung des Fettgehaltes in der Milch (Laktometer); Konzentrationsbestimmung beim Urin (Urometer).

**Schichtung von Flüssigkeiten:** Auswirkung der Dichteanomalie des Wassers bei 4 °C für das Gefrieren von Gewässern.

**Viskosität:** Technische Anwendung viskoser Flüssigkeiten als Schmiermittel für bewegte Teile von Maschinen und Apparaten; Auswahl geeigneter Substanzen (Korrosionsprobleme und Temperatureinflüsse).

**Viskosität des Blutes:** Sedimentationsgeschwindigkeit als Maß für die Viskosität des Blutes (Blutsenkung).

**Strömungswiderstand bei bewegten Körpern:** Konstruktive Probleme beim Bau von Transportfahrzeugen; Erhöhter Energiebedarf und zusätzliche Geräuschentwicklung bei turbulenter Strömung (Kraftfahrzeuge, Schiffs- und Flugzeugbau).

**Strömung von Flüssigkeiten und Gasen:** Technische Bedeutung für den Transport von Flüssigkeiten und Gasen durch Leitungen; Strömung bei Parallel- und Hintereinanderschaltung von Röhren (Pipeline, Wasserversorgung, Gasversorgung, Warmwasserheizung).

**Strömungsphänomene beim Blutkreislauf:** Vorliegen laminarer Strömung fast im gesamten Blutkreislauf, turbulente Strömung nur unmittelbar hinter den Herzklappen, sonst pathologisch (Thrombose); Messung des Blutdruckes über die Strömungsgeräusche (Puls).

**Bedeutung des Hagen-Poiseuilleschen Gesetzes für den Blutkreislauf:** Aktive Veränderung der Arteriolendurchmesser zur Regulierung der Durchblutung; passive Verengung bei der Arteriosklerose.

# 3. Thermische Größen

| Symbole | Größen | SI-Einheiten | |
|---|---|---|---|
| $m$ | Masse | kg | Kilogramm |
| $\rho$ | Dichte | $kg/m^3$ | |
| $\nu$ | Stoffmenge, Molzahl | mol | Mol |
| $M_s$ | Molare Masse | g/mol | |
| $h$ | Höhe (Länge) | m | Meter |
| $A$ | Fläche | $m^2$ | |
| $V$ | Volumen | $m^3$ | |
| $p$ | Druck | Pa | Pascal |
| $t$ | Zeit | s | Sekunde |
| $T$ | Temperatur, thermodynamische Skala | K | Kelvin |
| $\vartheta$ | Temperatur, Celsius-Skala | °C | Grad Celsius |
| $\Delta Q$ | Wärme, Wärmemenge | J | Joule |
| $\lambda_L$, $\lambda_S$ | Spezifische (latente) Wärme | J/kg | |
| $\Gamma$ | Wärmekapazität | J/K | |
| $c$ | Spezifische Wärmekapazität | J/(kg K) | |
| $C$ | Molare Wärmekapazität | J/(mol K) | |
| $K$ | Wärmeübergangskoeffizient | $W/(m^2 K)$ | |
| $\alpha$ | Isochorer Spannungskoeffizient | 1/K | |
| $\beta$ | Isobarer Ausdehnungskoeffizient | 1/K | |
| $T_0$ | Absolute Temperatur des Schmelzpunktes von $H_2O$ | $T_0 = 273{,}15$ K | |
| $R$ | Universelle Gaskonstante | $R = 8{,}314$ J/(mol K) | |

## 3.1. Theoretische Grundlagen

### 3.1.1. Einführung

Die Thermodynamik oder Wärmelehre behandelt die Zustände (fest, flüssig und gasförmig) und Zustandsänderungen der Materie unter mechanischen und thermischen Einflüssen. Der Zustand eines Stoffes kann beschrieben werden durch die beiden mechanischen Größen **Druck** $p$ und **Volumen** $V$ sowie einer weiteren für die Wärmelehre charakteristischen Größe, der **Temperatur** $T$. Das Verhalten des Stoffes läßt sich durch eine Gleichung zwischen diesen drei Größen $p$, $V$, und $T$, – zusammenfassend als **thermische Zustandsgrößen** bezeichnet –, darstellen. Die Existenz solcher thermischen Zustandsgleichungen bedeutet, daß der Zustand eines Stoffes durch zwei der thermischen Zustandsgrößen eindeutig definiert ist.

**Temperatur:** Die Temperatur ist eine der physikalischen Basisgrößen, ihre Einheit im gesetzlichen Maßsystem ist das Kelvin ($[T] = [K]$). Diese aufgrund thermodynamischer Überlegungen eingeführte Temperatur ist so gewählt, daß keine negativen Temperaturen auftreten ($T = 0$ absoluter Nullpunkt) und verwendet den Trippelpunkt des Wassers (s. Abb. 14) als Fixpunkt. Die Temperaturdifferenz 1 K ist 1/100 des Temperaturintervalles zwischen Schmelz- und Siedepunkt von reinem Wasser bei Normaldruck $p_0$. Die absoluten Temperaturen von Schmelz- und Siedepunkt des Wassers bei Normaldruck sind $T_0 = 273{,}15$ K und $T_s = 373{,}15$ K. Weiterhin zulässig ist die Temperaturskala in Grad Celsius ($[\vartheta] = °C$), die gegenüber der Kelvinskala um $T_0$ verschoben ist:

$$\vartheta = T - 273{,}15 \text{ K} \tag{3.1}$$

Die Anwendung von Temperaturangaben in Grad Celsius sollte auf solche Größen beschränkt werden, deren Temperaturen infolge regelmäßigen Gebrauchs allgemein definiert sind, z. B. Körpertemperaturen in der Medizin, Lufttemperaturen in der Meteorologie. Bei der Angabe von Temperaturdifferenzen verwenden wir zweckmäßigerweise stets das Einheitenzeichen K.

Die Aggregatzustände eines Stoffes unterscheiden sich durch den Ordnungszustand der Molekeln. Um eine Substanz von einem Ordnungszustand in einen anderen zu überführen – schmelzen bzw. gefrieren und verdampfen bzw. kondensieren – muß dem Stoff entweder Energie zugeführt oder entzogen werden. Die für die Wärmelehre charakteristische Energieform ist die **Wärme** $\Delta Q$*. Wärme kann aus anderen Energieformen erzeugt werden (Wärmebildung bei Reibungsarbeit, elektrischer Heizung, chemischer Umsetzung) und zumindest teilweise in andere Energieformen umgewandelt werden (I. und II. Hauptsatz der Wärmelehre).

* Durchaus üblich ist auch noch der Begriff „Wärmemenge“, auf den man jedoch verzichten sollte, da Wärme als Energieform keine Stoffeigenschaften hat. Analog verwendet man ja auch nur den Begriff „Energie“ und nicht den Ausdruck „Energiemenge“.

**Einheit der Wärme:** Da die Wärme eine Form der Energie ist, wird sie ebenfalls in Joule gemessen $[\Delta Q = \mathrm{J}]$. Die alte Einheit Kalorie (cal) ist gesetzlich nicht mehr zulässig. 1 cal war ursprünglich die Wärme, die die Temperatur von 1 g Wasser von 14,5 auf 15,5 C erhöht. Nach Einführung der Einheit Joule gilt die Definition 1 cal = 4,1868 J.

Die den Zustand einer Substanz charakterisierenden Größen, die nur über Wärme- oder Energiemessungen bestimmt werden können, z. B. innere Energie, Entropie u. a., werden als **kalorische Zustandsgrößen** bezeichnet.

Zur Einführung in die experimentellen Methoden der Wärmelehre dienen Versuche, die die Temperaturmessung in den Vordergrund stellen, aber mittelbar Aussagen über weitere wichtige physikalische Größen ermöglichen.

## 3.1.2. Zustandsgleichung, Änderung des Aggregatzustandes

Der Zustand einer bestimmten Stoffmenge $\nu$ ist durch eine Gleichung zwischen den thermischen Zustandsgrößen Druck $p$, Volumen $V$ und Temperatur $T$ bestimmt. Ein Beispiel für eine solche Verknüpfung ist die

**Zustandsgleichung für ideale Gase:**

$$p \cdot V = \nu \cdot R \cdot T. \tag{3.2}$$

Für ideale Gase ist das Produkt aus Druck $p$ und Volumen $V$ gleich dem Produkt aus Stoffmenge $\nu$, Gaskonstante $R = 8.3144\ \mathrm{J \cdot mol^{-1} \cdot K^{-1}}$ und absoluter Temperatur $T$.

**Atomphysikalische Einheit Mol:** Das Mol ist eine in der Chemie und Physik häufig gebrauchte Größe, die eine Stoffmenge angibt. Sie wird eingeführt, um eine einheitliche Substanz hinsichtlich ihrer Anzahl an atomphysikalischen Teilchen zu bewerten. Zwei Körper haben die gleiche Stoffmenge, wenn sie die gleiche Anzahl der jeweils relevanten Teilchen (Atome, Moleküle, Ionen) enthalten. Während früher das Mol teilweise unterschiedlich definiert wurde, ist das Mol im SI-Maßsystem eine Basisgröße mit der Einheit mol: 1 mol ist die Stoffmenge eines Systems bestimmter Zusammensetzung, das ebensoviele Teilchen enthält, wie Atome in 12 g des Kohlenstoffnuklids $^{12}C$ enthalten sind. Wird die Masse $m_S$ einer Substanz auf ihre Stoffmenge $\nu_S$ bezogen, so erhält man die **molare Masse** $M_S = m_S/\nu_S$ (früher Molekulargewicht) mit der Einheit $[M_S] = \mathrm{g/mol}$.

Die Zustandsgleichung für ideale Gase ist ein Näherungsgesetz, dem die Gase um so besser folgen, je weiter ihr Zustand von dem Punkt entfernt ist, bei dem sie flüssig werden. In der Nähe des Verflüssigungspunktes werden die Zusammenhänge zwischen den Zustandsgrößen komplizierter (z. B. van der Waalsche Zustandsgleichung für reale Gase).

Wird jeweils eine der thermischen Zustandsgrößen konstant gehalten, so ergeben sich Spezialfälle der Zustandsgleichung für ideale Gase:

1. Für isotherme Zustandsänderungen ($T = \text{const.}$) gilt das

**Gesetz von Boyle-Mariotte:**

$$pV = \text{const.} \tag{3.3}$$

2. Für isochore Zustandsänderungen ($V = \text{const.}$) folgt

$$\frac{p}{T} = \text{const.}$$

Wird an Stelle der absoluten Temperatur $T$ die Celsius-Temperatur $\vartheta$ eingeführt (Gleichung 3.1), so folgt mit $p_0$ als Druck bei der Temperatur $T_0 = 273{,}15\,\text{K}$ das

**Gesetz von Gay-Lussac:**

$$p = p_0 \frac{T}{T_0} = p_0 \left(1 + \frac{\vartheta}{T_0}\right) = p_0(1 + \alpha \cdot \vartheta). \tag{3.4}$$

Die Größe $\alpha = \frac{1}{273{,}15}\,\text{K}^{-1}$ ist der isochore Spannungskoeffizient für ideale Gase.

3. Für isobare Zustandsänderungen ($p = \text{const.}$) folgt

$$\frac{V}{T} = \text{const.}$$

Wird auch hier die Celsius-Temperatur eingeführt und das Volumen $V_0$ auf $T_0 = 273{,}15\,\text{K}$ bezogen, so folgt analog zu (3.4) das

**Gesetz von Gay-Lussac:**

$$V = V_0(1 + \beta \cdot \vartheta), \tag{3.5}$$

wobei die Größe $\beta = \frac{1}{273{,}15}\,\text{K}^{-1}$ der isobare Ausdehnungskoeffizient für ideale Gase ist.

Historisch waren zunächst die einzelnen Gesetzmäßigkeiten von Boyle-Mariotte und Gay-Lussac für isotherme, isochore und isobare Zustandsänderungen bekannt. Erst bei der Verknüpfung der drei Gleichungen wurde die absolute Temperatur als mathematische Vereinfachung eingeführt.

Die Zustandsgleichungen für Flüssigkeiten und Festkörper besitzen i. a. eine wesentlich kompliziertere Struktur. Von besonderem Interesse sind hier die Werte der Zustandsgrößen, bei denen sich der Aggregatzustand von Substanzen ändert. Solche **Phasenänderungen** lassen sich veranschaulichen, wenn man eine Zustandsgröße festhält und den funktionalen Zusammenhang zwischen den beiden anderen Zustandsgrößen graphisch aufträgt. In einer $p-T$-Darstellung werden die Phasenübergänge einer Substanz zwischen jeweils zwei Aggregatzuständen durch drei Kurven (1) bis (3) dargestellt, die vom Tripelpunkt A ausgehen (Abb. 14).

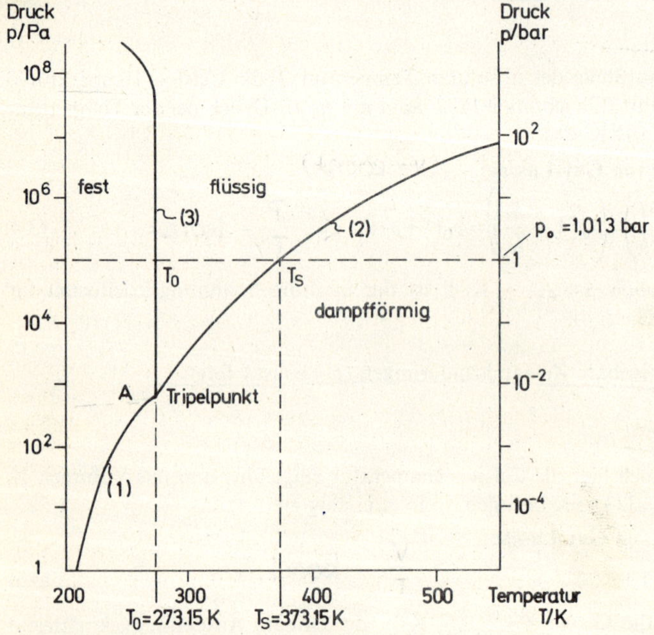


Abb. 14. $p-T$-Phasendiagramm von Wasser.

Beim vorgegebenen Außendruck $p_0$ erfolgt z. B. der Übergang fest-flüssig bei der Schmelztemperatur $T_0$ und der Übergang flüssig-gasförmig bei der Siedetemperatur $T_s$. Nur im Tripelpunkt A können alle drei Phasen gleichzeitig existieren. Bei Wasser liegt der Tripelpunkt bei 611 Pa und 273,16 K.

Grenzt ein Festkörper bzw. eine Flüssigkeit an ein Vakuum, so werden aus der Oberfläche soviele Molekeln austreten, bis das durch diesen Vorgang gebildete Gas den Druck erreicht hat, der durch die Kurven (1) und (2) und die Temperatur bestimmt ist. Diese Zweige des Phasendiagramms kennzeichnen also den Dampfdruck des Festkörpers bzw. der Flüssigkeit.

**Lösungen:** Wird in einer Flüssigkeit eine Substanz mit einem niedrigeren Dampfdruck gelöst, so üben die gelösten Molekeln auf die Molekeln des Lösungsmittels Kräfte aus; deren Auswirkung zeigt sich als Transportphänomen zwischen verschiedenen, durch eine semipermeable Wand getrennten Lösungen – Osmose –, beim Verdampfen des Lösungsmittels – Siedepunktserhöhung – und beim Auskristallisieren des Lösungsmittels – Gefrierpunktserniedrigung –. Ganz allgemein läßt sich formulieren, daß die durch gelöste Substanzen bewirkten Effekte darauf gerichtet sind, die Konzentration der Lösung niedrig zu halten.

**Konzentration und Anteil (Gehalt):** Bei Stoffgemischen sind für die Mengenangaben einer Komponente unterschiedliche Bezeichnungen üblich. Die wichtigsten Begriffe sind Konzentration und Anteil (Gehalt). Bei der Konzentration betrachtet man die Substanzmenge bezogen auf ein Volumen: Die Größe Massenkonzentration ist gegeben durch das Verhältnis Masse/Volumen (Einheit kg/m³), die Größe Molkonzentration durch Stoffmenge/Volumen (Einheit mol/m³). Die Größe Anteil oder auch Gehalt gibt den Bruchteil einer Substanz i bezogen auf die Gesamtsubstanz an: Massenanteil (Massengehalt) ist definiert durch $m_i/m_{ges}$; Stoffmengenanteil (Molenbruch) durch $\nu_i/\nu_{ges}$ und Volumenanteil durch $V_i/V_{ges}$. Da sich bei diesen Definitionen die Maßeinheiten wegkürzen, ist die Größe Anteil eine dimensionslose Zahl, aus Gründen der Übersichtlichkeit gibt man die Bezugseinheiten gelegentlich an (z. B. kg/kg).

Bei nicht zu großen Konzentrationen sind die oben genannten Effekte nur proportional der Zahl der gelösten Molekeln und unabhängig von der Art der Fremdmolekeln (bei Elektrolyten sind gegebenenfalls Dissoziationseffekte zu berücksichtigen). Dieser Zusammenhang wird beispielsweise bei der Gefrierpunktserniedrigung durch das Raoultsche Gesetz beschrieben.

**Raoultsches Gesetz:** Die Gefrierpunktserniedrigung $\Delta T$ einer Flüssigkeit ist proportional der Stoffmenge $\nu_S$ der gelösten Substanz und damit proportional der Masse $m_S$ und umgekehrt proportional der molaren Masse $M_S$ der Substanz

$$\Delta T = K_G \nu_S = K_G \frac{m_S}{M_S}. \qquad (3.6)$$

Wird der Anteil der gelösten Stoffmenge auf 1000 g Lösungsmittel bezogen, so hat die **kryoskopische Konstante** $K_G$ z. B. für Wasser als Lösungsmittel den Wert $K_G = 1{,}86$ K/mol, für Benzol als Lösungsmittel den Wert $K_G = 5{,}1$ K/mol und für Cyclohexan als Lösungsmittel den Wert $K_G = 20{,}2$ K/mol.

$K_G$: für das jeweilige Lsgmittel angegeben u. auf 1000 g bezogen.

### 3.1.3. Wärme, Wärmeleitung

Wird einem Körper Wärme zugeführt, so erhöht sich die innere Energie des Körpers, ggf. wird auch ein Teil der Wärme in mechanische Arbeit umgewandelt. Die Zunahme der inneren Energie bewirkt entweder eine Temperaturerhöhung des Körpers oder bei konstanter Temperatur einen Phasenübergang. Für die Wärme $\Delta Q$, die in innere Energie umgewandelt wird, gelten die Gleichungen

$$\Delta Q_L = \lambda_L m. \qquad (3.7)$$

Bei einem Phasenübergang einer Substanz der Masse $m$ ist die aufgenommene (bzw. abgegebene) latente Wärme $\Delta Q_L$ der Masse $m$ proportional; das Verhältnis $\Delta Q_L / m = \lambda_L$ bezeichnet man je nach Phasenübergang als spezifische Verdampfungswärme $\lambda_V$ oder spezifische Schmelzwärme $\lambda_S$

$$\Delta Q = \Gamma \cdot \Delta T = c \cdot m \cdot \Delta T. \qquad (3.8)$$

Sofern kein Phasenübergang erfolgt, ist die von einem Körper der Masse $m$ aufgenommene Wärme gleich dem Produkt aus Wärmekapazität $\Gamma$ des Körpers und der Temperaturveränderung $\Delta T$; dabei ist die Wärmekapazität $\Gamma$ gleich dem Produkt aus spezifischer Wärmekapazität $c$ und Masse $m$ des Körpers.

Die spezifische Wärmekapazität $c$ ist über weite Temperaturbereiche nahezu konstant. Darüber hinaus bestehen für viele Substanzen Relationen zwischen der spezifischen Wärmekapazität und dem atomaren Aufbau des Stoffes. Dies zeigt sich besonders beim Übergang zur molaren Wärmekapazität $C$

$$C = \frac{\Delta Q}{\nu \cdot \Delta T} = M \cdot c \tag{3.9}$$

**Gleichverteilungsprinzip:** In der atomistischen Deutung der Wärme wird angenommen, daß sich die Wärmemenge im statistischen Mittel gleichmäßig auf die Freiheitsgrade, d.h. die möglichen mechanischen Energieformen der Molekeln verteilt. Bei einem Mol eines Stoffes beträgt die im Mittel pro Freiheitsgrad und Kelvin zugeführte Energie $R/2$ ($R$ = Gaskonstante).

Die Berechnung der spezifischen Molwärme nach dem Gleichverteilungsprinzip führt bei Metallen zur **Dulong-Petitschen Regel:**

Da Molekeln im Gitterverband 3 Freiheitsgrade der kinetischen Energie und 3 Freiheitsgrade der potentiellen Energie besitzen, gilt für Metalle mit guter Näherung:

$$C_M = 6 \cdot \frac{R}{2} \approx 25 \text{ J/(mol} \cdot \text{K)}. \tag{3.10}$$

Besteht zwischen zwei Körpern ein Wärmekontakt, so geht eine Wärmemenge $\Delta Q$ vom Körper höherer Temperatur zum Körper niedriger Temperatur über, bis sich ein Temperaturgleichgewicht eingestellt hat, d. h. bis beide Körper die gleiche Temperatur $T_M$ angenommen haben. Die Gesamtwärmemenge beider Körper bleibt, sofern keine Umwandlung in andere Energieformen erfolgt, erhalten (Spezialfall des Satzes von der Erhaltung der Energie). Man bezeichnet ein System als adiabatisch abgeschlossen, wenn das System keine Wärmemenge an die Umgebung abgibt bzw. aus der Umgebung aufnimmt. Betrachtet man alle in einem adiabatisch abgeschlossenen System an einem Temperaturausgleich beteiligten Körper, so gilt

$$\sum [\Gamma_i \cdot (T_i - T_M)] = 0 \tag{3.11}$$

In einem adiabatisch abgeschlossenen System ist die Summe der aufgenommenen bzw. abgegebenen Wärme gleich Null.

Der Transport von Wärmeenergie zwischen zwei Körpern unterschiedlicher Temperatur kann erfolgen durch Strahlung, Konvektion und Wärmeleitung.

Für die Wärmeleitung gilt das

**Newtonsches Abkühlungsgesetz**

$$\mathrm{d}Q = K \cdot A \cdot (T_2 - T_1)\,\mathrm{d}t\,. \tag{3.12}$$

Der Wärmefluß $\mathrm{d}Q/\mathrm{d}t$ zwischen zwei Körpern ist proportional der Temperaturdifferenz $(T_2 - T_1)$ und der Größe der Kontaktfläche $A$. Die Proportionalitätskonstante $K$ wird als Wärmeübergangskoeffizient bezeichnet.

Die Temperatur des wärmeren Körpers erniedrigt sich um $\mathrm{d}T_2 = -\mathrm{d}Q/\Gamma_2$, die des kälteren Körpers erhöht sich um $\mathrm{d}T_1 = \mathrm{d}Q/\Gamma_1$. Betrachtet man die Wärmeabgabe eines Körpers an eine Umgebung mit der sehr viel größeren Wärmekapazität $\Gamma_\mathrm{u}$, so bleibt die Temperatur der Umgebung praktisch konstant. Setzt man in die Gleichung (3.12) $T_2 = T$ und $T_1 = T_\mathrm{u}$ und berücksichtigt die Gleichung (3.8): $\mathrm{d}Q = \Gamma\,\mathrm{d}T$, so folgt

$$\frac{\mathrm{d}T}{T - T_\mathrm{u}} = -\frac{K \cdot A}{\Gamma}\,\mathrm{d}t = -k\,\mathrm{d}t\,. \tag{3.13}$$

Die relative Temperaturänderung des Körpers ist dem Zeitintervall $\mathrm{d}t$ proportional. Aus dieser Differentialgleichung läßt sich die Temperatur als Funktion der Zeit berechnen (s. Abschnitt 11.1.). Es folgt

$$(T - T_\mathrm{u}) = (T_0 - T_\mathrm{u}) \cdot \exp(-k \cdot t)\,. \tag{3.14}$$

Die Temperatur des Körpers nähert sich exponentiell der Umgebungstemperatur $T_\mathrm{u}$.

## 3.2. Messen thermischer Größen

Die Messung thermischer Größen läßt sich auf die Messung mechanischer Größen und der Temperatur zurückführen.

Die Temperaturmessung geht in den meisten Fällen von der physikalischen Tatsache aus, daß Körper bei Temperaturänderungen eine Volumenänderung erfahren. **Flüssigkeitsthermometer** bestehen aus einem engen oben geschlossenen Glasrohr und einem am unteren Ende befindlichen Vorratsbehälter. Vorratsbehälter und ein Teil des Glasrohres sind mit einer Thermometerflüssigkeit gefüllt. Die Höhe des Flüssigkeitsstandes ändert sich bei dem kleinen Querschnitt des Glasrohres bereits merklich, wenn die gesamte im Vorratsbehälter befindliche Flüssigkeit eine geringfügige relative Volumenänderung erfährt. Als Thermometerflüssigkeit wird zumeist Quecksilber benutzt, daneben finden organische Flüssigkeiten wie Alkohol, Pentan u. a. Verwendung. **Gasthermometer** messen die durch die Temperaturänderung hervorgerufene Druckänderung in einem konstant gehaltenen Gasvolumen. **Bimetallthermometer** benutzen die unterschiedliche Ausdehnung verschiedener Metalle, z. B. Fe und Cu, die aufeinander befestigt werden. Der Bimetallstreifen krümmt sich bei einer Temperaturänderung, da sich die beiden verschiedenen Metallstreifen unterschiedlich stark ausdehnen.

Die Temperaturabhängigkeit elektrischer Größen wird bei der Temperaturmessung mit **Widerstandsthermometer, Thermistor und Thermoelement** ausgenutzt. Widerstandsthermometer und Thermistor benutzen die Änderung der elektrischen Leitfähigkeit von Metallen bzw. Halbleiterbauelementen. Mit Widerstandsthermometern aus Platin können beispielsweise Temperaturen zwischen 14 K und 900 K mit einer Genauigkeit von $10^{-1}$ bis $10^{-3}$ K gemessen werden. Thermistoren gestatten sehr hohe Meßgenauigkeiten in engen Temperaturbereichen. Bei den Thermoelementen wird die Temperaturabhängigkeit der Kontaktspannungen verschiedener Metalle zur Bestimmung von Temperaturdifferenzen ausgenutzt. Diese Meßverfahren zeichnen sich durch eine sehr geringe Wärmekapazität der Meßfühler aus, so daß ihre Rückwirkung auf die Temperatur des Meßkörpers gering ist.

Strahlungsthermometer oder **Pyrometer** dienen zur Messung der Temperaturen glühender Körper mit Hilfe optischer Methoden aus der spektralen Lichtemission.

# 3.3. Versuche zur Wärmelehre: Bestimmung thermischer und kalorischer Größen

## 3.3.1. Zusammenfasssung von Lernstoff und Lernzielen

1. Einführung in die Grundbegriffe der Wärmelehre; Kenntnis der Definitionen und Einheiten von Temperatur und Wärme; Unterscheidung zwischen Temperatur als Zustandsgröße und Wärme als Energie.

2. Kenntnis der Zustandsgleichung idealer Gase; Verknüpfung der Zustandsgrößen Volumen, Druck und Temperatur bei isothermer, isobarer und isochorer Zustandsänderung.

3. Deutung der Phasenumwandlung anhand des Phasendiagrammes; Schmelz- und Siedepunkte reiner Stoffe als Fixpunkte der Temperaturskala; Wirkung äußerer Einflüsse: Druck, gelöste Substanzen; Gefrierpunktserniedrigung und Siedepunktserhöhung.

4. Beschreibung des Meßvorganges bei einem *idealen* Kalorimeter; Definition des idealen Kalorimeters: Adiabatischer Abschluß; Interpretation der Kalorimetergleichung als Spezialfall des Satzes von der Erhaltung der Energie; Bedeutung und Definition der Größen Wärmekapazität, spezifische Wärmekapazität, spezifische Schmelzwärme und spezifische Verdampfungswärme.

5. Diskussion und Idealisierung einer mit systematischen Fehlern behafteten Messung am Beispiel des *realen* Kalorimeters; Auswirkung der Wärmeleitung auf das Experiment; Extrapolation der Meßkurven auf momentanen Temperatursprung; Planung und praktische Durchführung des Meßvorganges: Erfassen einer großen Zahl von Meßdaten in einem kurzen Zeitraum.

6. Bedeutung molarer Größen für die Wärmelehre; Definition und Einheit der Stoffmenge; Abhängigkeit der Gefrierpunktserniedrigung von der Stoffmenge (Raoultsches Gesetz); Deutung der molaren Wärmekapazität aus dem Gleichverteilungsprinzip (Dulong-Petitsche Regel).

## 3.3.2. Versuch: Zustandsgleichung idealer Gase, isotherme und isochore Zustandsänderung

**Aufgabe:** a) Der Zusammenhang zwischen Druck und Volumen eines idealen Gases ist bei isothermer Zustandsänderung zu messen und graphisch durch Linearisierung der Zustandsgleichung zu überprüfen.

b) Der Zusammenhang zwischen Druck und Temperatur eines idealen Gases ist bei isochorer Zustandsänderung zu messen und durch eine graphische Auftragung zu überprüfen. Aus der Steigung der Ausgleichsgeraden sind der isotherme Ausdehnungskoeffizient und der Nullpunkt der Kelvin-Skala zu bestimmen.

**Grundlagen:** Für eine Zustandsänderung idealer Gase gelten unter der Vorgabe, daß jeweils eine der Zustandsgrößen Temperatur oder Volumen konstant bleibt, die Gleichungen

$$\vartheta = \text{konst.} \quad \rightarrow \quad p \cdot V = \text{konst.} \tag{3.3}$$

$$V = \text{konst.} \quad \rightarrow \quad p = p_0 \cdot (1 + \alpha\vartheta). \tag{3.4}$$

Das Prinzip zweier Versuchsanordnungen für Messungen bei isothermer bzw. isochorer Zustandsänderung zeigen die Abbildungen 15a, b. Bei beiden Versuchsanordnungen erfolgt die Druckmessung mit Hilfe von Manometern, bei denen die Verformung einer Membran infolge einer einseitigen Druckänderung entweder mechanisch mittels einer Übertragung auf einen Zeiger oder elektrisch über die Widerstandsänderung von Dehnungsmeßstreifen registriert wird. Wichtig ist hier, daß der Einfluß der Membrandurchbiegung bezüglich der Meßvolumina vernachlässigbar bleibt.

Bei der Versuchsanordnung zur isothermen Zustandsänderung (Abb. 15a) wird das Gasvolumen in einem senkrecht stehenden zylindrischen Rohr unten durch eine Flüssigkeit abgeschlossen. Durch Zu- bzw. Abfluß der unter Druck stehenden Flüssigkeit kann die Höhe der Flüssigkeitssäule und damit auch das Volumen des Gases variiert werden.

Bei der Versuchsanordnung zur isochoren Zustandsänderung (Abb. 15b) befindet sich ein Meßkolben mit dem Volumen $V_K$ in einem thermostatisierten Bad, dessen Temperatur variiert werden kann. Das Gasvolumen $V_K$ ist über eine Kapillare mit der Drucksonde verbunden, durch einen Dreiwegehahn in der Kapillarleitung können die Drucksonde zur Nachkalibrierung bzw. das Volumen $V_K$ zur Änderung der Gasmenge bzw. -zusammensetzung mit dem Außenraum verbunden werden.

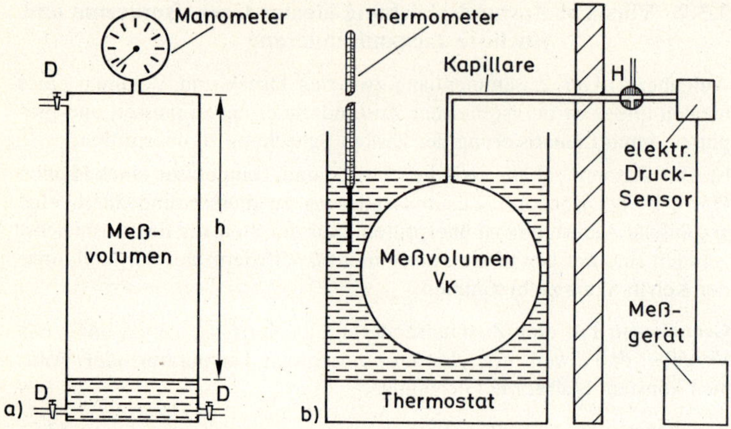


Abb. 15. Versuchsanordnung zum Nachweis der Gasgesetze
a) Isotherme Zustandsänderung – Gesetz von Boyle-Mariotte (D Ventile)
b) Isochore Zustandsänderung – Gesetz von Gay-Lussac (H Dreiwegehahn).

**Versuchsdurchführung:**

**Hinweis:** Bei der experimentellen Überprüfung der Gesetzmäßigkeiten ist besonderer Augenmerk darauf zu richten, daß die Randbedingung „Konstanz einer Zustandsgröße" gewährleistet wird.

*a) isotherme Zustandsänderung*

1. Das Gasvolumen $V$ ist bestimmt durch den Querschnitt $A$ des zylindrischen Rohres und die Höhe der Gassäule $h$ zwischen oberem Abschluß des Rohres und der Flüssigkeitsoberfläche $V = A \cdot h$.

2. Durch Zu- bzw. Abfluß der Flüssigkeit wird die Höhe des Flüssigkeitsspiegels variiert. Gemessen wird der Druck $p$ des Gases als Funktion der Höhe $h$ der Gassäule. Durch guten Wärmeaustausch mit der Umgebung und langsame Versuchsführung ist sicherzustellen, daß die Gastemperatur konstant bleibt.

3. Zum Nachweis der funktionalen Abhängigkeit $p \cdot V = \text{konst.}$ wird der Zusammenhang zwischen den Meßgrößen linearisiert: In kartesischen Koordinaten sollte die Auftragung $p = f(z)$ mit $z = 1/h$ eine Gerade ergeben.

4. Der Nachweis der funktionalen Abhängigkeit $p = \text{konst.} \cdot V^{-1}$ kann auch durch Auftragung der Meßgrößen in ein Potenzpapier = Doppel-

Logarithmenpapier geführt werden. In diesem Koordinatenpapier liefert eine funktionale Abhängigkeit $y = k \cdot x^n$ Geraden mit der Steigung n, im vorliegenden Fall sollte die Auftragung $p = f(h)$ eine fallende Gerade mit der Steigung $-1$ liefern.

*b) isochore Zustandsänderung*

1. Ausgehend von einer Wasser-Eis-Kältemischung wird die Temperatur des Wasserbades um definierte Temperaturintervalle erhöht. Man warte jeweils eine hinreichend lange Zeit, bis das Gas im Kolben $V_K$ die Temperatur des Bades angenommen hat (der Druck muß einen konstanten Wert annehmen!), und messe Druck $p$ und Temperatur $\vartheta$.
2. Der Druck $p$ ist in kartesischem Koordinatenpapier in Abhängigkeit von der Temperatur $\vartheta$ aufzutragen.
3. Aus den Konstanten der Ausgleichsgeraden $p = a + b\,\vartheta$ mit $a = p_0$ und $b = p_0 \cdot \alpha$ bestimme man den isochoren Spannungskoeffizienten $\alpha$ und die Temperatur des absoluten Nullpunktes $\vartheta_0 = -T_0 = -1/\alpha$ .

**Ergänzung:** In der Verbindungskapillare vom Volumen $V_K$ zum Druckaufnehmer, dem sog. „schädlichen Volumen $V_s$" befindet sich das Gas auf Zimmertemperatur $\vartheta_Z$, dies bedingt eine systematische Meßabweichung bei der Bestimmung von $\alpha$. Eine weitere systematische Meßabweichung ist dadurch gegeben, daß sich das Volumen $V_K$ infolge der thermischen Ausdehnung des Kolbens mit der Temperatur ändert. Beide Meßabweichungen werden in erster Näherung berücksichtigt durch die Korrekturformel

$$\alpha_{Korr} = \alpha + \gamma + \frac{V_s}{V_K \cdot T_Z}$$

($\gamma$ = kubischer Ausdehnungskoeffizient des Glases; $T_Z = \vartheta_Z + 273\ K$)

### 3.3.3. Versuch: Gefrierpunktserniedrigung, Bestimmung der molaren Masse

**Aufgabe:** Die molare Masse (das Molekulargewicht) von Naphtalin ist mit Hilfe der Gefrierpunktserniedrigung von Cyclohexan zu bestimmen.

**Grundlagen:** Bei nicht zu konzentrierten Lösungen wird die Gefrierpunktserniedrigung durch das Raoultsche Gesetz (Formel 3.6) bestimmt:

$$\Delta T = K_G \frac{m_S}{M_S}.$$

Bezogen auf $m_0 = 1000$ g Lösungsmittel hat die kryoskopische Konstante für Cyclohexan den Wert $K_G = 20{,}2$ K/mol.

Wird bei dem Versuch die Masse $m'_S$ im Lösungsmittel der Masse $m_L$ gelöst, so folgt wegen $m_S/m_0 = m'_S/m_L$

$$\Delta T = K_G \cdot \frac{m_0}{m_L} \cdot \frac{m'_S}{M_S}. \tag{3.18}$$

Daraus ergibt sich die molare Masse zu

$$M_S = K_G \cdot \frac{m_0 \cdot m'_S}{m_L \cdot \Delta T}. \tag{3.19}$$

Bei der Versuchsdurchführung werden reines Lösungsmittel und Lösung in einem Kältebad jeweils bis zur Erstarrungstemperatur abgekühlt. Damit die Abkühlung nicht zu schnell erfolgt, wird die Flüssigkeit in einem doppelwandigen Gefäß in das Kältebad getaucht. Die Flüssigkeit wird zur gleichmäßigen Durchmischung und zur Vermeidung einer Unterkühlung laufend gerührt (Abb. 16).

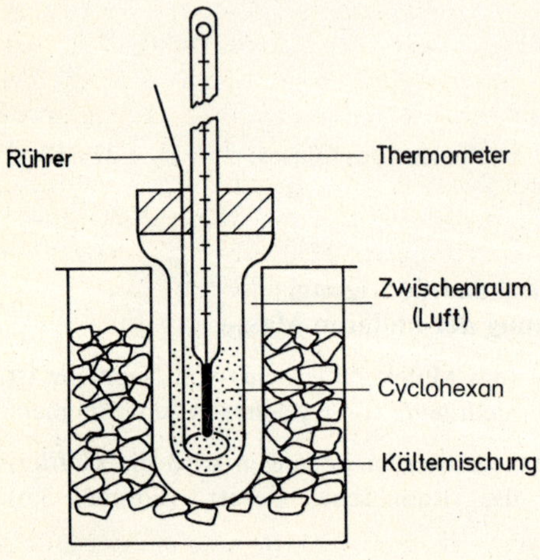


Abb. 16. Versuchsanordnung zur Gefrierpunktserniedrigung.

**Versuchsdurchführung:**

**Hinweis:** Beim Umgang mit Chemikalien wie organischen Lösungsmitteln ist große Sorgfalt geboten! Man beachte die Hinweise des Assistenten auf die Vorschriften der Gefahrenstoff-Verordnung. (Unter Bezugnahme auf diese Verordnung empfiehlt es sich, anstelle des früher bevorzugten Lösungsmittels Benzol – $C_6H_6$ – besser Cyclohexan – $C_6H_{12}$ – zu verwenden.)

1. In den äußeren Behälter der Versuchsapparatur wird eine Kältemischung aus Eis und Wasser gefüllt.
2. Etwa 10 g des Lösungsmittels (Cyclohexan) werden abgewogen und in das eigentliche Versuchsgefäß gegeben. Unter ständigem Rühren wird die Temperatur des Cyclohexans alle 30 s abgelesen. Nach Erreichen des Erstarrungspunktes (das Cyclohexan beginnt auszuflocken) mißt man noch etwa 2–3 min weiter.
3. Das Lösungsmittel wird aufgetaut. Etwa 200 mg Naphthalin ($C_{10}H_8$) wird abgewogen und im Cyclohexan gelöst. Der Erstarrungspunkt der Lösung wird wie der des Lösungsmittels bestimmt.

**Anmerkung:** Organische Lösungsmittel wie Benzol oder Cyclohexan können verhältnismäßig leicht unterkühlt werden, d. h., die Flüssigkeit läßt sich auf tiefere Werte als den Gefrierpunkt abkühlen, ohne daß sie erstarrt. Dieser Zustand ist instabil, durch Erschütterung u. ä. fällt plötzlich ein Teil der Flüssigkeit im festen Zustand aus, und die Temperatur steigt auf die Erstarrungstemperatur an, sofern noch Teile des Lösungsmittels im flüssigen Zustand sind. Während dieser Effekt bei dem reinen Lösungsmittel unkritisch ist, muß er bei der Lösung unbedingt vermieden werden:
Da aus einer Lösung zunächst das reine Lösungsmittel auskristallisiert, würde durch das plötzliche Erstarren einer größeren Menge des Lösungsmittels die restliche Lösung konzentrierter werden und es würde systematisch eine zu große Gefrierpunktserniedrigung bestimmt!

4. In einem Diagramm wird die Temperatur als Funktion der Zeit aufgetragen, sowohl für das reine Lösungsmittel wie für die Lösung. Aus dem Diagramm wird die Gefrierpunktserniedrigung $\Delta T$ abgelesen.
5. Mit der bekannten kryoskopischen Konstanten und den experimentellen Daten $m_S'$, $m_L$ und $\Delta T$ bestimme man die molare Masse von Naphthalin nach Formel (3.19).
6. Zum Vergleich berechne man die molare Masse aus der Strukturformel.

7. Man schütte das verunreinigte Cyclohexan auf keinen Fall in den Ausguß, sondern in eine gesonderte Vorratsflasche und spüle das Versuchsgefäß mit etwas reinem Lösungsmittel nach!

### 3.3.4. Versuch: Mischungskalorimeter, spezifische Wärmekapazität fester Körper

**Aufgabe:** Die spezifische Wärmekapazität fester Körper soll mit einem Mischungskalorimeter bestimmt werden. Die Dulong-Petitsche Regel ist zu überprüfen.

**Grundlagen:** Das Mischungskalorimeter besteht aus einem Behälter mit der Kalorimeterflüssigkeit, im allgemeinen Wasser, dessen Temperatur gemessen werden kann. Durch konstruktive Maßnahmen wird der Wärmeaustausch mit der Umgebung möglichst weitgehend verhindert, z. B. werden Luftströmungen vom eigentlichen Kalorimeterbehälter durch Verwendung eines doppelwandigen Gefäßes ferngehalten, die Wärmeleitung zwischen den beiden Gefäßwänden wird durch gute Isolation und gegebenenfalls Evakuieren unterdrückt, und die Wärmestrahlungsverluste werden durch Verspiegeln der äußeren Wand reduziert (Dewar-Gefäß). Wird der Probekörper mit der Temperatur $T_K$ in die Kalorimeterflüssigkeit mit der Temperatur $T_W$ getaucht, so stellt sich nach einiger Zeit die Mischungstemperatur $T_M$ ein. Ist das Kalorimeter vollständig von der Umgebung isoliert, so gilt die Gleichung (3.11) in der Form:

$$\Gamma_K \cdot (T_K - T_M) = (\Gamma_W + \Gamma_G) \cdot (T_M - T_W), \qquad (3.20)$$

wobei $\Gamma_K$ die Wärmekapazität des Probekörpers, $\Gamma_W$ die Wärmekapazität der Kalorimeterflüssigkeit und $\Gamma_G$ die Wärmekapazität des am Wärmeaustausch beteiligten Kalorimetergefäßes einschließlich Rührer und Thermometer bedeuten. Mit der Definition für die spezifische Wärmekapazität $c$ folgt

$$c_K = \frac{\Gamma_K}{m_K} = \frac{(m_W \cdot c_W + \Gamma_G)}{m_K} \cdot \frac{(T_M - T_W)}{(T_K - T_M)}. \qquad (3.21)$$

Diese häufig als *Mischungsregel* bezeichnete Gleichung gestattet bei bekannter Wärmekapazität $\Gamma_G$ des Kalorimeters durch Messung der drei Temperaturen $T_K$, $T_W$ und $T_M$ und Wägung der Massen $m_K$ und $m_W$ die spezifische Wärmekapazität des Probekörpers zu bestimmen.

Gelegentlich wird für die Wärmekapazität des Kalorimeters der „Wasserwert“ $W = \Gamma_G / c_W$ eingeführt. Gleichung 3.21 schreibt sich dann:

$$c_K = c_W \frac{(m_W + W)}{m_K} \cdot \frac{(T_M - T_W)}{(T_K - T_M)}. \tag{3.21a}$$

**Temperaturausgleich:** Ein *ideales Kalorimeter* ist adiabatisch abgeschlossen. Seine Temperatur ist als Funktion der Zeit – abgesehen von dem Zeitintervall des Temperaturausgleiches – konstant, die Temperaturen $T_W$ und $T_M$ sind eindeutig bestimmt.

Bei einem *realen Kalorimeter* findet stets ein Wärmeaustausch mit der Umgebung statt, der sich im Temperatur-Zeit-Diagramm durch eine Angleichung der Kalorimetertemperatur an die Umgebungstemperatur während der Vorperiode und der Nachperiode bemerkbar macht, wie in Abb. 17 dargestellt. Da diese Wärmeabgabe auch während der Hauptperiode erfolgt, liefert die als Funktion der Zeit gemessene Temperaturkurve $T(t)$ nicht unmittelbar die Temperaturen $T_W$ und $T_M$. Der Wärmeaustausch mit der Umgebung kann nur dann vernachlässigt werden, wenn der Temperaturübergang während der Hauptperiode momentan, sprunghaft erfolgen würde. Es stellt sich somit die Aufgabe, die Temperaturen $T_W$ und $T_M$ durch eine Extrapolation auf denselben Zeitpunkt zu bestimmen, ohne daß jedoch die Wärmebilanz mit der Umgebung geändert wird.

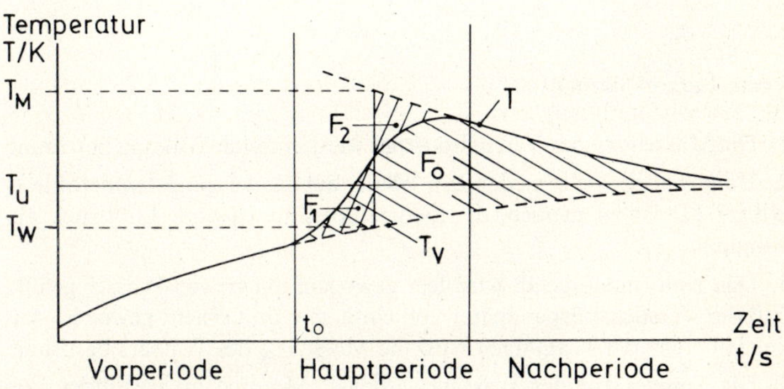


Abb. 17. Temperaturverlauf bei einem realen Kalorimeter.

Nach dem Newtonschen Abkühlungsgesetz (Abschnitt 3.1.3., Gleichung 3.12) wäre der Wärmeaustausch des Kalorimeters mit der Umgebung ohne Hinzugabe des Probekörpers ($T_v$=Temperaturverlauf der extrapolierten Vorperiode) vom Zeitpunkt $t_0$ aus gegeben durch:

$$\Delta Q_1 = K \cdot A \int_{t_0}^{\infty} (T_v - T_u) \cdot dt. \tag{3.22}$$

Bei Hinzugabe des Probekörpers ist der tatsächliche Wärmeaustausch bestimmt durch

$$\Delta Q_2 = \mathrm{K} \cdot \mathrm{A} \int_{t_0}^{\infty} (T - T_u) \cdot dt. \tag{3.23}$$

Die Differenz ist die mit dem Probekörper zugeführte Wärme

$$\Delta Q_K = \Delta Q_2 - \Delta Q_1 = K \cdot A \int_{t_0}^{\infty} (T - T_v) \cdot dt. \tag{3.24}$$

Sie ist im Temperatur-Zeit-Diagramm der Abbildung proportional der Fläche $F_0$ zwischen dem extrapolierten Temperaturverlauf der Vorkurve und der wirklichen Meßkurve.

Diese Wärmebilanz wird nicht geändert, wenn man die Temperaturkurven der Vor- und Nachperiode in die Hauptperiode extrapoliert, und eine Parallele zur Temperaturachse so legt, daß die Flächen $F_1$ und $F_2$ gleich groß werden. Ihre Schnittpunkte mit den extrapolierten Temperaturkurven liefern die gesuchten Temperaturen $T_W$ und $T_M$.

**Versuchsdurchführung:**

1. Die Massen $m_K$ der Versuchskörper werden durch Wägung bestimmt.
2. Dann werden sie in siedendem Wasser auf die Ausgangstemperatur $T_K$ erhitzt. ($T_K$ ist zu messen, die Siedetemperatur ist vom Luftdruck abhängig.)
3. Das Kalorimetergefäß wird leer gewogen, mit so viel Wasser gefüllt, daß der Versuchskörper später voll eintaucht, und erneut gewogen. Aus der Differenz der Wägungen wird die Masse $m_W$ des Wassers bestimmt.
4. Die Temperatur des Wassers wird vier Minuten in Abständen von 30 s als Funktion der Zeit gemessen (Vorperiode).

5. Am Ende der Vorperiode (letzte Ablesung) wird der auf $T_K$ erhitzte Versuchskörper in das Kalorimetergefäß gestellt. Die Temperatur wird alle 5 s abgelesen (Hauptperiode). Es ist darauf zu achten, daß sich die Hauptperiode ohne zeitliche Verschiebung an die Vorperiode anschließt. Durch kräftiges Rühren ist zu verhindern, daß lokale Temperaturdifferenzen auftreten.

6. Nach ca. 60 s ist die Hauptperiode beendet. Die Ableseintervalle werden wieder auf 30 s verlängert. Man mißt noch 5 min (Nachperiode).

7. Die Temperaturen der Vor-, Haupt- und Nachperiode werden als Funktion der Versuchsdauer aufgetragen.

8. Man verlängert die Temperaturkurven für die Vor- und die Nachperiode – die Exponentialkurven lassen sich in dem interessierenden Bereich durch Geraden annähern – und legt eine Parallele zur Temperaturachse, so daß die Flächen $F_1$ und $F_2$ gleich groß werden.

9. Die Ausgangstemperatur $T_W$ und die Mischungstemperatur $T_M$ werden dem Diagramm entnommen.

10. Die spezifische Wärmekapazität wird mit den Meßdaten berechnet.

11. Durch Multiplikation mit dem Atomgewicht des Metalles wird die Molwärme bestimmt. Man vergleiche das Ergebnis mit der Dulong-Petitschen Regel.

### 3.3.5. Versuch: Mischungskalorimeter, spezifische Wärmekapazität von Flüssigkeiten

**Aufgabe:** Die spezifische Wärmekapazität einer Flüssigkeit soll mit Mischungskalorimeter und Thermophor bestimmt werden.

**Grundlagen:** Beim Mischen zweier Flüssigkeiten kann zusätzlich Wärme durch Volumenkontraktion frei werden, auch wenn keine chemische Reaktion erfolgt. Die Bestimmung der spezifischen Wärmekapazität von Flüssigkeiten erfolgt deshalb so, daß die Flüssigkeit, deren spezifische Wärmekapazität bestimmt werden soll, als Kalorimeterflüssigkeit verwendet wird, der mit einem Thermophor eine definierte Wärme zugeführt wird.

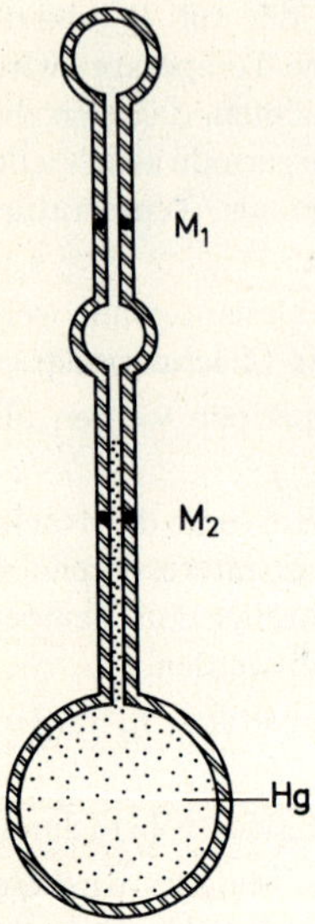


Abb. 18. Thermophor.

Der **Thermophor** besteht aus einem Glaskörper gemäß Abb. 18, der mit Quecksilber gefüllt wird. Der Körper wird erwärmt, bis das Quecksilber in Folge der Volumenausdehnung die obere Marke $M_1$ erreicht. In eine kältere Flüssigkeit getaucht, gibt der Thermophor Wärme an die Flüssigkeit ab und das Quecksilber verringert sein Volumen. Entfernt man den Thermophor, wenn der Quecksilberspiegel die untere Marke $M_2$ erreicht hat, so wurde der Flüssigkeit und dem Kalorimetergefäß eine definierte und reproduzierbare Wärme $\Delta Q_{\mathrm{Th}}$ zugeführt.

Ist zu Beginn des Versuches die Temperatur der Flüssigkeit gleich $T_1$ und zu Ende des Versuches $T_{\mathrm{M}}$, so gilt mit $\Gamma_{\mathrm{G}}$ als Wärmekapazität des Kalorimetergefäßes:

$$\Delta Q_{\mathrm{Th}} = (m_{\mathrm{Fl}} \cdot c_{\mathrm{Fl}} + \Gamma_{\mathrm{G}})(T_{\mathrm{M}} - T_1). \tag{3.25}$$

Die Wärme $\Delta Q_{\mathrm{Th}}$ läßt sich mit einer Flüssigkeit bekannter Wärmekapazität bestimmen. Für die spezifische Wärmekapazität der unbekannten Flüssigkeit folgt aus Formel (3.25)

$$c_{\mathrm{FL}} = \frac{1}{m_{\mathrm{Fl}}} \cdot \left( \frac{\Delta Q_{\mathrm{Th}}}{(T_{\mathrm{M}} - T_1)} - \Gamma_{\mathrm{G}} \right). \tag{3.26}$$

Bezüglich der bei nicht adiabatischem Abschluß des Kalorimeters erforderlichen Idealisierung der Meßkurven auf einen momentanen Temperatursprung gelten die im Versuch 3.3.4. gemachten Ausführungen.

## 3.3.6. Versuch: Mischungskalorimeter, Schmelzwärme von Eis

**Aufgabe:** Die Schmelzwärme von Eis ist mit einem Mischungskalorimeter zu bestimmen.

**Grundlagen:** Die Änderung des Aggregatzustandes erfordert Wärmeenergie, die nur zur Änderung des Ordnungszustandes der Moleküle und nicht zu einer Temperaturerhöhung führt. Aufnahme bzw. Abgabe dieser latenten Wärme (Formel 3.7)

$$\Delta Q_{\mathrm{Th}} = m \cdot \lambda_{\mathrm{L}}$$

erfolgt bei reinen Stoffen bei einer definierten Umwandlungstemperatur.

Wird Eis der Masse $m_0$ bei der Schmelztemperatur $T_0$ in ein Kalorimeter mit der Wassermenge $m_1$ und der Temperatur $T_1$ gebracht, so ergibt sich nach Schmelzen und Temperaturausgleich folgende Wärmebilanz ($\Gamma_{\mathrm{G}}$ Wärmekapazität des Kalorimeters)

$$\lambda_{\mathrm{S}} m_0 + c_{\mathrm{W}} m_0 \, (T_{\mathrm{M}} - T_0) = (c_{\mathrm{W}} m_1 + \Gamma_{\mathrm{G}}) \, (T_1 - T_{\mathrm{M}}) \,. \qquad (3.27)$$

Daraus erhält man für die spezifische Schmelzwärme des Eises

$$\lambda_{\mathrm{S}} = \frac{(c_{\mathrm{W}} m_1 + \Gamma_{\mathrm{G}})}{m_0} (\mathrm{T}_1 - T_{\mathrm{M}}) - c_{\mathrm{W}} (T_{\mathrm{M}} - T_0). \qquad (3.28)$$

**Versuchsdurchführung:**

1. Damit die Eiswürfel eine definierte Ausgangstemperatur aufweisen, werden sie längere Zeit in einem Wasserbad der Temperatur 0 °C aufbewahrt.

2. Das Kalorimeter wird leer gewogen, mit ca. 200 $\mathrm{cm}^3$ Wasser gefüllt und erneut gewogen. Aus der Differenz der Wägungen wird die Masse $m_1$ des Wassers im Kalorimeter bestimmt.

3. Nach den Messungen der Vorperiode (s. Versuch 3.3.4.) werden zu Beginn der Hauptperiode einige Würfel Eis, die zuvor durch Abtrocknen von anhängendem Wasser befreit wurden, in das Kalorimetergefäß gebracht.

4. Die Temperatur wird fortlaufend unter dauerndem Rühren gemessen

bis alles Eis geschmolzen ist. Anschließend werden die Messungen noch einige Zeit fortgesetzt (Nachperiode).

5. Das Kalorimeter wird erneut gewogen und aus der Differenz gegenüber der letzten Wägung die eingebrachte Masse $m_0$ des Eises bestimmt.

6. Gemäß Versuch 3.3.4. wird die Temperatur als Funktion der Zeit aufgetragen und die Extrapolation auf eine Sprungtemperatur durchgeführt.

7. Dem Diagramm werden die Ausgangstemperatur $T_1$ und die Mischungstemperatur $T_M$ entnommen, und die spezifische Schmelzwärme des Eises $\lambda_S$ wird nach Formel (3.28) berechnet.

### 3.3.7. Anwendungsbeispiele zu den Versuchen und Anregungen zum Selbststudium

**Thermische Ausdehnung von Stoffen:** Anwendung der Volumenausdehnung zur Temperaturmessung (Gasthermometer, Flüssigkeitsthermometer, Bimetallthermometer); Auswirkung von Temperaturschwankungen auf den Verbund von Werkstoffen mit unterschiedlichen thermischen Ausdehnungskoeffizienten oder auf die Festigkeit schlechter Wärmeleiter (Gläser, Zahnschmelz u. ä.); geringer thermischer Ausdehnungskoeffizient bei Spezialgläsern für hohe Temperaturdifferenzen (Quarzglas, Jenaer Glas).

**Änderung des Aggregatzustandes:** Definition thermometrischer Fundamentalpunkte über die exakt bestimmten Schmelz- bzw. Siedetemperaturen reiner Stoffe; chemische Reinheitsanalyse über die Schmelzpunktsbestimmung (z. B. bei Arzneimitteln); Gefrierpunktserniedrigung bei Lösungen: kryoskopische Methode zur Bestimmung der molaren Masse bzw. der Konzentration (z. B. Funktionsprüfung der Niere über den Harn); praktische Anwendung der Gefrierpunktserniedrigung bei der Herstellung von Kältemischungen, bei Frostschutzmitteln für Kühlsysteme sowie beim Enteisen der Straße.

**Kalorimeter, Wärmekapazität:** Bestimmung der Wärmetönung chemischer Reaktionen; des Heizwertes von Brennmaterialien (Verbrennungskalorimeter); Ausnutzung hoher spezifischer Wärmekapazitäten für die Speicherung von Wärmeenergie (Nachtstromspeicher); Auswirkung der hohen Wärmekapazität und Schmelzwärme großer Wassermassen auf das Klima (Seeklima, Kontinentalklima, Polarklima); Abkühlung der Umgebung beim Verdampfen von Flüssigkeiten: Kühlsysteme, Lokalanästhesie (Kältemittel z. B. Äthylchlorid $T_s = 13{,}1\,°C$).

**Wärme als Energieform:** Technische Ausnutzung fossiler Energiequellen (Öl, Kohle, Erdgas) und von Kernenergie primär in Form von Wärme; Wirkung und Nutzeffekt von Wärmekraftmaschinen – Carnotscher Kreisprozeß; letztlich Übergang *aller* Energieformen in Wärme; Vergleich der technisch erzeugten Wärme mit der Wärmeeinstrahlung der Sonne (Solarkonstante); lokale Auswirkungen der technisch erzeugten Wärme auf das Klima bzw. das biologische Gleichgewicht von Flüssen.

**Biokalorimetrie:** Bestimmung des Wärmehaushaltes des Menschen (Temperaturregulation, Grundumsatz); Energieaufnahme im Organismus durch Oxydation von Kohlehydraten, Fett und Eiweiß zu Kohlendioxyd, Wasser usw.; Verbrauch der Energie in Form von Arbeit und zum Ausgleich von Wärmeverlusten durch Wärmeleitung, Wärmestrahlung, Konvektion (Verdunsten von Schweiß, Ausatmung u. a.); Speicherung überschüssiger Energie der Nahrungsstoffe in Form von Fettansatz.

# 4. Elektrische Größen: Grundlagen, Gleichstromgrößen

| Symbole | Größen | SI-Einheiten | |
|---|---|---|---|
| $U$ | Spannung | V | Volt |
| $I$ | Stromstärke | A | Ampere |
| $q$ | Ladung | $C = A \cdot s$ | Coulomb |
| $P$ | Leistung | $W = V \cdot A$ | Watt |
| $W$ | Elektrische Energie | $J = V \cdot A \cdot s$ | Joule |
| $R$ | Widerstand | $\Omega = \frac{V}{A}$ | Ohm |
| $G$ | Leitwert | $(S) = \frac{A}{V}$ | (Siemens) |
| $\varrho$ | Resistivität | $\Omega \cdot m$ | |
| $x, l$ | Länge | m | Meter |
| $A$ | Fläche | $m^2$ | |
| $T$ | Temperatur | K | Kelvin |
| $\eta$ | Thermokraft | $\frac{V}{K}$ | |

## 4.1. Theoretische Grundlagen

### 4.1.1. Grundbegriffe der Elektrizitätslehre

Die **Spannung**, die an den Klemmen einer Spannungsquelle zur Verfügung steht, wird erzeugt z. B. mit Hilfe mechanischer Arbeit (Generatoren), durch chemische Reaktionen (Galvanische Elemente, Akkumulatoren), durch Temperatureffekte (Thermoelemente) oder durch biologisch-physiologische Prozesse (Membranpotentiale, Aktionspotentiale).

Im technischen Bereich verwendet man in zunehmendem Maße als (sekundäre) Spannungsquellen elektronische Baueinheiten, die vom Wechselspannungsnetz der Elektrizitätswerke gespeist werden.

Der Begriff **Potential** kennzeichnet die Spannung eines Punktes gegenüber einem definierten Bezugspunkt; im physikalisch-technischen Bereich wird als Bezug zumeist die Erde gewählt, im biologisch-medizinischen Bereich wird unter Potential häufig nur die Spannung einer Elektrode bezogen auf eine willkürliche zweite Elektrode verstanden.

Die Größenordnung der erzeugten Spannungen beträgt bei Aktionspotentialen (EKG) und Thermospannungen einige 10 bis 100 mV, bei galvanischen Elementen ca. 2 V, im technischen Bereich z. B. für die Versorgung von Halbleiterschaltungen ca. 10 V, für Haushaltsgeräte 220 V (Effektivwert der Netzspannung) und für medizinische Röntgengeräte 10 bis 100 kV.

Wird an den beiden Klemmen einer Gleichspannungsquelle ein elektrisches Bauelement oder auch Schaltelement (Metalldraht, Halbleiter, Gasentladungsstrecke u. ä.) angeschlossen, so erfolgt ein Ladungstransport durch das Schaltelement. Der Quotient aus Ladung $q$ und Zeit $t$ ist die **Stromstärke** $I$

$$I = q/t\,. \tag{4.1}$$

Die Polarität der Klemmen und die positive Richtung des Stromes sind definitionsgemäß so festgelegt, daß eine positive Ladung (Ladung des Atomkernes) außerhalb der Spannungsquelle vom positiven zum negativen Pol fließt.

Als **Strom-Spannungs-Kennlinie** (oder $I$–$U$-Diagramm) eines Schaltelementes bezeichnet man den Zusammenhang zwischen der am Schaltelement liegenden Spannung $U$ und dem bei der jeweiligen Spannung fließenden Strom $I$. Beispiele für solche Kennlinien zeigt Abb. 19. Ist das $I-U$-Diagramm eine Gerade durch den Nullpunkt, so gilt das Ohmsche Gesetz.

**Ohmsches Gesetz:**

$$\frac{U}{I} = R = \frac{1}{G}\,. \tag{4.2}$$

Der **Widerstand** $R = U/I$ ist konstant und unabhängig von Strom und Spannung.

Der Reziprokwert des Widerstandes $G = 1/R$ wird als **Leitwert** bezeichnet.

Das Ohmsche Gesetz ist für zahlreiche Leiter erfüllt, so für Metalle und Elektrolyte bei konstanten Temperaturen, andererseits sind Abweichungen von der direkten Proportionalität zwischen Strom und Spannung keineswegs selten. In formaler Erweiterung des Ohmschen Gesetzes wird jedem Spannungsabfall $U$, der durch einen Gleichstrom $I$ verursacht wird, ein Gleichstromwiderstand $U/I=R$ zugeordnet; bei nichtlinearen Kennlinien ist dieser Gleichstromwiderstand nicht konstant, sondern abhängig von der Spannung bzw. dem Strom.

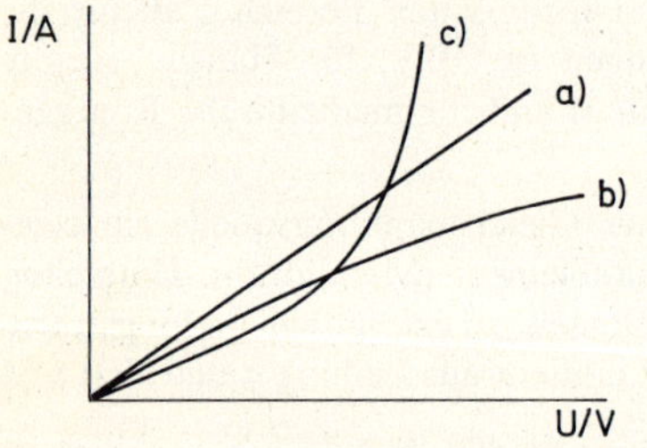


Abb. 19. Strom-Spannungs-Kennlinien verschiedener Schaltelemente: a) Ohmscher Widerstand, b) Kaltleiter, c) Heißleiter.

Der durch die Spannung einer Spannungsquelle bewirkte Ladungstransport bzw. Strom setzt eine elektrische Energie frei. Es ist

$$W = U \cdot I \cdot t. \tag{4.3}$$

Die **elektrische Energie** ist gleich dem Produkt aus Spannung $U$, Stromstärke $I$ und der Zeit $t$.

Verrichtet der Strom beim Durchgang durch einen Leiter keine äußere Arbeit, so wird die elektrische Energie in Wärme umgesetzt. Die Verknüpfung der Formeln (4.2) und (4.3) liefert das Joulesche Gesetz:

**Joulesches Gesetz**

$$\Delta Q = W = I^2 \cdot R \cdot t = U^2 \cdot t / R. \tag{4.4}$$

Die in einem ohmschen Widerstand erzeugte Wärme $\Delta Q$ ist proportional dem Widerstand $R$, der Zeit $t$ und dem Quadrat der Stromstärke $I$.

## 4.1.2. Schaltzeichen und Ersatzschaltbilder

Allgemein werden elektrische Experimente durch **Schaltbilder** beschrieben, bei denen grundlegende Eigenschaften oder Wirkungsweisen von Schaltelementen durch bestimmte Symbole charakterisiert werden, während die durch Striche angedeuteten leitenden Verbindungen definitionsgemäß keinen Widerstand besitzen. Gemäß Vereinbarung gilt ferner: Verzweigungspunkte in den Leitungen werden durch einen Punkt hervorgehoben. Enthält ein Kreuzungspunkt von 2 Leitungen keinen Punkt, so stellt der Kreuzungspunkt keine leitende Verbindung dar. In Tab. 6 sind wichtige elektrische Schaltzeichen und ihre Bedeutung angeführt. Man muß jedoch deutlich unterscheiden zwischen dem durch ein Schaltsymbol idealisierten elektrischen Schaltelement und der Wirkungsweise des technisch realisierten Bauteiles, das häufig noch andere elektrische Eigenschaften aufweist.

Beispielsweise kennzeichnet das erste Schaltsymbol der Tab. 6 eine *ideale Spannungsquelle*, deren Spannung konstant und unabhängig von äußeren Schaltungen ist. Bei einer realen Spannungsquelle liegt an den Klemmen die **Urspannung** $U_0$ nur dann, wenn der Spannungsquelle *kein* Strom entnommen wird. (Eine ältere Bezeichnung für die Urspannung ist EMK – **E**lektro-**M**otorische **K**raft –, dieser Begriff ist jedoch unzweckmäßig, da eine Spannung keine Kraft ist!) Wird die reale Spannungsquelle in eine elektrische Schaltung eingebaut und fließt ein Strom $I$, so erniedrigt sich die **Klemmenspannung** auf den Wert $U_K$. Der Quotient aus dem Spannungsabfall $U_0 - U_K$ und der Stromstärke $I$ wird als **innerer Widerstand** $R_i$ der Spannungsquelle definiert:

$$R_i = \frac{U_0 - U_K}{I} . \qquad (4.5\,a)$$

$R_i$ ist für viele Spannungsquellen konstant. Die Abhängigkeit der Klemmenspannung von der Stromstärke läßt sich dann durch die Einführung der beiden physikalischen Grundbegriffe Urspannung $U_0$ und innerer Widerstand $R_i$ vollständig beschreiben:

$$U_K = U_0 - R_i \cdot I . \qquad (4.5)$$

Die entsprechende bildliche Darstellung einer komplizierten Wirkungsweise durch einfache Schaltelemente nennt man ein *Ersatzschaltbild* (Abb. 20a).

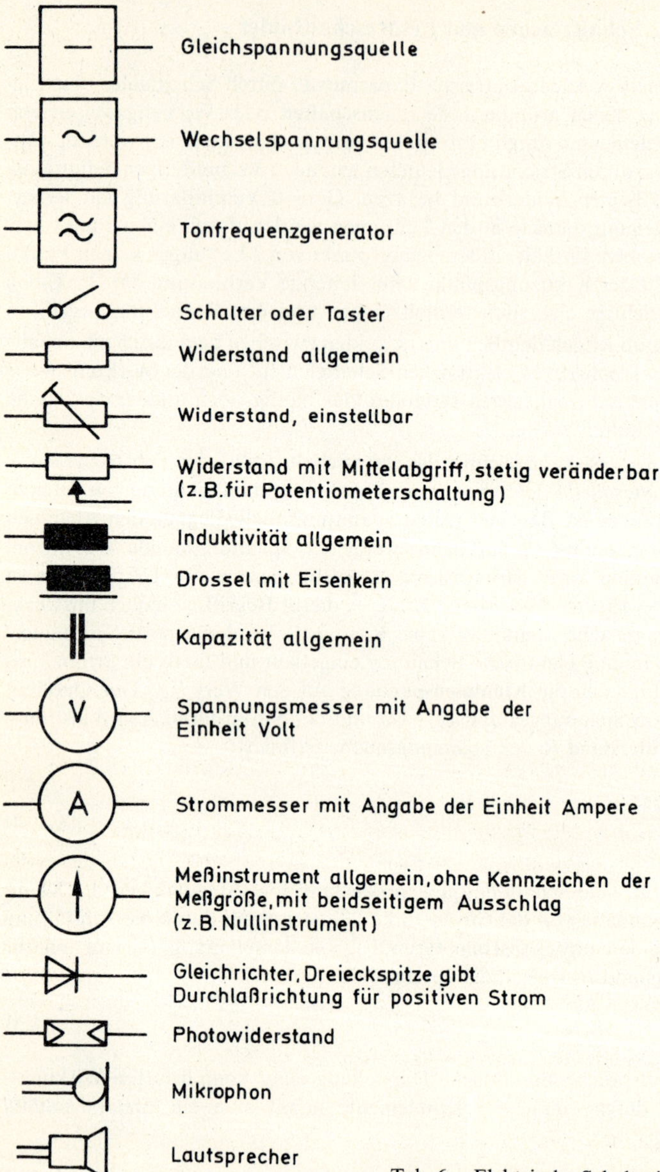


Tab. 6. Elektrische Schaltzeichen.

Die Eigenschaft realer Meßgeräte, daß bei der Anzeige der Meßgröße i. a. zugleich elektrische Energie umgesetzt wird, ist ein weiteres Beispiel für den Unterschied zwischen idealen und realen Schaltelementen. Beim Ersatzschaltbild des Amperemeters (Abb. 20b) deutet man dieses dadurch an, daß man der Anzeige noch den Innenwiderstand $R_A$ zuordnet. Zeigt das Amperemeter das Fließen eines Stromes $I_A$ an, so fällt an dem Meßgerät zugleich auch eine Spannung $U_A = R_A \cdot I_A$ ab (vgl. Versuch 4.3.2.).

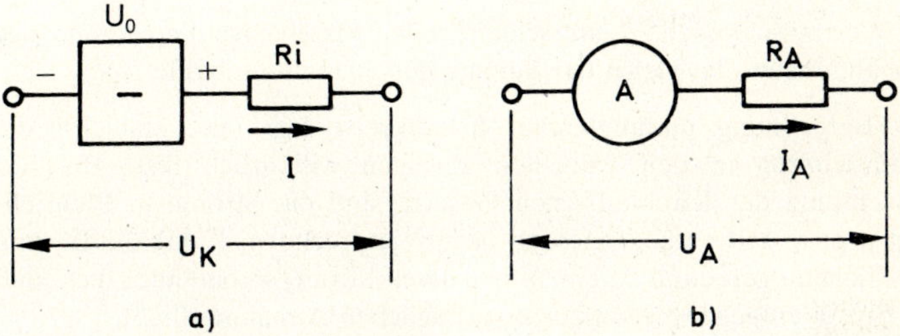


Abb. 20. a) Ersatzschaltbild einer realen Spannungsquelle.
b) Ersatzschaltbild eines realen Amperemeters.

### 4.1.3. Kirchhoffsche Gesetze und Anwendungsbeispiele

Für die Berechnung größerer, verzweigter Schaltkreise leisten die Kirchhoffschen Gesetze wesentliche Hilfe.

Das erste Kirchhoffsche Gesetz ist eine Folge des Erhaltungssatzes für elektrische Ladungen. Da elektrische Ladungen *eines* Vorzeichens nicht erzeugt bzw. vernichtet werden können, müssen in einen Punkt einströmende Ladungen auch wieder ausströmen. Werden die Vorzeichen der Ströme berücksichtigt, zufließende Ströme mit positiven und abfließende Ströme mit negativen Vorzeichen, so gilt für jede Stelle eines Schaltkreises, insbesondere an Verzweigungspunkten oder Knoten das

**I. Kirchhoffsches Gesetz – Knoten-Regel (I. K.R.):**

$$\sum I_k = 0. \qquad (4.6)$$

In einem Knoten ist die Summe aller Ströme $I_k$ gleich Null.

Das zweite Kirchhoffsche Gesetz folgt aus dem Sachverhalt, daß für jeden Punkt eines Schaltkreises das Potential gegenüber einem Bezugspotential, z.B. Erdpotential, eindeutig definiert ist. Beim Umlaufen längs einer geschlossenen Leiterschleife müssen sich demnach alle auftretenden Spannungen (Urspannungen $U_{0,i}$ und Spannungsabfälle $R_k\ I_k$) insgesamt aufheben.

**II. Kirchhoffsches Gesetz – Maschen-Regel (II. K.R.):**

$$\sum U_{0,i} = \sum R_k I_k . \tag{4.7}$$

Für jede geschlossene Leiterschleife oder Masche ist die Summe der Urspannungen $U_{0,i}$ gleich der Summe der Spannungsabfälle $R_k I_k$.

Zur Berechnung umfangreicher Schaltkreise legt man zunächst die Stromrichtung in den einzelnen Zweigen willkürlich fest. Bei der Anwendung der Kirchhoffschen Gesetze sind die Ströme in Pfeilrichtung positiv und entgegengesetzt negativ zu rechnen. Führt die Lösung der Gleichungen dann zu einem negativen Strom, so bedeutet dies, daß der Strom entgegengesetzt zur ursprünglichen Annahme fließt.

**Widerstandskombinationen:** Eine Kombination von mehreren Widerständen läßt sich durch einen Gesamtwiderstand $R_{ges}$

$$R_{ges} = \frac{U_0}{I} \tag{4.8}$$

ersetzen. Die elementaren Widerstandskombinationen Serienschaltung und Parallelschaltung zweier Widerstände sind in den Abb. 21 und 22 dargestellt.

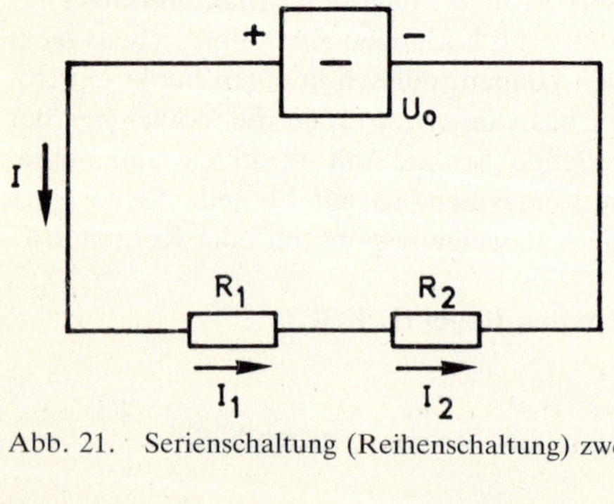


Abb. 21. Serienschaltung (Reihenschaltung) zweier Widerstände.

Für die *Serienschaltung* Abb. 21 folgt aus den Kirchhoffschen Gesetzen:

I. K.R. $\quad I = I_1 = I_2$,
II. K.R. $\quad U_0 = I_1 R_1 + I_2 R_2 = I(R_1 + R_2)$.

Der Vergleich mit der Definition des Gesamtwiderstandes (4.8) liefert:

$$R_{\text{ges}} = R_1 + R_2 . \tag{4.9}$$

Bei einer Serienschaltung von Widerständen ist der Gesamtwiderstand gleich der Summe der Einzelwiderstände.

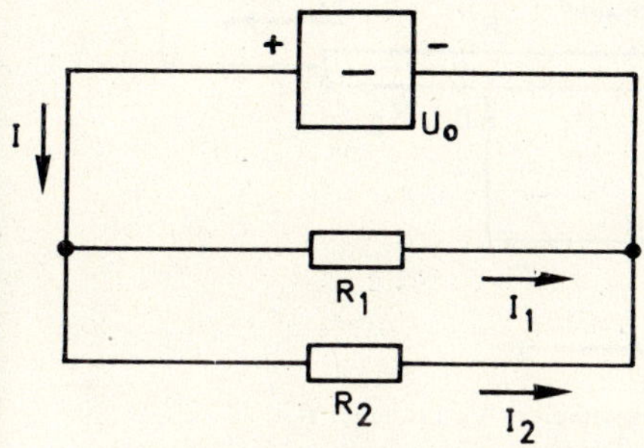


Abb. 22. Parallelschaltung zweier Widerstände.

Für die *Parallelschaltung* Abb. 22 folgt aus den Kirchhoffschen Gesetzen:

I. K.R. $\quad I = I_1 + I_2$,
II. K.R. $\quad U_0 = R_1 I_1 \quad$ und $\quad U_0 = R_2 I_2$.

Es gilt somit

$$I = \frac{U_0}{R_1} + \frac{U_0}{R_2} = U_0 \cdot \left(\frac{1}{R_1} + \frac{1}{R_2}\right).$$

Durch Vergleich mit der Definition (4.8) folgt:

$$\frac{1}{R_{\text{ges}}} = \frac{1}{R_1} + \frac{1}{R_2} \quad \text{bzw.}$$
$$G_{\text{ges}} = G_1 + G_2 . \tag{4.10}$$

Bei einer Parallelschaltung von Widerständen ist der Gesamtleitwert gleich der Summe der Einzelleitwerte.

**Potentiometerschaltung:** Die Potentiometerschaltung oder Spannungsteilerschaltung gestattet von einer Festspannung $U_0$ variable Teilspannungen $U_1 \leq U_0$ abzugreifen. Abb. 23 zeigt die Schaltung mit einem angeschlossenen äußeren Verbraucher $R_a$.

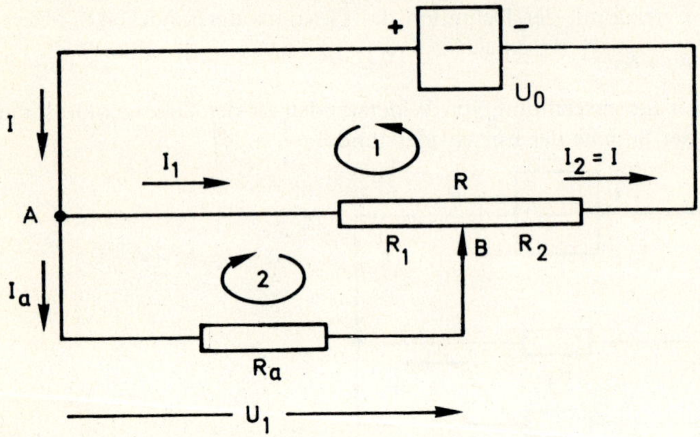


Abb. 23. Potentiometerschaltung mit äußerem Verbraucher $R_a$.

An der Festspannung $U_0$ liegt der Potentiometerwiderstand $R$. Der verschiebbare Abgriff B teilt den Potentiometerwiderstand $R$ in die Teilwiderstände $R_1$ und $R_2$. Zwischen den Punkten A und B liegt die Spannung

$$U_1 = R_1 I_1 .$$

Wird zwischen den Punkten A und B ein weiterer Widerstand angeschlossen (Verbraucher $R_a$), so teilt sich der Gesamtstrom $I$ der Spannungsquelle im Punkte A auf in die Teilströme $I_1$ und $I_a$. Die Kirchhoffschen Gesetze liefern:

I. K.R. Knoten A/B: $I = I_1 + I_a = I_2$,

II. K.R. Masche 1: $U_0 = R_1 I_1 + R_2 I_2$,

II. K.R. Masche 2: $0 = R_1 I_1 - R_a I_a$.

Aus diesen Gleichungen folgt

$$I_a = I_1 \cdot \frac{R_1}{R_a},$$

$$I_2 = I_1 \left(1 + \frac{R_1}{R_a}\right),$$

$$U_0 = R_1 I_1 + R_2 I_1 \left(1 + \frac{R_1}{R_a}\right),$$

$$U_0 = I_1 \left(R_1 + R_2 + \frac{R_1 \cdot R_2}{R_a}\right).$$

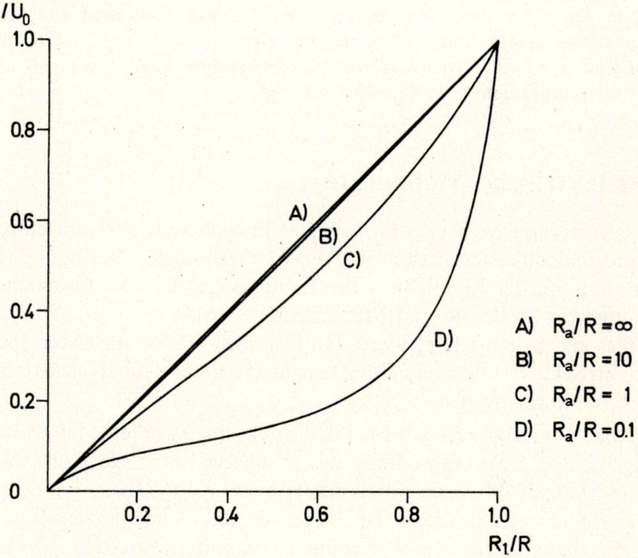


Abb. 24. Ausgangsspannung einer Potentiometerschaltung.

Für die Spannung $U_1$ zwischen den Punkten A und B ergibt sich damit

$$U_1 = \frac{R_1}{R_1 + R_2 + \frac{R_1 \cdot R_2}{R_a}} \cdot U_0. \tag{4.11}$$

Abb. 24 zeigt das Verhältnis der Ausgangsspannung $U_1$ zur Festspannung $U_0$ als Funktion des Widerstandsverhältnisses $R_1/R$ für verschiedene Kombinationen $R_a/R$.

Im Leerlauffall (kein äußerer Verbraucher, $R_a = \infty$) liefert die Spannungsteilerschaltung eine dem Teilerwiderstand $R_1$ proportionale Spannung zwischen 0 und der Klemmenspannung $U_0$

$$U_1 = \frac{R_1}{R} U_0 . \tag{4.12}$$

Die Abweichung von der Linearität wird um so größer, je kleiner das Verhältnis $R_a/R$ wird; deswegen sollte im allgemeinen der Potentiometerwiderstand $R$ klein sein gegenüber dem Lastwiderstand $R_a$. Beim Aufbau einer Potentiometerschaltung beachte man außerdem, daß über den Teilwiderstand $R_2$ der Gesamtstrom $I_1 + I_a$ fließt und daß dieser den zulässigen Höchststrom für den Potentiometerwiderstand nicht überschreiten darf.

## 4.2. Elektrische Meßgeräte

Für die Messung elektrischer Größen stehen zahlreiche Meßeinrichtungen unterschiedlichster Ausführung und Präzision zur Verfügung. In Verbindung mit der Möglichkeit der Fernanzeige, d. h. der räumlichen Trennung von Meßstelle und Meßinstrument, wird die Durchführung von Messungen derart erleichtert, daß in immer stärkerem Maße auch nichtelektrische Größen mit Hilfe von Meßwandlern über elektrische Größen bestimmt werden.

Die *Einheit der Meßgröße* wird bei den direkt anzeigenden Meßgeräten im allgemeinen durch Einstellung des Meßbereiches ausgewählt, während die Maßzahl entweder durch den Hinweis eines Zeigers oder einer Marke auf eine Stelle einer bezifferten Skala (Analoganzeige) oder durch das Erscheinen oder Aufleuchten von Ziffern (digitale Anzeige) gewonnen wird.

Für den Nachweis elektrischer Größen können alle Eigenschaften des elektrischen Stromes bzw. der elektrischen Ladung Verwendung finden, so z. B. die Elektrolyse (ursprünglich Eichung der Einheit Ampere), die Wärmeentwicklung (Hitzdrahtamperameter), die Kraftwirkung des elektrischen Feldes (elektrostatische Meßinstrumente) und andere mehr. In besonderem Maße wird die Kraftwirkung des magnetischen Feldes, das in stromdurchflossenen Spulen entsteht, zum Messen der elektrischen Stromstärke benutzt.

Im **Drehspulinstrument** befindet sich eine drehbar gelagerte Spule im Magnetfeld eines Permanentmagneten. Fließt ein Strom durch die Spule, so treten die Magnetfelder von Spule und Permanentmagnet in Wechselwirkung. Die Spule dreht sich dabei, bis das durch die magnetische Kraftwirkung erzeugte Drehmoment durch das rücktreibende Drehmoment einer Spiralfeder kompensiert wird. Bei geeigneter Form des äußeren Magnetfeldes ist der Ausschlag proportional zur Stromstärke $I$. Bei sich schnell verändernden Strömen bildet das Drehspulgalvanometer den arithmetischen Mittelwert von $I$ und ist deshalb nicht unmittelbar für den Nachweis von Wechselströmen geeignet. Man nutzt die hohe Empfindlichkeit der Drehspulinstrumente auch für Wechselstrommessungen aus, indem man sie in Verbindung mit Gleichrichtern benutzt.

Beim **elektrodynamischen Meßwerk** wird auch das äußere Magnetfeld durch eine stromdurchflossene Spule erzeugt. Der Ausschlag ist dann proportional dem Produkt der beiden Stromstärken durch beide Spulen. Fließt durch beide Spulen der gleiche Strom $I$, so ist der Ausschlag proportional dem Quadrat der Stromstärke: $\alpha \sim I^2$. Die Anzeige ist also unabhängig von der Stromrichtung und das Instrument geeignet für die Messung von Wechselströmen. Fließt durch eine Spule der Strom $I$ und durch die andere Spule ein Strom, der der Spannung $U$ proportional ist, zeigt das elektrodynamische Meßinstrument das Produkt $U \cdot I$ an (Leistungsmesser).

Beim **Weicheiseninstrument** befinden sich innerhalb einer Spule zwei ferromagnetische Metallteile geringer Remanenz („magnetisch weiches Eisen"); ein Metallteil ist fest, das zweite drehbar gelagert. Durch den Strom werden die beiden Fe-Teile gleichsinnig magnetisiert, so daß sie sich gegenseitig abstoßen, bis sich mit dem rücktreibenden Drehmoment ein Gleichgewicht einstellt. Auch für das Weicheiseninstrument gilt $\alpha = f(I^2)$. Durch geeignete Formgebung der Eisen lassen sich hier Skalen mit unterschiedlichster Einteilung (teilweise gespreizt) erreichen.

Die **digital anzeigenden Meßinstrumente** arbeiten mit elektronischen Schaltungen; beispielsweise wird der Meßvorgang mit einer Zähloperation verknüpft: Die zu messende Spannung wird mit einer zeitproportionalen Bezugsspannung verglichen. Beim Beginn des Meßvorganges wird ein elektronisches Tor (gate) geöffnet, Impulse definierter Frequenz laufen in einen Zähler. Erreicht die Bezugsspannung die Meßspannung, wird das Tor geschlossen, die Anzahl der gezählten Impulse ist proportional zur anliegenden Spannung. Durch den Fortfall mechanisch bewegter Teile kann die Messung trägheitslos bis zu sehr hohen Frequenzen durchgeführt werden.

Eigenschaften und Vorteile für spezielle Anwendungszwecke sind in der folgenden Aufstellung für Analog- und Digitalinstrumente einander gegenübergestellt.

Analog-Anzeige

Die Analoganzeige durch Zeiger und Skala gestattet, kontinuierlich die Lage des Meßwertes innerhalb des Meßbereiches darzustellen. Durch Hervorheben bestimmter Skalen-Werte oder -Bereiche läßt sich die relative Lage des momentanen Istwertes zum Sollwert, Arbeitsbereich oder Gefahrenbereich der Meßgröße leicht erfassen.

Durch Feinteilung der Skala und Schätzung von Zwischenwerten können theoretisch sämtliche Meßwerte innerhalb des Meßbereiches angezeigt werden. Bei linear geteilter Skalen ist jedoch die Auflösung praktisch auf 1‰ begrenzt. Die Meßgenauigkeit ist im allgemeinen schlechter als die Ablesegenauigkeit. Ablesefehler (Zuordnungsfehler, Schätzfehler) sind möglich, lassen sich aber bei einiger Übung vermeiden.

Digital-Anzeige

Bei den digitalen Meßgeräten erfolgt die Anzeige diskret, das Meßergebnis wird geschlossen angezeigt, Änderungen der Meßgröße können nur mit der Geschwindigkeit des Abfragezyklus bzw. der subjektiven Ablesegeschwindigkeit erfaßt werden. Die Relation zu Bezugswerten ist nicht elementar zu übersehen.

Die Auflösung der Anzeige ist auf eine Einheit der letzten Stelle begrenzt, jedoch können grundsätzlich Ablesegenauigkeit und Meßgenauigkeit identisch gemacht werden. Der Meßumfang (Zahl der meßbaren Ziffern) kann um Größenordnungen oberhalb des Meßumfangs der analogen Anzeige liegen. Die Ablesung ist frei von subjektiven Schätzungen.

Wirkungsweise und Eigenschaften elektrischer Meßgeräte werden auf den Meßinstrumenten durch Symbole gekennzeichnet, Beispiele sind in Tab. 7 aufgeführt.

Die systematische Meßabweichung elektrischer Zeigerinstrumente wird durch die Güteklasse charakterisiert. Die zulässige *absolute* Meßunsicherheit beträgt so viel Prozent vom Endausschlag, wie das Klassenzeichen angibt, z.B.: Meßbereich 0–100 mA, Güteklasse 0,5: zulässige absolute Meßunsicherheit 0,5 mA. Man verwende analoganzeigende Meßinstrumente möglichst nicht bei geringen Ausschlägen, da dann die relative Meßunsicherheit unter Umständen sehr groß sein kann, beim Ausschlag 10 mA im angegebenen Beispiel $\Delta I/I = 0{,}5/10 \mathrel{\hat{=}} 5\%$. Die Meßunsicherheit der Digitalinstrumente wird im allgemeinen in Prozent des angezeigten Wertes und in Einheiten der letzten Stelle angegeben.

Tab. 7. Symbole für elektrische Meßinstrumente.

| | |
|---|---|
|  | Drehspulmeßwerk mit Dauermagnet |
|  | dito mit Gleichrichter |
|  | Dreheisenmeßwerk |
| 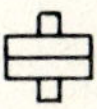 | Elektrodynamisches Meßwerk |
| — | Gleichstrominstrument |
| ~ | Wechselstrominstrument |
| ≃ | Gleich- und Wechselstrominstrument |
| ⊥ | Senkrechte Gebrauchslage |
| ⊓ | Waagerechte Gebrauchslage |
| 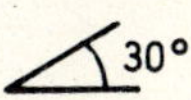 | Schräge Gebrauchslage mit Angabe des Neigungswinkels |
| ☆ | Prüfspannungszeichen (die Ziffer im Stern bedeutet die Prüfspannung in kV, Stern ohne Ziffer: 500 V Prüfspannung) |

**Änderung des Meßbereiches:** Der Meßbereich von stromführenden Meßinstrumenten kann durch einfache Maßnahmen verändert werden. Die Vergrößerung des Spannungsmeßbereiches von $U_M$ auf $U_1$ erfolgt durch einen in Serie geschalteten „Vorwiderstand $R_S$" gemäß Abb. 25 a, die Vergrößerung des Strommeßbereiches von $I_M$ auf $I_1$ durch einen parallel geschalteten „Nebenwiderstand $R_N$" gemäß Abb. 25b. Die Größe des jeweils erforderlichen Widerstandes berechnet sich mit Hilfe der Kirchhoffschen Gesetze unter Berücksichtigung des Sachverhaltes, daß für Vollausschlag des Meßinstrumentes die Spannung $U_M$ am eigentlichen Meßwerk und der Strom $I_M$ durch das Meßwerk fest vorgegeben sind.

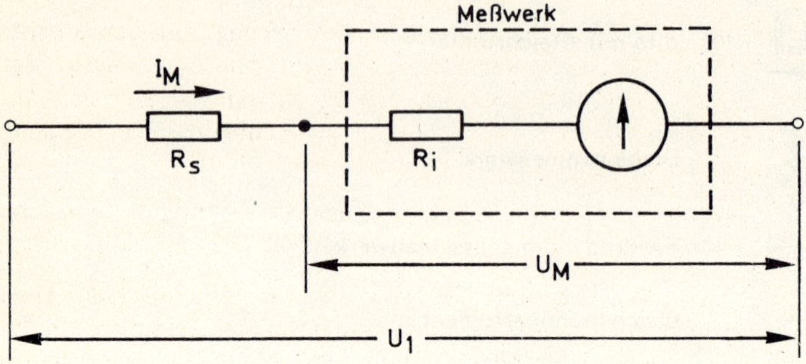


Abb. 25a. Erweiterung des Spannungsmeßbereiches.

$$R_S \cdot I_M = U_1 - U_M,$$
$$U_M = R_i I_M,$$
$$R_S = R_i \frac{U_1 - U_M}{U_M}. \tag{4.13}$$

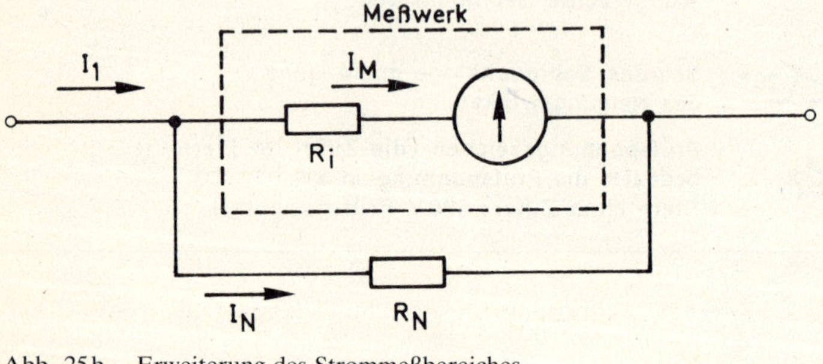


Abb. 25b. Erweiterung des Strommeßbereiches.

$$R_N \cdot I_N = R_i I_M = U_M,$$
$$I_N = I_1 - I_M,$$
$$R_N = R_i \frac{I_M}{I_1 - I_M}. \tag{4.14}$$

# 4.3. Versuche zur Schaltung von Strom- und Spannungsmessern, spezielle Meßverfahren

## 4.3.1. Zusammenfassung von Lernstoff und Lernzielen

1. Kenntnis des Ohmschen Gesetzes: Auswirkung unterschiedlicher Eigenschaften elektrischer Schaltelemente auf den funktionalen Zusammenhang zwischen Strom und Spannung; Anwendung der Abhängigkeit des Widerstandes von äußeren Einflüssen zur Messung physikalischer Größen.

2. Kenntnis der Kirchhoffschen Gesetze und Anwendung derselben auf einfache Netzwerke.

3. Erfahrung im Aufbau einfacher elektrischer Schaltkreise und Wissen um die richtige Anwendung von Strom- und Spannungsmesser; begriffliche Trennung von Schaltsymbol und Eigenschaften eines realen Schaltelementes, richtige Bewertung des inneren Widerstandes der elektrischen Meßgeräte.

4. Einsicht in das Verhalten realer Spannungsquellen: Abhängigkeit der Klemmenspannung von der Stromentnahme; Ersatzschaltbild einer Spannungsquelle und Bedeutung der Größen Urspannung, Innerer Widerstand, Kurzschlußstromstärke.

5. Durchführung von Spannungsmessungen, Aufbau einer Kompensationsschaltung und Verständnis für das Prinzip einer Kompensationsmessung.

6. Verständnis für das Meßprinzip „Brückenschaltung“; experimentelle Erfahrung mit der Wheatstoneschen Brückenschaltung.

## 4.3.2. Versuch: Schaltung elektrischer Meßgeräte

**Aufgabe:** Die Schaltungsmöglichkeiten von Strom- und Spannungsmesser sollen untersucht und systematische Meßfehler korrigiert werden.

**Grundlagen:** Zur Aufnahme der Strom-Spannungs-Kennlinie oder des Leistungsumsatzes in einem Schaltelement $R$ ist die gleichzeitige Messung der am Schaltelement liegenden Spannung $U$ und des durch das

Schaltelement fließenden Stromes *I* erforderlich. Werden für beide Größen stromführende Meßinstrumente benutzt, so stehen zur praktischen Ausführung der Messung zwei Schaltungsmöglichkeiten für das Amperemeter und das Voltmeter zur Verfügung.

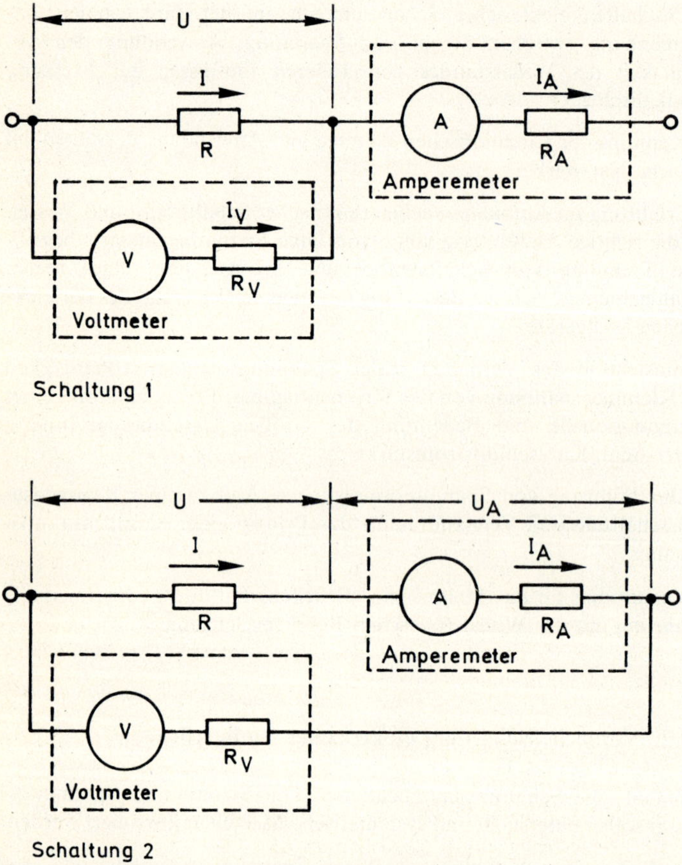


Abb. 26. Schaltungsmöglichkeiten von Strom- und Spannungsmesser zum Verbraucher *R*.

Da beide Meßinstrumente einen endlichen Innenwiderstand besitzen ($R_A$ bzw. $R_V$), ist die Anzeige $I_A$ des Amperemeters zusätzlich mit einem Spannungsabfall $U_A = I_A \cdot R_A$ verknüpft, und die Anzeige $U_V$ des Voltmeters zusätzlich mit einem Strom $I_V = U_V/R_V$ durch das Voltmeter verknüpft. *Bei beiden Schaltungsarten wird also prinzipiell eine der beiden Meßgrößen falsch ermittelt:*

Die **Schaltung 1** gestattet die Spannung an $R$ richtig zu messen; d.h. $U = U_V$. Das Amperemeter A dagegen mißt den Strom $I_A = I + I_V$. Der durch das Schaltelement $R$ fließende Strom ist

$$I = I_A - I_V = I_A - \frac{U}{R_V}. \tag{4.15}$$

Die relative systematische Meßabweichung dieser Schaltung ist durch das Verhältnis des Widerstandes des Schaltelementes $R$ zum Innenwiderstand der Voltmeters $R_V$ bestimmt:

$$\frac{\Delta I}{I} = \frac{I_A - I}{I} = \frac{U/R_V}{U/R} = \frac{R}{R_V}. \tag{4.16}$$

Die **Schaltung 2** erlaubt den durch $R$ fließenden Strom $I$ richtig zu messen; d.h. $I = I_A$. Das Voltmeter V dagegen mißt den Spannungsabfall über dem zu untersuchenden Schaltelement $R$ und dem Amperemeter: $U_V = U + U_A$.
Die am Schaltelement anliegende Spannung ist somit

$$U = U_V - U_A = U_V - R_A \cdot I. \tag{4.17}$$

Die relative systematische Meßabweichung der Schaltung 2 ist durch das Verhältnis des Innenwiderstandes des Amperemeters $R_A$ zum Widerstand des Schaltelementes $R$ bestimmt:

$$\frac{\Delta U}{U} = \frac{U_V - U}{U} = \frac{I \cdot R_A}{I \cdot R} = \frac{R_A}{R}. \tag{4.18}$$

Man erhält damit als relative systematische Meßabweichung $\frac{\Delta R}{R}$ des gesuchten Widerstandes $R$ für die Schaltung 1:

$$\frac{\Delta R}{R} = \frac{\Delta I}{I} = \frac{R}{R_V} \tag{4.19}$$

und für die Schaltung 2

$$\frac{\Delta R}{R} = \frac{\Delta U}{U} = \frac{R_A}{R}. \tag{4.20}$$

**Versuchsdurchführung und Auswertung:**

1. Zur Messung der Strom-Spannungs-Charakteristik wird die Schaltung nach Abb. 27 aufgebaut; als variable Spannungsquelle wird eine Potentiometerschaltung verwendet.

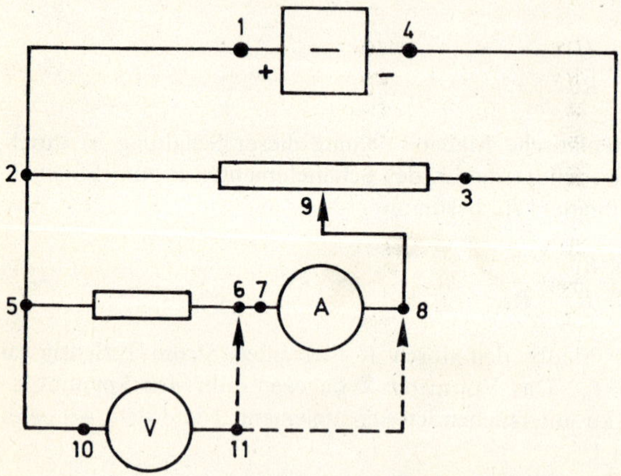


Abb. 27. Versuchsaufbau zur Aufnahme einer Strom-Spannungs-Charakteristik.

**Anmerkungen zum Versuchsaufbau:** Der Anfänger neigt häufig dazu, eine Schaltung derart aufzubauen, daß er alle in einen Knoten einmündende Kabel auf einmal zusammensteckt. Die Übersichtlichkeit des Versuchsaufbaus leidet darunter sehr. Man gewöhne sich an, Schaltkreise vom Hauptstromkreis ausgehend in Form geschlossener Leiterschleifen (Maschen) aufzubauen; z.B. bei der Schaltung Abb. 27:

a) den Potentiometerkreis 1, 2, 3, 4, (1);
b) den Meßkreis 2, 5, 6, 7, 8, 9, (2);
c) die Spannungsmessung 5, 10, 11 und 6 bzw. 8.

Unter keinen Umständen darf eine Spannungsquelle eingeschaltet bzw. angeschlossen werden, bevor die Schaltung vollständig aufgebaut und überprüft worden ist. Fehlende oder falsche Verbindungen können u. U. an unzulässigen Stellen zu überhöhten Spannungen oder Strömen führen.

2. Der Strom wird als Funktion der Spannung gemessen,

a) bei Schaltung des Voltmeters nur über den Widerstand (Anschluß an Punkt 6),

b) bei Schaltung des Voltmeters über Widerstand und Amperemeter (Anschluß an Punkt 8).

3. Die systematischen Meßabweichungen beider Meßreihen werden nach den Formeln (4.15) bzw. (4.17) korrigiert.

4. Sowohl korrigierte als auch unkorrigierte Meßwerte werden in ein $U/I$-Diagramm eingetragen und jeweils durch die Punkte einer Meßreihe eine ausgleichende Gerade gelegt.

5. Aus den Steigungen der verschiedenen Geraden werden korrigierte und unkorrigierte Werte des ohmschen Widerstandes bestimmt. Man vergleiche die so ermittelten relativen Abweichungen der Widerstandswerte mit den Formeln (4.19) bzw. (4.20).

### 4.3.3. Versuch: Kennlinien elektrischer Schaltelemente

**Aufgabe:** Die Eigenschaften elektrischer Schaltelemente sollen anhand ihrer Kennlinien untersucht und für verschiedene Arbeitspunkte Gesamtwiderstand und differentieller Widerstand bestimmt werden.

**Grundlagen:** Bei einer gekrümmten Kennlinie bestimmen zwei der Größen Strom $I$, Spannung $U$ und Gesamtwiderstand $R_{\text{ges}}$ den „stationären Arbeitspunkt" P. Kleine Spannungsschwankungen $\Delta U$ (z. B. überlagerte Wechselspannungen) bewirken kleine Stromschwankungen $\Delta I$, der Zusammenhang zwischen diesen veränderlichen Größen $\Delta U$ und $\Delta I$ ist gegeben durch den differentiellen Widerstand $R_{\text{diff}}$ im Punkt P:

$$R_{\text{ges}} = \left(\frac{U}{I}\right)_{\text{P}}, \tag{4.21}$$

$$R_{\text{diff}} = \left(\frac{\Delta U}{\Delta I}\right)_{\text{P}}. \tag{4.22}$$

Im $U$-$I$-Diagramm ist der differentielle Widerstand bestimmt durch den Kehrwert der Steigung der Kennlinie im Punkte P (Steigung der Tangente P′ – P: Abb. 28).

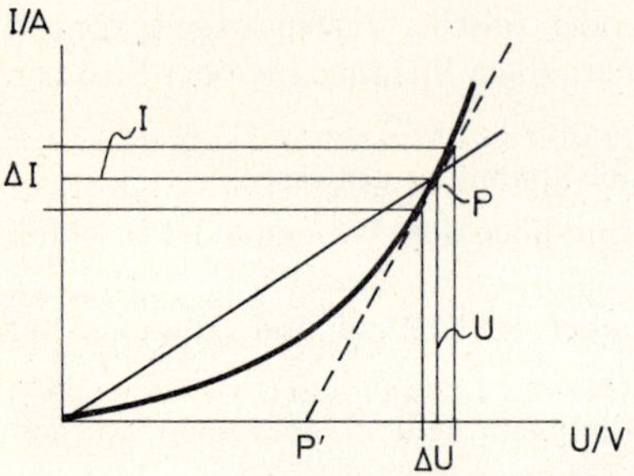


Abb. 28. Zur Definition des „statischen" und „differentiellen" Widerstandes.

Der Begriff des differentiellen Widerstandes hat besondere Bedeutung für das Verständnis und den Aufbau von elektronischen Verstärkerschaltungen (Kennlinien von Elektronenröhren und Transistoren).

**Versuchsdurchführung:**

1. Der Versuchsaufbau erfolgt gemäß Versuch 4.3.2. (Schaltung nach Abb. 27).

2. Durch eine überschlägige Messung wird die Größe des statischen Widerstandes bestimmt und die Schaltung gewählt, die den kleineren systematischen Meßfehler aufweist. Der Strom durch das Schaltelement wird in Abhängigkeit von der Spannung gemessen.

3. Die Meßwerte werden hinsichtlich des systematischen Meßfehlers korrigiert und in einem $U$-$I$-Diagramm aufgetragen.

4. Man bestimmt statischen Widerstand $R_{ges}$ und differentiellen Widerstand $R_{diff}$ für verschiedene Arbeitspunkte und trägt sie als Funktion der Spannung bzw. des Stromes graphisch auf.

5. Man diskutiere den Verlauf der Kennlinie anhand einfacher Effekte bzw. Modellvorstellungen.

## 4.3.4. Versuch: Kenngrößen einer Spannungsquelle, Spannungsmessung mit stromführenden Voltmetern, Poggendorffsche Kompensation

**Aufgabe:**

a) Bei Spannungsmessung unter Belastung der Stromquelle soll der Einfluß der Stromentnahme auf die Klemmenspannung einer Spannungsquelle untersucht werden.

b) Die Urspannung einer Spannungsquelle ist mit Hilfe eines Kompensationsverfahren zu bestimmen.

c) Mit der Poggendorffschen Kompensationsschaltung als Spannungsmesser sollen innerer Widerstand und Kurzschlußstromstärke einer Batterie bestimmt werden.

**Grundlagen:** Die Klemmenspannung $U_K$ einer Spannungsquelle ist abhängig von dem der Quelle entnommenen Strom $I$. Diese Abhängigkeit läßt sich für viele Spannungsquellen durch ein Ersatzschaltbild gemäß Abb. 20a) und Formel (4.5) beschreiben:

$$U_K = U_0 - R_i I .$$

Wesentliche Kenngrößen einer Spannungsquelle sind danach Urspannung $U_0$ und innerer Widerstand $R_i$.

Die Urspannung $U_0$ läßt sich durch den Anschluß eines stromführenden Spannungsmessers gemäß Abb. 29 nicht direkt ermitteln. Infolge des endlichen Innenwiderstandes $R_V$ des Voltmeters bildet die Schaltung eine geschlossene Leiterschleife, in der der Strom

$$I = \frac{U_0}{R_i + R_V}$$

fließt (II. K.R.). Die gemessene Spannung ist

$$U_V = U_K = I \cdot R_V , \qquad U_K = U_0 \frac{R_V}{R_i + R_V} . \tag{4.23}$$

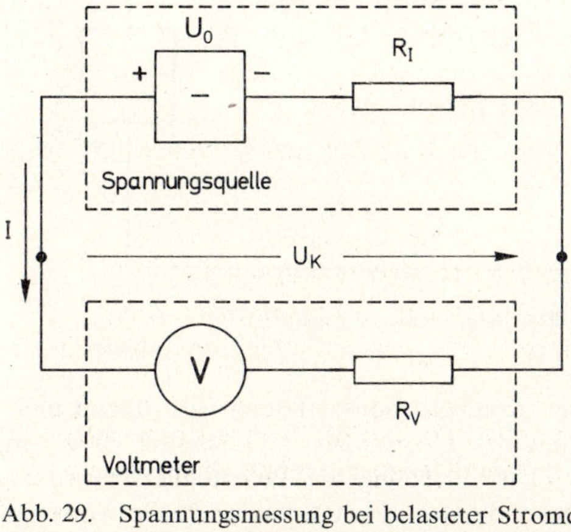


Abb. 29. Spannungsmessung bei belasteter Stromquelle.

Die Urspannung $U_0$ kann mit einem stromführenden Spannungsmesser nur bestimmt werden, wenn $R_V$ *und* $R_i$ bekannt sind:

$$U_0 = \left(1 + \frac{R_i}{R_V}\right) U_V . \tag{4.24}$$

Bei unbekannten $R_i$ ist die Messung nach Abb. 29 *näherungsweise* richtig, wenn $R_V \gg R_i$ (hochohmige Messung).

In der praktischen Anwendung kann der infolge des Stromes durch den Spannungsmesser bedingte Spannungsabfall abgeschätzt werden, indem man zur Spannungsmessung Voltmeter mit verschiedenen Innenwiderständen benutzt, oder indem man die Stromstärke durch Parallelschaltung eines zusätzlichen Widerstandes $R_a$ zum Spannungsmesser variiert.

Ist der Innenwiderstand der Spannungsquelle sehr hoch (z. B. bei biologischen Potentialen) oder darf der Spannungsquelle aus grundsätzlichen Erwägungen kein Strom entnommen werden, dann ermöglicht das **Kompensationsverfahren** nach Abb. 30 eine **stromlose Messung.**

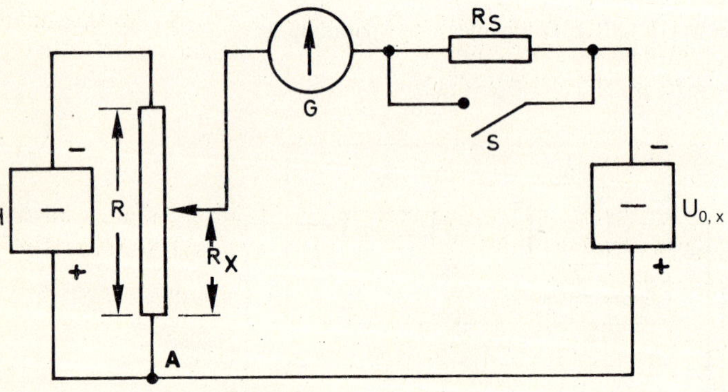


Abb. 30. Poggendorffsche Kompensationsschaltung.

Bei dem Poggendorffschen Kompensationsverfahren wird die zu messende Spannungsquelle mit der Urspannung $U_{0,x}$ parallel zu einem Potentiometer geschaltet. Die Spannung am Potentiometer wird so variiert, daß sie die Spannung der zu messenden Quelle kompensiert. Diese Spannungsgleichheit wird von einem sehr empfindlichen Mikroamperemeter G als Nullinstrument durch die Anzeige „Null“ nachgewiesen. Der Vorwiderstand $R_S$ schützt sowohl das Nullinstrument als auch die Spannungsquellen, die (wie z.B. das Normalelement) nicht belastet werden dürfen. In der Nähe des Nullabgleiches kann $R_S$ durch den Taster S überbrückt und damit die Empfindlichkeit der Meßanordnung erhöht werden.

Im stromlosen Fall ist die Spannung am Potentiometerabgriff gleich der Urspannung $U_{0,x}$, d.h. es gilt:

$$U_{0,x} = U_H \cdot \frac{R_x}{R} \,. \tag{4.25}$$

Die am Potentiometer liegende Hilfsspannung $U_H$ ist im allgemeinen nicht bekannt. Die Schaltung wird geeicht, indem man eine zweite Messung mit einem Normalelement durchführt, dessen Urspannung $U_{0,N}$ genau festliegt. Man erhält analog

$$U_{0,N} = U_H \cdot \frac{R_N}{R} \,. \tag{4.25 a}$$

Kann vorausgesetzt werden, daß die Spannung $U_H$ der Hilfsspannungsquelle bei beiden Messungen den gleichen Wert hat, so liefert die Verknüpfung der Gleichungen (4.25) und (4.25 a)

$$U_{0,x} = U_{0,N} \cdot \frac{R_x}{R_N} \,. \tag{4.26}$$

Wird als Potentiometerwiderstand ein Drahtwiderstand mit konstantem Querschnitt $A$ und der Resistivität (dem spezifischen Widerstand) $\varrho$ verwendet, so gilt

$$R_x = \frac{l_x \cdot \varrho}{A} \quad \text{bzw.} \quad R_N = \frac{l_N \cdot \varrho}{A} \,.$$

Setzt man diese Werte in Gleichung (4.26) ein, so erhält man

$$U_{0,x} = U_{0,N} \cdot \frac{l_x}{l_N} \,. \tag{4.28}$$

Da $U_{0,N}$ bekannt ist, läßt sich die Messung der unbekannten Urspannung $U_{0,x}$ auf die Messung von zwei Längen $l_x$ und $l_N$ zurückführen.

**Versuchsdurchführung:**

**a) Stromführende Spannungsmessung:**

1. Mit mehreren Voltmetern, die die gleiche Empfindlichkeit, aber verschiedene Innenwiderstände haben, wird die Klemmenspannung einer Spannungsquelle gemäß Abb. 29 gemessen.

2. Aus der Anzeige des Voltmeters und dem Innenwiderstand des Voltmeters wird der der Spannungsquelle entnommene Strom berechnet.

3. Die Klemmenspannung $U_K$ wird als Funktion des Stromes $I$ aufgetragen. Die Auftragung liefert gemäß Gleichung (4.5) eine fallende Gerade.

4. Aus dem Steigungsmaß der Geraden wird der Innenwiderstand $R_i$ der Spannungsquelle bestimmt. Die Extrapolation der Geraden bis zum Strom $I=0$ liefert die Urspannung $U_0$.

**b) Poggendorffsche Kompensation:**

1. Die Schaltung der Abb. 30 wird *ohne* Spannungsquelle $U_{0,x}$ aufgebaut. Als Potentiometerwiderstand R wird ein gestreckter Draht verwendet, der auf einem Maßstab aufgespannt ist, so daß die mit dem Schleifer abgegriffenen Teillängen direkt abgelesen werden können. Als Nullinstrument G für den Strom dient ein empfindliches Amperemeter mit dem Nullpunkt in der Mitte.

2. Vor Anschluß der Spannungsquelle $U_{0,x}$ wird der Schleifer vom Potentiometerdraht heruntergenommen, damit die Spannungsquelle nicht unnötig belastet wird. Man achte auf die richtige Polung der zu messenden Spannungsquelle; am Punkt A müssen $U_H$ und $U_{0,x}$ die gleiche Polarität aufweisen!

3. Man setzt den Schleifer auf den Potentiometerdraht auf und verschiebt ihn bei offenem Schalter S, bis das Nullinstrument keinen Strom anzeigt (Grobabgleich). Der Taster S wird gedrückt und bei der erhöhten Empfindlichkeit der Meßanordnung der endgültige Feinabgleich durchgeführt. Die Länge $l_x$ wird abgelesen.

4. Indem man die Spannungsquelle $U_{0,x}$ mit dem Normalelement $U_{0,N}$ vertauscht und die Anweisungen 2 und 3 entsprechend wiederholt, ergibt sich die Länge $l_N$.

5. Aus der Urspannung des Normalelementes $U_{0,N}$ und den Strecken $l_x$ bzw. $l_N$ wird die Urspannung der unbekannten Spannungsquelle berechnet.

**c) Bestimmung des Inneren Widerstandes und der Kurzschlußstromstärke einer Batterie:**

1. Man kalibriere die Kompensationsschaltung und bestimme die Urspannung der Batterie gemäß Teil b) des Versuches.

2. Danach schalte man gemäß Abb. 31 an die Klemmen der Batterie zusätzlich als Verbraucher einen veränderlichen Widerstand $R_A$ und einen Strommesser.

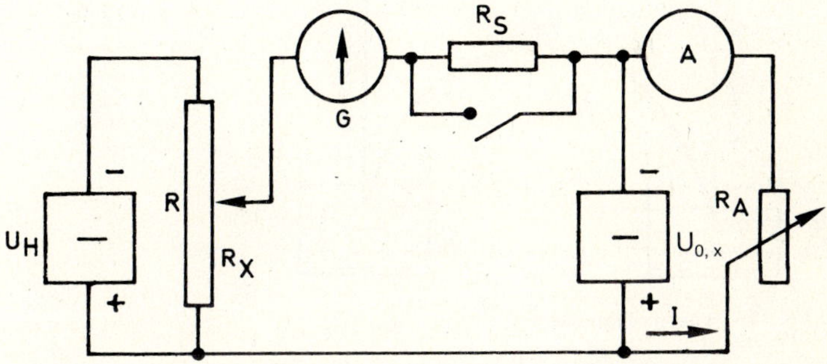


Abb. 31. Schaltung zu Versuch 4.3.4., Teil c).

3. Durch Variation des Widerstandes $R_A$ wird die Batterie mit verschieden Stromstärken $I$ belastet.

4. Mit dem Kompensationsverfahren wird die Klemmenspannung $U_K$ in Abhängigkeit von der Stromstärke $I$ gemessen.

5. In einem Diagramm wird die Klemmenspannung $U_K$ als Funktion der Stromstärke $I$ aufgetragen.

6. Die Auftragung $U_K = f(I)$ liefert eine fallende Gerade. Der Innenwiderstand wird aus dem Absolutbetrag des Steigungsmaßes gewonnen. Durch Extrapolation der Geraden bis zum Wert $U_K = 0$, d. h. Kurzschluß der Klemmen, läßt sich dem Diagramm die maximale möglich Stromstärke $I_{max}$ (Kurzschlußstromstärke) entnehmen.

### 4.3.5. Versuch: Poggendorffsche Kompensation, Kalibrierung eines Thermoelementes

**Aufgabe:** Die Thermokraft eines Thermoelementes ist mit der Poggendorffschen Kompensationsmethode zu bestimmen.

**Grundlagen**: Ein Thermoelement (Abb. 32) ist eine Kombination zweier verschiedener Metalle oder Metallegierungen, z. B. Konstantan-Fe-Konstantan. Befinden sich die Kontaktstellen auf unterschiedlicher Temperatur, so entsteht eine der Temperaturdifferenz proportionale Thermospannung $U_{0,\,\mathrm{th}}$.

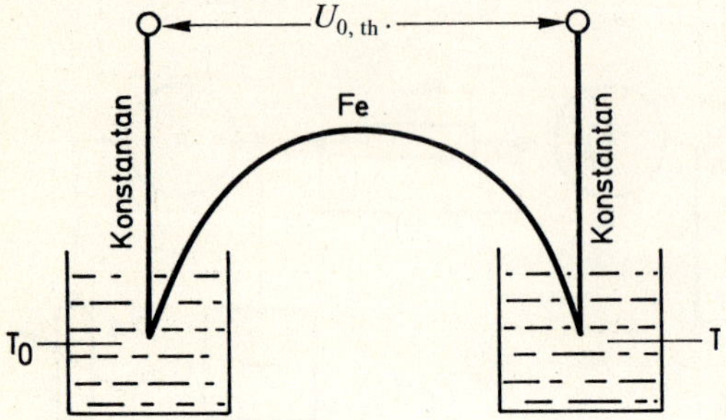


Abb. 32. Thermoelement.

Als Thermokraft bezeichnet man das Verhältnis

$$\eta = \frac{U_{0,\,\mathrm{th}}}{\Delta T} \,. \tag{4.29}$$

Zur Messung der i. a. kleinen Spannungen $U_{0,\,\mathrm{th}}$ wird die Empfindlichkeit der Kompensationsschaltung Abb. 30 erhöht, indem zu dem bekannten Potentiometerwiderstand $R$ ein ebenfalls sehr genau bekannter Vorwiderstand $R_0$ (Stöpselrheostat) in Serie geschaltet wird (Abb. 33).

Beim Abgleich auf Stromstärke Null ist dann

$$U_{0,\,\mathrm{th}} = \frac{R_{\mathrm{th}}}{R+R_0} \cdot U_{\mathrm{H}} = \frac{l_{0,\,\mathrm{th}} \cdot \varrho / A}{R+R_0} \, U_{\mathrm{H}} \,.$$

Die Hilfsspannung $U_{\mathrm{H}}$ läßt sich in der ursprünglichen Poggendorffschen Konpensationsschaltung (mit $R_0 = 0$) mit einem Normalelement bestimmen:

$$U_{\mathrm{H}} = \frac{R}{R_{\mathrm{N}}} \cdot U_{0,\,\mathrm{N}} = R \cdot \frac{A}{l_{\mathrm{N}} \cdot \varrho} \cdot U_{0,\,\mathrm{N}} \,.$$

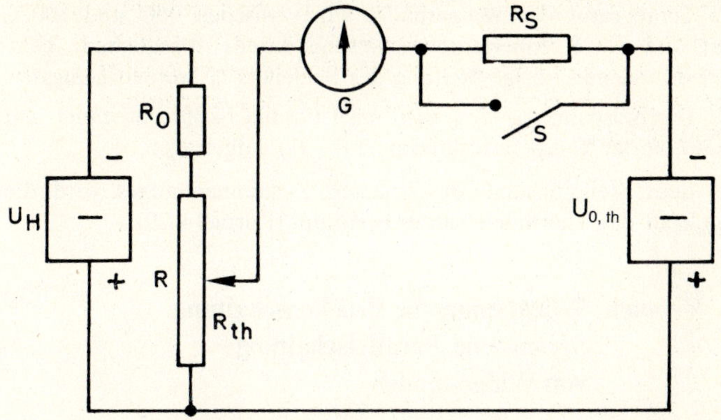


Abb. 33. Poggendorffsche Kompensationsschaltung zur Bestimmung kleiner Spannungsänderungen.

Ist $U_H$ eine Konstantspannungsquelle, d.h. unabhängig von den äußeren Widerständen $R$ bzw. $R+R_0$ (wichtige Voraussetzung!), so ergibt sich

$$U_{0,\,th} = \frac{R}{R+R_0} \cdot \frac{l_{th}}{l_N} \cdot U_{0,\,N} \,. \qquad (4.30)$$

**Versuchsdurchführung:**

1. Die Poggendorffsche Kompensationsschaltung wird gemäß Abb. 33 aufgebaut.

2. Am Stöpselrheostat wird der Widerstand $R_0$ auf Null gesetzt. Die Potentiometerschaltung wird für ein Normalelement abgeglichen und die Strecke $l_N$ bestimmt.

3. Das Normalelement wird durch das Thermoelement ersetzt. Die eine Lötstelle des Thermoelementes wird in ein Eisbad (Temperatur $T_0$) und die andere Lötstelle in ein Wasserbad der Siedetemperatur $T_s$ gebracht. Der Widerstand $R_0$ des Stöpselrheostaten wird so gewählt, daß die Länge des Potentiometerdrahtes für den Kompensationsabgleich weitgehend ausgenutzt wird.

4. Die Temperatur des Wasserbades wird zwischen 0 °C und 100 °C variiert und die Kompensationsschaltung jeweils abgeglichen; Temperatur $T$ und zugehörige Stellung des Schleifers $l_{th}$ werden gemessen.

5. Die Thermospannung $U_{0,\,th}$ wird nach Formel (4.30) berechnet und als Funktion der Temperaturdifferenz $(T - T_0)$ aufgetragen.

6. Aus dem Steigungsmaß des linearen Zusammenhanges wird die Thermokraft des Thermoelementes bestimmt (Formel 4.29).

## 4.3.6. Versuch: Wheatstonesche Brückenschaltung, Serien- und Parallelschaltung von Widerständen

**Aufgabe:** Anwendung der Brückenschaltung auf die Serien- und Parallelschaltung von Widerständen, Überprüfung der Formeln für den Gesamtwiderstand der beiden Schaltungen.

**Grundlagen:** Den Aufbau der Wheatstoneschen Brückenschaltung zeigt Abb. 34.

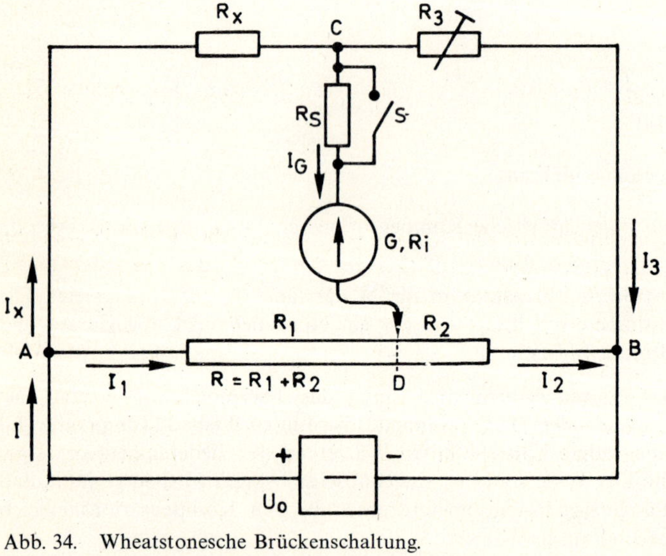


Abb. 34. Wheatstonesche Brückenschaltung.

Die vier Widerstände $R_1, R_2, R_3$ und $R_x$ bilden eine geschlossene Leiterschleife, die an den Punkten A und B von einer Spannungsquelle $U_0$ gespeist wird. Die Punkte C und D sind durch eine „Brücke“ verbunden, in der ein empfindliches Galvanometer G mit dem Innenwiderstand $R_i$ und der Schutzwiderstand $R_s$ liegen. Im allgemeinen besteht zwischen den Punkten C und D eine Potentialdifferenz, so daß über die Brücke ein Strom $I_G$ fließt. Die Kirchhoffschen Gesetze ergeben:

$$\begin{aligned}
&\text{Masche ACDA:} && I_x R_x + I_G(R_s + R_i) - I_1 R_1 = 0\,,\\
&\text{Masche BCDB:} && -I_3 R_3 + I_G(R_s + R_i) + I_2 R_2 = 0\,,\\
&\text{Knoten C:} && I_x - I_3 - I_G = 0\,,\\
&\text{Knoten D:} && I_1 + I_G - I_2 = 0\,.
\end{aligned} \tag{4.31}$$

Durch Verschieben des Schleiferkontaktes D auf dem Widerstand $R = R_1 + R_2$ läßt sich erreichen, daß die Punkte C und D auf gleichem Potential liegen, daß also über die Brücke kein Strom fließt:

$$I_G = 0\,. \tag{4.32}$$

In diesem Fall folgt aus den Formeln (4.31)

$$I_x \cdot R_x = I_1 \cdot R_1\,,$$

$$I_3 \cdot R_3 = I_2 \cdot R_2\,.$$

Da ferner $I_x = I_3$ und $I_1 = I_2$, liefert die Division dieser beiden Gleichungen

$$\frac{R_x}{R_3} = \frac{R_1}{R_2}\,. \tag{4.33}$$

Berücksichtigen wir, daß $R_2 = R - R_1$, dann läßt sich $R_x$ durch die zwei Festwiderstände $R$ und $R_3$ und die Größe des Teilwiderstandes (Abgriffes) $R_1$ bestimmen:

$$R_x = R_3 \cdot \frac{R_1}{(R - R_1)}\,. \tag{4.34}$$

Wird als Abgleichwiderstand ein gestreckter Draht der Länge $l_0$ mit dem konstanten Querschnitt $A$ und der Resistivität $\varrho$ verwendet, so gilt

$$R = \frac{l_0 \cdot \varrho}{A} \quad \text{und} \quad R_1 = \frac{l_1 \cdot \varrho}{A}\,.$$

Diese Größen in (4.34) eingesetzt liefern

$$R_x = \frac{l_1}{(l_0 - l_1)} \cdot R_3 . \tag{4.35}$$

Bei der Messung ist eine Meßabweichung $\Delta l_1$ bei der Einstellung und Ablesung zu berücksichtigen. Die Meßunsicherheit $\Delta R_x$ im Ergebnis läßt sich durch Anwendung der Differentialrechnung bestimmen:

$$\frac{\Delta R_x}{\Delta l_1} \approx \frac{\mathrm{d} R_x}{\mathrm{d} l_1} = R_3 \cdot \frac{l_0}{(l_0 - l_1)^2} .$$

Die relative Meßunsicherheit $\frac{\Delta R_x}{R_x}$ ist dann

$$\frac{\Delta R_x}{R_x} = \frac{l_0 \cdot \Delta l_1}{(l_0 - l_1) \cdot l_1} . \tag{4.36}$$

Die relative Meßunsicherheit $\Delta R_x / R_x$ wird besonders groß, wenn sich der Abgriff an den Enden der Gesamtlänge $l_0$ befindet ($l_1 \approx l_0$ bzw. $l_1 \approx 0$); er erreicht ein Minimum für $l_1 = l_0/2$. Ein Vergleich mit Formel (4.35) zeigt, daß diese Bedingung dann erfüllt ist, wenn $R_3 = R_x$.

**Versuchsdurchführung:**

1. Die Schaltung wird gemäß Abb. 34 aufgebaut.

2. Der Schleifer D wird auf die Mitte des Schleifdrahtes gesetzt und mit dem in Stufen veränderlichen Widerstand $R_3$ (Dekadenwiderstand, Stöpselrheostat) ein Grobabgleich durchgeführt.

3. Danach erfolgt der Feinabgleich durch Verschieben des Schleifers, wobei in der Nähe des eigentlichen Abgleiches durch Überbrücken des Schutzwiderstandes $R_S$ (Betätigung der Taste S) die volle Empfindlichkeit des Nullinstrumentes G ausgenutzt wird.

4. Der Abgleich wird mehrfach wiederholt und der jeweilige Meßwert $l_1$ notiert. Aus dem Mittelwert der Messungen von $l_1$, aus der Gesamtlänge $l_0$ und dem Wert des Stufenwiderstandes $R_3$ wird der unbekannte Widerstand berechnet.

5. Die Messung wird durchgeführt für zwei unbekannte Widerstände $R_a$ und $R_b$, sowie für die Serienschaltung und die Parallelschaltung von $R_a$ und $R_b$.

6. Die beiden letzten Meßergebnisse vergleiche man mit den aus Einzelwiderständen berechneten Werten nach den Formeln (4.9) und (4.10).

## 4.3.7. Versuch: Wheatstonesche Brückenschaltung, Widerstandsthermometer

**Aufgabe:** Bestätigung des linearen Zusammenhanges zwischen Widerstand eines Metalldrahtes und der Temperatur. Kalibrierung eines Widerstandsthermometers.

**Grundlagen:** Die Resistivität von Metallen nimmt mit wachsender Temperatur zu, mit guter Näherung gilt für viele Metalle

$$R(\vartheta) = R_0(1 + \alpha\vartheta), \qquad (4.37)$$

mit $R_0$ Widerstand bei 0 Grad Celsius und $\vartheta$ Temperatur in Grad Celsius; $\alpha$ ist eine stoffspezifische Konstante.

Die Temperaturabhängigkeit des Widerstandes von Metalldrähten findet Verwendung bei den Widerstandsthermometern, ihr Vorteil liegt in der geringen Wärmekapazität der gegebenenfalls sehr dünnen Drähte.

**Versuchsdurchführung:**

1. Der im Temperaturbad befindliche, aufgewickelte Widerstandsdraht (Pt) wird in den Zweig einer Wheatstoneschen Brückenschaltung geschaltet.

2. Entsprechend der Versuchsdurchführung von Versuch 4.3.6. wird der Widerstand $R(\vartheta)$ bestimmt und die zugehörige Temperatur $\vartheta$ des Bades gemessen. Man beachte, daß der durch den Widerstandsdraht fließende Strom so klein gehalten wird, daß er nicht zu einer Eigenerwärmung führt; die Spannungsquelle für die Brückenschaltung ist entsprechend zu wählen.

3. $R(\vartheta)$ wird als Funktion der Temperatur aufgetragen und liefert einen linearen Zusammenhang.

4. Aus dem Steigungsmaß der ausgleichenden Geraden wird der Temperaturkoeffizient des Widerstandes des Metalles ermittelt.

## 4.3.8. Anwendungsbeispiele zu den Versuchen und Anregungen zum Selbststudium

Strom- und Spannungsmessungen bilden die wichtigste Grundlage für den Nachweis und die Deutung elektrischer Phänomene und deren wissenschaftliche und technische Anwendung. Elektrische Meßverfahren bieten so viele Vorteile (u. a. Meßgenauigkeit, Fernmessung, Registrierung), daß in zunehmendem Maße praktisch alle nichtelektrischen physikalischen Größen über geeignete physikalische Effekte (Meßwandler) elektrisch gemessen werden. Beispiele zu speziellen Problemen sind:

**Mechanismen in Spannungsquellen:** *Induktion* einer Spannung durch Relativbewegung eines Leiters in einem Magnetfeld (Generator); *elektrochemische Prozesse* (chemische Stoffumwandlungen durch elektrischen Strom, z.B. beim Laden und Entladen eines Akkumulators); *Konzentrationspotentiale* durch Gegeneinanderschalten gleichartiger Elektroden in Lösungen unterschiedlicher Konzentration (technische und labormäßige Anwendung bei der Bestimmung des pH-Wertes, der Cl-Ionen-Konzentration); *bioelektrische Spannungen*: Deutung des Ruhepotentials als Membranspannung, Beeinflussung der Membranpermeabilität durch elektrische Erregung (Aktionspotential).

**Phänomene der Stromleitung:** *Metallische Leitung:* Freie Beweglichkeit von Elektronen im Leitungsband des Kristallgitters; *Halbleiter:* Valenzband des Kristallgitters aufgefüllt; durch Einbau von Fremdatomen (Donatoren, Akzeptoren) begrenzte Freisetzung von freien Elektronen im Leitungsband bzw. von Fehlstellen (Defektelektronen) im Valenzband; *Elektrolyte:* Ionenleitung (Anwendungsgebiete: Elektrolyse, Elektrophorese); *Gasentladung:* Leitung durch Ionen und freie Elektronen; *Elektronenröhren, Röntgenröhren:* Leitung durch freie Elektronen (Kathodenstrahlen), Erzeugung der Elektronen durch Glühemission oder Feldemission.

**Strom-Spannungs-Kennlinien:** Grundlage für den Einsatz von Bauelementen in der Elektronik: *Heißleiter* zur Strombegrenzung beim Einschalten elektronischer Geräte; *Dioden* zur Gleichrichtung von Wechselströmen; *Glimmentladungsröhren, Zenerdioden* zur Spannungsstabilisierung; Beeinflussung der Kennlinien durch zusätzliche Elektroden, bei *Elektronenröhren* und *Transistoren:* Anwendung in elektronischen Verstärkern, bei *Thyratrons, Thyristoren* als elektronische Schalter.

**Widerstand als Meßwandler:** Messung nichtelektrischer Größen über die Veränderung des Widerstandswertes: Temperatur über *Widerstandsthermometer*; Dehnung, Kraft, Druck über die elastische Verformung eines Widerstandes: *Dehnungsmeßstreifen*; Lichtintensität über die Leitfähigkeitsänderung eines *Photowiderstandes.*

# 5. Zeitabhängige elektrische Größen: Wechselstromgrößen

| Symbole | Größen | SI-Einheiten | |
|---|---|---|---|
| $u$, $u(t)$ | Spannung, zeitabhängig | V | Volt |
| $\hat{u}$ | Spannung, Scheitelwert | V | Volt |
| $U$, $u_{\mathrm{eff}}$ | Spannung, Effektivwert | V | Volt |
| $i$, $\hat{\imath}$, $I$, $i_{\mathrm{eff}}$ | Ströme (Schreibweise sinngemäß wie bei den Spannungen) | A | Ampere |
| $q$ | Ladung | C = A s | Coulomb |
| $R$ | Ohmscher Widerstand | $\Omega$ = V/A | Ohm |
| $Z$ | Wechselstromwiderstand, Scheinwiderstand, Impedanz | $\Omega$ = V/A | Ohm |
| $L$ | Selbstinduktion | H = V s/A | Henry |
| $C$ | Kapazität | F = A s/V | Farad |
| $t$ | Zeit | s | Sekunde |
| $\tau$ | Zeitkonstante | s | Sekunde |
| $T$ | Periodendauer | s | Sekunde |
| $\nu$ | Frequenz | 1/s | Hertz |
| $\omega$ | Kreisfrequenz, Winkelfrequenz | 1/s | |
| $\varphi$ | Phasenwinkel | rad | |
| $Q$ | Güte, Gütefaktor | – | |

## 5.1. Theoretische Grundlagen

### 5.1.1. Einführung

Ein Stromkreis mit zeitlich veränderlichen Strömen unterscheidet sich von einem von Gleichstrom durchflossenen Stromkreis dadurch, daß mit den veränderlichen Strömen der Auf- bzw. Abbau magnetischer oder elektrischer Felder und damit zusätzliche Spannungen verknüpft sind.

Schaltet man einen Kondensator mit der Kapazität $C$ in einen Gleichstromkreis, so wird der Stromkreis durch die isolierende Schicht (Dielektrikum) des Kondensators unterbrochen. Trotzdem fließt zunächst ein Strom, und auf den leitenden Belegungen des Kondensators wird die elektrische Ladung $q=\int i\mathrm{d}t$ gesammelt, bis die „*kapazitive*“ *Spannung*

$$U_C = \frac{q}{C}$$

den Wert der Generatorspannung erreicht.

Für zeitlich veränderliche Ströme ergibt sich eine zeitlich veränderliche Spannung:

$$u_C(t) = \frac{1}{C}\int i(t)\,\mathrm{d}t\,. \tag{5.1}$$

Enthält der Stromkreis eine Induktivität $L$, so induziert ein sich ändernder Strom an dieser eine „*induktive Urspannung*“

$$u_{0,L}(t) = -L\,\frac{di}{\mathrm{d}t}\,.$$

Um die Änderung eines Stromes $\frac{\mathrm{d}i}{\mathrm{d}t}$ zu bewirken, muß der Generator also die Spannung

$$u_L(t) = L\cdot\frac{\mathrm{d}i}{\mathrm{d}t} \tag{5.2}$$

zusätzlich aufbringen.

Zeitlich veränderliche Ströme und Spannungen treten in elektrischen Stromkreisen auf:

1. wenn die Spannungsquelle selbst eine zeitlich veränderliche, im allgemeinen periodische Spannung liefert (z.B. Netzspannung, EKG u.a.);

2. wenn Spannungsquellen oder Verbraucher ein- oder abgeschaltet werden (Schaltvorgänge).

Jeder periodische Vorgang läßt sich als eine Summe rein harmonischer Funktionen (sin- bzw. cos-Funktionen) darstellen, wobei alle auftretenden Frequenzen ganzzahlige Vielfache einer Grundfrequenz sind

(Fourier-Zerlegung). Das Verhalten eines elektrischen Schaltkreises bezüglich zeitlich veränderlicher Spannungen läßt sich somit auf zwei Grundprobleme zurückführen:

1. Verhalten beim Anlegen einer Spannung mit einer harmonischen Zeitabhängigkeit (Wechselstromgrößen);

2. Verhalten bei sprunghaften Spannungsänderungen (Spannungssprung).

In diesem Abschnitt befassen wir uns mit solchen Wechselströmen und -spannungen, deren Zeitabhängigkeit durch harmonische Funktionen mit *einer* Frequenz $\nu$ bzw. Winkelfrequenz (Kreisfrequenz) $\omega = 2\pi\nu$ beschrieben wird.

### 5.1.2. Wechselstromgrößen

Ein Strom mit einem harmonischen Verlauf

$$i(t) = \hat{\imath} \sin \omega t \tag{5.3}$$

erfordert an den verschiedenen Schaltelementen Spannungen mit unterschiedlichem zeitlichen Verlauf.

**Ohmscher Widerstand:** Bei einem rein ohmschen Widerstand sind Strom und Spannung zeitlich nicht gegeneinander verschoben, sie sind zu jedem Zeitpunkt *in Phase*; das Verhältnis von Spannung und Strom ist für jeden Zeitpunkt konstant

$$u_R = \hat{u}_R \sin \omega t = R\,\hat{\imath} \sin \omega t, \tag{5.4}$$

$$R = \frac{u_R(t)}{i(t)} = \frac{\hat{u}}{\hat{\imath}}\,. \tag{5.5}$$

Der ohmsche Widerstand ist unabhängig von der Frequenz.

**Induktivität:** Bei einer idealen Induktivität $L$ und sinusförmigem Strom $i = \hat{\imath} \sin \omega t$ folgt aus Gleichung (5.2)

$$u_L(t) = L \cdot \frac{\mathrm{d}}{\mathrm{d}t}(\hat{\imath} \sin \omega t) = \omega L \hat{\imath} \cos \omega t\,.$$

Strom und Spannung sind *nicht in Phase*. Das Verhältnis der Momentanwerte $u_L(t)/i(t)$ ist abhängig von der Zeit und nimmt alle Werte zwischen $+\infty$ und $-\infty$ an. Demgegenüber ist das Verhältnis der Scheitelwerte, der Scheinwiderstand $Z_L = \hat{u}_L/\hat{\imath}$, konstant.

$$u_L(t) = \hat{u}_L \sin\left(\omega t + \frac{\pi}{2}\right) = \omega L \hat{\imath} \sin\left(\omega t + \frac{\pi}{2}\right), \tag{5.6}$$

$$Z_L = \omega L. \tag{5.7}$$

Die Spannung an einer Induktivität eilt dem Strom um $\pi/2$ voraus. Der Scheinwiderstand $Z_L$ der Induktivität ist proportional der Kreisfrequenz $\omega$.

**Kapazität:** Bei einer idealen Kapazität $C$ und sinusförmigem Strom $i = \hat{\imath} \sin \omega t$ folgt aus Gleichung (5.1)

$$u_C(t) = \frac{1}{C} \int \hat{\imath} \sin \omega t \, \mathrm{d}t = -\frac{\hat{\imath}}{\omega C} \cos \omega t .$$

Strom und Spannung sind *nicht in Phase.* Das Verhältnis der Momentanwerte $u_C(t)/i(t)$ ist abhängig von der Zeit und nimmt alle Werte zwischen $+\infty$ und $-\infty$ an. Demgegenüber ist das Verhältnis der Scheitelwerte, der Scheinwiderstand $Z_C = \hat{u}_C/\hat{\imath}$, konstant,

$$u_C = \hat{u}_C \sin\left(\omega t - \frac{\pi}{2}\right) = \frac{\hat{\imath}}{\omega C} \sin\left(\omega t - \frac{\pi}{2}\right), \tag{5.8}$$

$$Z_C = \frac{1}{\omega C}. \tag{5.9}$$

Die Spannung an einer Kapazität eilt dem Strom um $\pi/2$ nach. Der Scheinwiderstand $Z_C$ der Kapazität ist umgekehrt proportional zur Kreisfrequenz $\omega$.

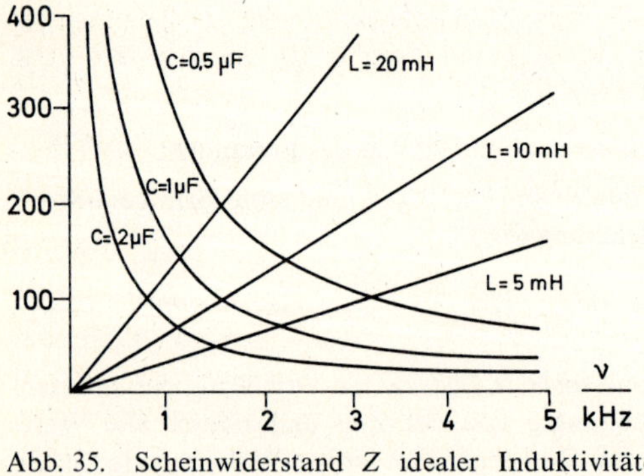


Abb. 35. Scheinwiderstand $Z$ idealer Induktivitäten und Kapazitäten als Funktion der Frequenz $\nu$.

### 5.1.3. Serienschaltung von $R$, $L$ und $C$

Die Kirchhoffschen Gesetze sind allgemein gültig und können deshalb auch auf Wechselstromkreise angewendet werden! In einem Stromkreis, der aus einer Serienschaltung der Elemente $R$, $L$ und $C$ besteht (Abb. 36), ist die Quellenspannung $u_0(t)$ gleich der Summe der Teilspannungen $u_R(t)$, $u_L(t)$ und $u_C(t)$ (II. Kirchhoffsches Gesetz):

$$u_0(t) = u_R(t) + u_L(t) + u_C(t)\,, \tag{5.10}$$

$$u_0(t) = R\hat{\imath}\sin\omega t + \omega L\hat{\imath}\sin\left(\omega t + \frac{\pi}{2}\right) + \frac{1}{\omega C}\hat{\imath}\sin\left(\omega t - \frac{\pi}{2}\right). \tag{5.11}$$

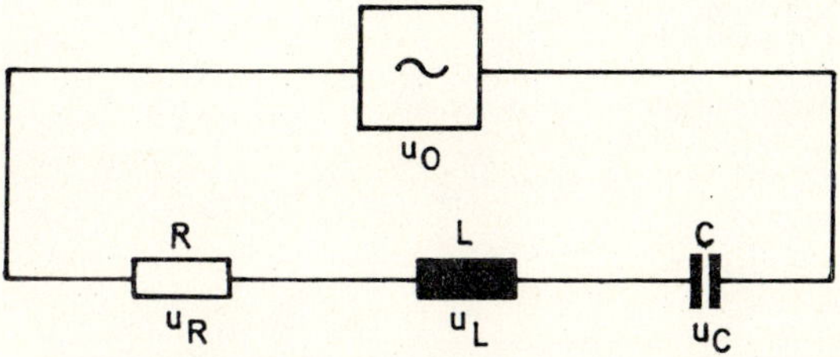


Abb. 36. Serienkreis mit $R$, $L$ und $C$.

Zur Darstellung der Zeitabhängigkeit von Wechselspannungen und Wechselströmen sind zwei Darstellungsarten gebräuchlich: Die Darstellung im Koordinatensystem und die Darstellung im Strahlendiagramm.

Die punktweise Addition der Momentanwerte der Teilspannungen $u_R(t)$, $u_L(t)$ und $u_C(t)$ zur Gesamtspannung $u_0(t)$ im Koordinatensystem mit den Achsen $u$ und $t$ zeigt Abb. 37.

Die Addition der Teilspannungen liefert einen Zusammenhang zwischen Gesamtspannung $u_0(t)$ und Strom $i(t)$ der Form

$$u_0(t) = Z\cdot\hat{\imath}\cdot\sin(\omega t + \varphi) = \hat{u}_0\cdot\sin(\omega t + \varphi)\,. \tag{5.12}$$

Das Beispiel zeigt, daß der Scheitelwert der Gesamtspannung $\hat{u}_0$ *nicht* durch algebraische Addition der Scheitelwerte der Einzelspannungen $\hat{u}_R, \hat{u}_L, \hat{u}_C$ gewonnen werden kann. Ferner weist die Gesamtspannung $u_0(t)$ im allgemeinen Fall eine Phasenverschiebung $\varphi$ gegenüber der ohmschen Spannung $u_R(t)$ bzw. dem Strom $i(t)$ auf. Grundsätzlich können $\hat{u}_0$ und $\varphi$ aus Gleichung (5.11) bestimmt werden, das kompli-

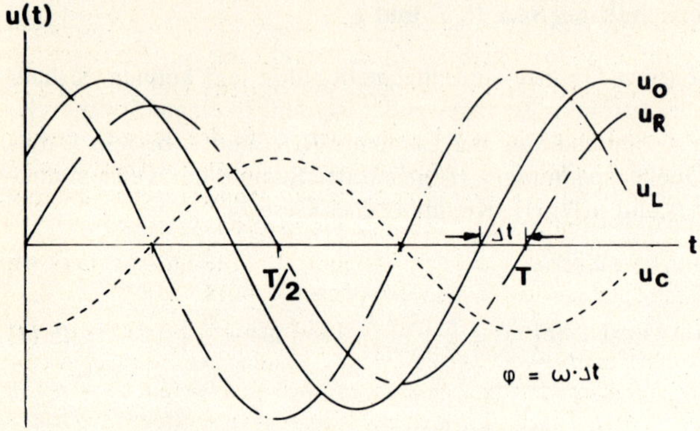


Abb. 37. Momentanspannungen in einem Serienkreis mit *R*, *L* und *C*.

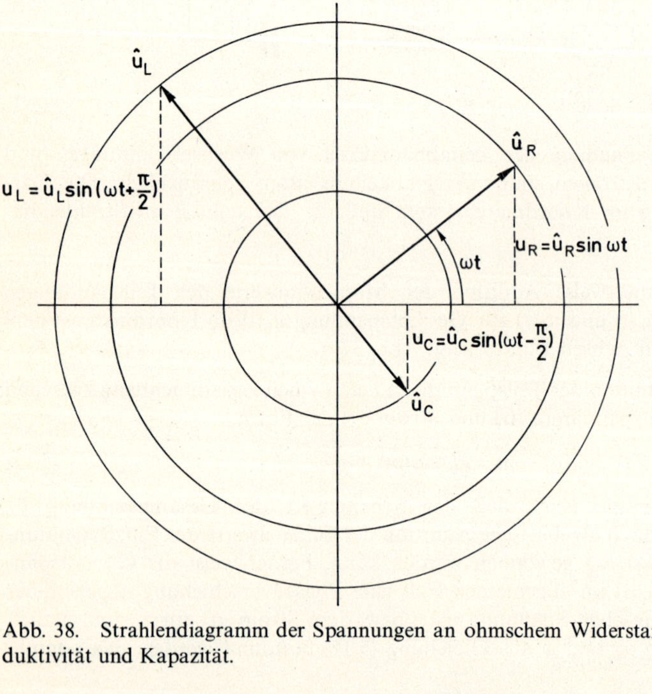


Abb. 38. Strahlendiagramm der Spannungen an ohmschem Widerstand, Induktivität und Kapazität.

zierte Verfahren der punktweisen Addition der Momentanspannungen zur Gesamtspannung kann jedoch durch Einführung des Strahlendiagramms bzw. des Zeigerdiagramms vereinfacht werden (Abb. 38 und 39).

Im **Strahlendiagramm** läßt man einen Zeiger der Länge des Scheitelwertes $\hat{u}$ mit der Winkelgeschwindigkeit $\omega$ umlaufen. Seine Projektion auf die $y$-Achse liefert den zu jedem beliebigen Zeitpunkt gehörigen Momentanwert $\hat{u} \sin \omega t$. (Man vergleiche die Definition der Sinusfunktion, Abschn. 10.2.)

Zeichnet man Abb. 37 – unter Berücksichtigung der Gleichungen (5.4) bis (5.9) – in ein Strahlendiagramm um, so erhält man Abb. 38.

Da die relative Lage der Spannungspfeile im Strahlendiagramm nicht von der Zeit abhängt, kann man, wenn das Strahlendiagramm nur zur Berechnung zeitunabhängiger Größen verwendet werden soll, die umlaufenden Zeiger durch ortsfeste Zeiger ersetzen. Das bedeutet einen Übergang vom Strahlendiagramm zum Zeigerdiagramm.

Den Scheitelwert der Gesamtspannung $\hat{u}$ erhält man durch *geometrische Addition* der den drei Scheitelwerten entsprechenden Zeiger. Hierzu

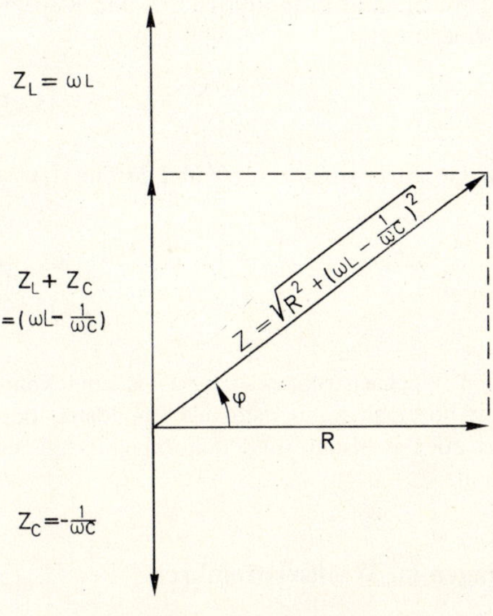


Abb. 39. Zeigerdiagramm der Wechselstromwiderstände. $R$, $\omega L$ und $1/\omega C$ in Serienschaltung.

bildet man $\hat{u}_L + \hat{u}_C$ und addiert zu dem resultierenden Zeiger $\hat{u}_R$ (vgl. Vektoraddition von Kräften). Da die drei Zeiger die Größe $\hat{\imath}$ als Faktor enthalten, d.h. alle Zeiger um den gleichen Betrag gestreckt sind, kann der Faktor $\hat{\imath}$ weggelassen werden. Man erhält das Zeigerdiagramm der Widerstände der Abb. 39.

**Zeigerdiagramm:** Die Eigenschaften von Wechselstromwiderständen lassen sich durch Zeiger charakterisieren. Wird in einem kartesischen Koordinatensystem der Zeiger für den ohmschen Widerstand $R$ in Richtung der positiven $x$-Achse aufgetragen, so weist der Zeiger für den induktiven Widerstand $Z_L = \omega \cdot L$ in Richtung der positiven $y$-Achse und der Zeiger für den kapazitiven Widerstand $Z_C = 1/\omega \cdot C$ in Richtung der negativen $y$-Achse. Wechselstromwiderstände lassen sich addieren, indem die Zeiger der einzelnen Widerstände geometrisch (nach den Regeln der Vektorrechnung) addiert werden. Die Länge des resultierenden Zeigers $Z$ ergibt dann den Gesamt-Scheinwiderstand; der Winkel zwischen resultierendem Zeiger und positiver $x$-Achse liefert die Phasenlage zwischen Gesamtspannung und Strom.

Für die Serienschaltung von Widerstand $R$, Induktivität $L$ und Kapazität $C$ ist der Gesamtscheinwiderstand

$$Z = \sqrt{R^2 + \left(\omega L - \frac{1}{\omega C}\right)^2}. \tag{5.13}$$

Die Phasenlage $\varphi$ zwischen Gesamtspannung $u_0(t)$ und Strom $i(t)$ ist bestimmt durch

$$\operatorname{tg}\varphi = \frac{\omega L - \dfrac{1}{\omega C}}{R}. \tag{5.14}$$

Rechnerisch kann man einen Wechselstromwiderstand als eine komplexe Größe auffassen, man bezeichnet ihn dann als Impedanz, den Realteil als Wirkwiderstand oder Resistanz und den Imaginärteil als Blindwiderstand oder Reaktanz.

## 5.1.4. Elektrische Leistungen im Wechselstromkreis

Die elektrischen Wechselstromgrößen Strom und Spannung sind durch Scheitelwert, Frequenz und relative Phasenlage bestimmt. Die zur

Messung von Wechselströmen bzw. Wechselspannungen benutzten Meßinstrumente sind in der Regel auf Effektivwerte geeicht. Diese beziehen sich auf die elektrische Leistung des Stromes an einem ohmschen Widerstand, dabei gilt die Definition:

$$P_W = I^2 \cdot R = i_{eff}^2 \cdot R = \overline{i(t) \cdot i(t)}\, R . \qquad (5.15)$$

Die **Effektivstromstärke** eines zeitlich veränderlichen Stromes ist gleich der Stromstärke des Gleichstromes, der die gleiche Leistung hat, wie sie im zeitlichen Mittel durch den veränderlichen Strom erbracht wird (quadratischer Mittelwert).

Für einen sinusförmigen Strom ergibt die entsprechende Mittelwertbildung über die Dauer einer Periode entsprechend Abb. 40a

$$i_{eff}^2 = \frac{1}{T} \cdot \int_0^T \hat{\imath}^2 \cdot \sin^2 \omega t \,\mathrm{d}t = \frac{\hat{\imath}^2}{2}$$

und damit

$$I = i_{eff} = \frac{\hat{\imath}}{\sqrt{2}} = 0{,}7071\,\hat{\imath} . \qquad (5.16)$$

Für einen *sinusförmigen* Strom ist die **Effektivstromstärke** $I = i_{eff}$ gleich der Scheitelstromstärke $\hat{\imath}$ dividiert durch $\sqrt{2}$.

Analog berechnet sich die Effektivspannung

$$U = u_{eff} = \frac{\hat{u}}{\sqrt{2}} = 0{,}7071\,\hat{u} . \qquad (5.17)$$

Für einen *sinusförmigen* Strom ist die **Effektivspannung** $U = u_{eff}$ gleich der Scheitelspannung $\hat{u}$ dividiert durch $\sqrt{2}$.

Besteht zwischen Strom und Spannung eine Phasenverschiebung $\varphi$, so ergibt das Produkt

$$P_S = I \cdot U = i_{eff} \cdot u_{eff} \qquad (5.18)$$

nur die scheinbar umgesetzte Leistung (Scheinleistung). Die tatsächlich umgesetzte **Wirkleistung** $P_W$ berechnet sich als zeitlicher Mittelwert der Momentanwerte. Wie Abb. 40b zeigt, treten bei der Produktbildung $i(t) \cdot u(t)$ auch „negative“ Leistungen auf, d. h. aus den elektrischen bzw. magnetischen Feldern wird Energie in den Stromkreis zurückgespeist.

Die mittlere Wirkleistung ist

$$P_w = \overline{i(t) \cdot u(t)} ,$$

$$P_w = \frac{\hat{i}\cdot\hat{u}}{T}\int_0^T \sin(\omega t)\cdot\sin(\omega t+\varphi)\,dt\,,$$

$$P_w = \frac{\hat{i}\cdot\hat{u}}{2}\cdot\cos\varphi = i_{eff}\cdot u_{eff}\cdot\cos\varphi\,. \tag{5.19}$$

In einem Wechselstromkreis ist die umgesetzte **Wirkleistung** $P_w$ gleich dem Produkt aus Effektivspannung $u_{eff}$, Effektivstromstärke $i_{eff}$ und dem Kosinus des Phasenwinkels $\varphi$ zwischen Strom und Spannung.

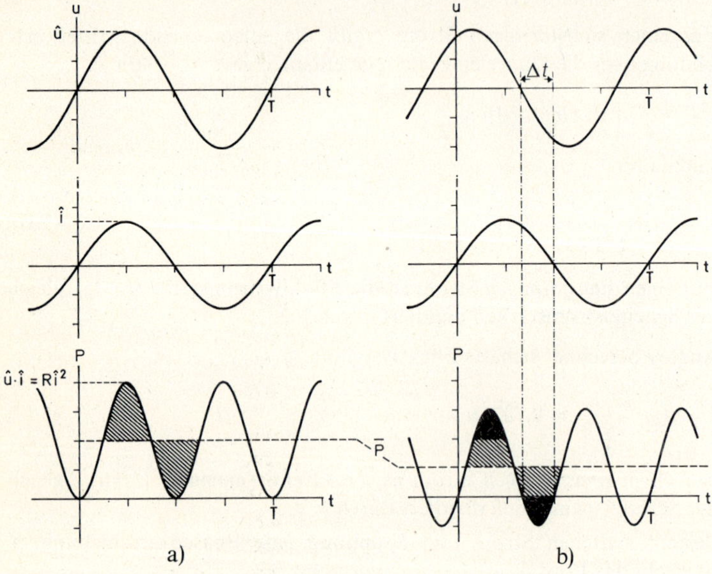


Abb. 40. Wechselspannung $u$, Wechselstrom $i$ und Momentanleistung $P = u\cdot i$.
a) an einem ohmschen Widerstand, $\varphi = 0$.
b) bei einer Phasenverschiebung $\varphi = \omega\cdot\Delta t \neq 0$.

Bei reiner Induktivität und reiner Kapazität beträgt der Phasenwinkel $+\pi/2$ bzw. $-\pi/2$, d.h. bei diesen Schaltelementen ist die Wirkleistung gleich Null, man bezeichnet sie deshalb auch als *Blindwiderstände*.

Die wesentlichen Formeln des Abschnittes 5.1 sind in Tab. 8 zusammengefaßt.

Tab. 8. Formeln zum Wechselstromwiderstand.

| Physikalischer Effekt<br>ideales Schaltelement<br>Symbol | Verknüpfung von Strom und Spannung<br>allgemein<br>$i=i(t)$ | <br>bei sinusförmigem Strom<br>$i=\hat{\imath}\cdot\sin\omega t=\sqrt{2}\cdot I\cdot\sin\omega t$ | Wechselstromwiderstand<br>Betrag<br>$Z=\frac{\hat{u}}{\hat{\imath}}=\frac{U}{I}=$ | <br>Phase<br>$\varphi=$ | Mittelwert<br>Wirkleistung<br>$P_W=$ |
|---|---|---|---|---|---|
| Umwandlung elektr. Energie in mech./therm. Energie<br>Widerstand $R$<br> | $u_R=R\cdot i$ | $u_R=R\cdot\hat{\imath}\cdot\sin\omega t$ | $R$ | 0 | $\frac{\hat{u}\cdot\hat{\imath}}{2}=U\cdot I$ |
| Magnetisches Feld<br>Induktivität $L$<br> | $u_L=L\frac{\mathrm{d}i}{\mathrm{d}t}$ | $u_L=\omega L\cdot\hat{\imath}\cdot\sin\left(\omega t+\frac{\pi}{2}\right)$ | $\omega L$ | $\frac{\pi}{2}$<br>Die Spannung eilt dem Strom *voraus.* | 0 |
| Elektrisches Feld<br>Kapazität $C$<br> | $u_C=\frac{1}{C}\int i\,\mathrm{d}t$ | $u_C=\frac{\hat{\imath}}{\omega C}\sin\left(\omega t-\frac{\pi}{2}\right)$ | $\frac{1}{\omega C}$ | $-\frac{\pi}{2}$<br>Die Spannung eilt dem Strom *nach.* | 0 |
| Serienschaltung<br>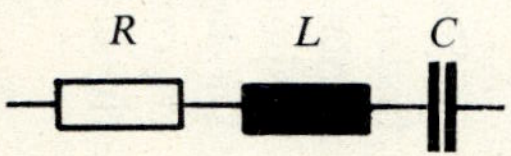 | $u_0=$<br>$u_R+u_L+u_C$ | $u_0=$<br>$Z\cdot\hat{\imath}\cdot\sin(\omega t+\varphi)$ | $Z=$<br>$\sqrt{R^2+\left(\omega L-\frac{1}{\omega C}\right)^2}$ | $\mathrm{tg}\,\varphi=$<br>$\frac{\omega L-\frac{1}{\omega C}}{R}$ | $P_W=$<br>$U\cdot I\cdot\cos\varphi$ |

## 5.2. Geräte zur Messung von Wechselstromgrößen

Je nach Aufgabenstellung werden veränderliche elektrische Spannungen oder Ströme entweder über eine zeitliche Darstellung der Momentanwerte (vgl. Kap. 6) oder über einen geeigneten Mittelwert gemessen.

Die Bildung des Effektivwertes erfordert eine Integration der Meßgröße über ein gewisses Zeitintervall. Die Zeitkonstante der Meßinwert definiert ist als der „quadratische Mittelwert" gemäß Formel (5.15). Bei der Anwendung solcher Meßinstrumente ist zu unterscheiden zwischen Meßwerken, die vom Meßprinzip her den quadratischen Mittelwert bilden (z. B. Weicheisenmeßwerk, elektrodynamisches Meßwerk) und solchen Meßinstrumenten, die nur einen gleichgerichteten Anteil des Wechselstromes arithmetisch mitteln (z. B. Drehspulinstrument mit Gleichrichter). Die letzteren Meßgeräte werden ebenfalls in Effektivwerten geeicht, diese Eichung ist eine mathematische Umrechnung unter der Annahme einer rein sinusförmigen Zeitabhängigkeit. Bei nicht sinusförmigen Strömen und Spannungen weicht die Anzeige u. U. erheblich vom wahren Effektivwert ab.

Die Bildung des Effektivwertes entspricht einer Integration der Meßgröße über ein gewisses Zeitintervall, die Zeitkonstante der Meßinstrumente ist entweder durch die Trägheit des Meßwerkes oder ggf. auch über elektrische Integrierschaltungen vorgegeben. Für sich sehr langsam ändernde Meßwerte (Wechselgrößen sehr kleiner Frequenzen) erfolgt keine vollständige Mittelwertbildung mehr. Infolge der mit dem Meßaufbau verbundenen frequenzabhängigen Wechselstromimpedanzen (z. B. Induktivität der Meßspule, Parallelkapazität der Leitungen) ist die Anwendung der bisher genannten Meßinstrumente auch zu höheren Frequenzen hin begrenzt. Der Anwendungsbereich dieser Instrumente liegt im allgemeinen bei der technischen Wechselfrequenz 50 Hz und erstreckt sich nur gelegentlich bis etwa 10 kHz.

Zur Messung der Effektivwerte bis zu sehr hohen Frequenzen ($10^8$ Hz) finden **Drehspulinstrumente mit Thermoumformer** Anwendung. Bei diesen Meßinstrumenten wird die Erwärmung eines Widerstandsdrahtes über die Thermospannung eines Thermoelementes gemessen. Da die erzeugte Wärme proportional dem Quadrat der Stromstärke ist, zeigt das entsprechend geeichte Thermoumformerinstrument den Effektivwert unabhängig von der Kurvenform des Stromes an.

# 5.3. Versuche zum Verhalten von Wechselstromwiderständen

## 5.3.1. Zusammenfassung von Lernstoff und Lernzielen

1. Definition des ohmschen, induktiven und kapazitiven Widerstandes, Phasenverschiebung zwischen Strom und Spannung für die einzelnen Bauelemente.

2. Bestimmung des Gesamtscheinwiderstandes von einfachen Kombinationen der Wechselstromwiderstände; Berücksichtigung der Phasenverschiebung durch geometrische Addition der Wechselstromwiderstände.

3. Definition von Effektivspannung, Effektivstromstärke, Schein- und Wirkleistung im Wechselstromkreis; Bedeutung der Phasenverschiebung zwischen Strom und Spannung für die Wirkleistung im Wechselstromkreis.

4. Schaltung eines Wattmeters zur Bestimmung der Wirkleistung, Kenntnis der Wirkungsweise eines Wattmeters.

5. Bedeutung der Frequenzabhängigkeit des Wechselstromwiderstandes für die Übertragung von Signalen unterschiedlicher Frequenz: Bestimmung des Frequenzganges der einfachen *R*-*C*-Kombinationen Hochpaß und Tiefpaß; Auftreten von Resonanzerscheinungen bei der Serienschaltung von *R*, *L* und *C*.

## 5.3.2. Versuch: Wechselstromwiderstände bei der Serienschaltung von *R*, *L* und *C*

**Aufgabe:** An einer Serienschaltung von Spule und Kondensator sollen ohmscher, induktiver, kapazitiver und Gesamt-Widerstand durch Aufnahme von *U*-*I*-Kennlinien bestimmt werden. Durch gleichzeitige Messung der Wirkleistung soll die Phasenverschiebung $\varphi$ zwischen Strom- und Spannung ermittelt werden. Die experimentellen Daten sollen verglichen werden mit den Ergebnissen aus dem Zeigerdiagramm der Widerstände.

**Grundlagen:** Bei der Serienschaltung von Spule und Kondensator im Wechselstromkreis ist zu beachten, daß der Scheinwiderstand der Spule eine induktive und eine ohmsche Komponente besitzt.

Die induktive Komponente wird verursacht durch die Selbstinduktion des aufgewickelten Cu-Drahtes, die ohmsche Komponente repräsentiert die Verluste in den Wicklungen infolge Joulescher Wärme.

Abb. 41. Ersatzschaltbild der Spule.

Der Wirkwiderstand $R$ der Spule läßt sich durch eine Gleichstrommessung ermitteln. Ist zusätzlich der Gesamtscheinwiderstand $Z_{Sp}$ der Spule bekannt, berechnet sich der rein induktive Anteil aus Formel (5.13) zu

$$Z_L = \omega L = \sqrt{Z_{Sp}^2 - R^2} \quad . \tag{5.20}$$

Die Wirkleistung in Kondensatoren kann bei der technischen Wechselfrequenz 50 Hz praktisch vernachlässigt werden, der Kondensator stellt eine reine Kapazität dar.

Der Serienschaltung von Spule und Kondensator entspricht also die Serienschaltung von Wirkwiderstand $R$, Induktivität $L$ und Kapazität $C$, die in Abschnitt 5.1.3. diskutiert wurde.

**Versuchsdurchführung:**
Den Versuchsaufbau zeigt Abb. 42.

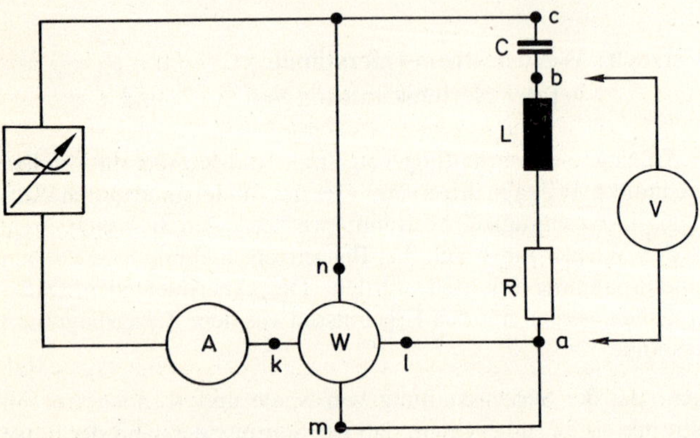


Abb. 42. Schaltung zur Messung am $R, L, C$-Serienkreis.

Als variable Spannungsquelle dient ein umschaltbares Netzgerät für Gleich- und Wechselspannung (ggf. in Verbindung mit einer Potentiometerschaltung). Das Amperemeter A wird in den Stromkreis geschaltet, das hochohmige Voltmeter V je nach Meßreihe an die Punkte ab, bc oder ac angeschlossen. Bei der Schaltung des für die folgenden Meßreihen 1 und 4 zusätzlich benötigten Wattmeters (elektrodynamisches Meßwerk, siehe 4.2) ist der richtige Anschluß der Meßklemmen zu beachten. *Das Wattmeter besitzt 2 Anschlüsse (k, l) für den niederohmigen* **Strompfad,** *der in den Stromkreis geschaltet wird, und 2 Anschlüsse (m, n) für den hochohmigen* **Spannungspfad,** *der parallel zum Verbraucher geschaltet wird.*

**Meßreihe 1:**

1. Das Netzgerät wird auf Gleichspannung geschaltet. Der Kondensator wird kurzgeschlossen, das Voltmeter V an die Punkte a und b angeschlossen. Strom $I$ und Wirkleistung $P_w$ werden in Abhängigkeit von der Spannung $U$ an der Spule gemessen.

2. Die Meßwerte für Strom und Spannung werden im $U$-$I$-Diagramm aufgetragen. Aus der Steigerung der ausgleichenden Geraden wird der Wirkwiderstand $R$ berechnet.

3. Für jeweils zusammengehörende Meßwerte ist das Verhältnis $P_w/U \cdot I$ zu bilden, das im Rahmen der Meßgenauigkeit für Gleichstrom den theoretischen Wert 1 ergeben sollte.

**Meßreihe 2:**

1. Das Netzgerät wird auf Wechselspannung geschaltet ($\nu = 50$ Hz). Der Kurzschluß des Kondensators wird aufgehoben. Der Strom $I$ wird als Funktion der Spannung $U_{Sp}$ an der Spule gemessen.

2. Das $U$-$I$-Diagramm ist zu zeichnen. Aus der Steigung der ausgleichenden Geraden ist der Scheinwiderstand der Spule $Z_{Sp}$ zu ermitteln.

3. Induktiver Widerstand $\omega L$ und Selbstinduktion $L$ der Spule sind gemäß Formel (5.20) zu berechnen.

**Meßreihe 3:**

1. Als Spannungsquelle dient weiterhin der Wechselspannungsanschluß des Netzgerätes. Das Voltmeter wird an die Punkte b und c angeschlossen. Der Strom $I$ wird als Funktion der Spannung $U_C$ am Kondensator gemessen.

2. Das $U$-$I$-Diagramm ist zu zeichnen. Aus der Steigung der ausgleichenden Geraden sind Scheinwiderstand $Z_C = 1/\omega C$ und Kapazität $C$ des Kondensators zu berechnen.

**Meßreihe 4:**

1. Als Spannungsquelle dient weiterhin der Wechselspannungsanschluß des Netzgerätes. Das Voltmeter ist an den Punkten a und c der Schaltung anzuschließen. Strom $I$ und Wirkleistung $P_w$ werden in Abhängigkeit von der Gesamtspannung gemessen.

2. Das $U$-$I$-Diagramm ist zu zeichnen. Aus der Steigung der ausgleichenden Geraden ist der Gesamtscheinwiderstand der Serienschaltung $Z_{ges}$ zu berechnen.

3. Die Wirkleistung $P_w$ wird als Funktion des Produktes $U \cdot I$ (Scheinleistung) graphisch aufgetragen. Aus der Steigung der Ausgleichsgeraden

$$P_w = U \cdot I \cdot \cos\varphi$$

bestimme man $\cos\varphi$ und hieraus die Phasenverschiebung $\varphi$ zwischen Strom und Spannung.

4. Mit den Größen der Meßreihen 1, 2 und 3 ist das Zeigerdiagramm der Widerstände für die Serienschaltung von $R$, $L$ und $C$ aufzustellen. Die so bestimmten Werte für $Z_{ges}$ und $\varphi$ sind mit den aus der Meßreihe 4 gewonnenen Werten zu vergleichen.

### 5.3.3. Versuch: *R*-*C*-Kombinationen als Hoch- und Tiefpaß

**Aufgabe:** Die Schaltungsmöglichkeiten einer $R$-$C$-Kombination als Siebglied für Wechselspannungen hoher bzw. niedriger Frequenzen soll untersucht werden. Obere bzw. untere Grenzfrequenz der $R$-$C$-Kombination sind zu bestimmen.

**Grundlagen:** Bei einer Serienschaltung von Widerstand $R$ und Kapazität $C$ gemäß den Schaltungen der Abb. 43 vereinfacht sich die Formel (5.13) zu

$$Z_{ges} = \sqrt{R^2 + (1/\omega C)^2}\,.$$

Das Verhältnis der Spannungen an $R$ bzw. $C$ zur Eingangsspannung $U_0$ berechnet sich dann zu

$$\frac{U_R}{U_0} = \frac{R}{\sqrt{R^2 + \dfrac{1}{\omega^2 C^2}}} = \frac{1}{\sqrt{1 + \dfrac{1}{\omega^2 C^2 R^2}}}, \quad \text{bzw.} \tag{5.21}$$

$$\frac{U_C}{U_0} = \frac{\dfrac{1}{\omega C}}{\sqrt{R^2 + \dfrac{1}{\omega^2 C^2}}} = \frac{1}{\sqrt{\omega^2 C^2 R^2 + 1}}. \tag{5.22}$$

Die Verhältnisse $U_R/U_0$ bzw. $U_C/U_0$ sind in Abb. 44 dargestellt (Frequenz $\nu = \omega/2\pi$ logarithmisch aufgetragen):

Aufgrund dieses Verhaltens bezeichnet man die Schaltung der Abb. 43a als Hochpaß: Von einem Gemisch von Wechselspannungen verschiedener Frequenzen am Eingang werden vom *Hochpaß* nur die Spannungen *hoher* Frequenzen zum Ausgang durchgelassen, Spannungen niedriger Frequenzen — insbesondere Gleichspannung $\nu = 0$ — werden blockiert.

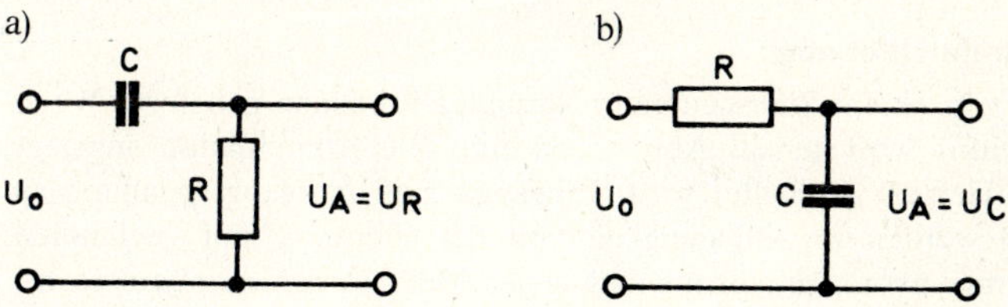


Abb. 43. Schaltung von Widerstand $R$ und Kapazität $C$ als a) Hochpaß, b) Tiefpaß.

Entsprechend werden beim *Tiefpaß*, Abb. 43b, Spannungen *tiefer* Frequenzen durchgelassen und Spannungen hoher Frequenzen abgeschnitten (kurzgeschlossen).

Man überzeugt sich leicht durch Einsetzen, daß für den Schnittpunkt von Hoch- und Tiefpaßkurve gilt:

$$2\pi \nu_0 = \omega_0 = \frac{1}{RC}, \tag{5.23}$$

$$\frac{U_R}{U_0} = \frac{U_C}{U_0} = \frac{1}{\sqrt{2}}. \tag{5.24}$$

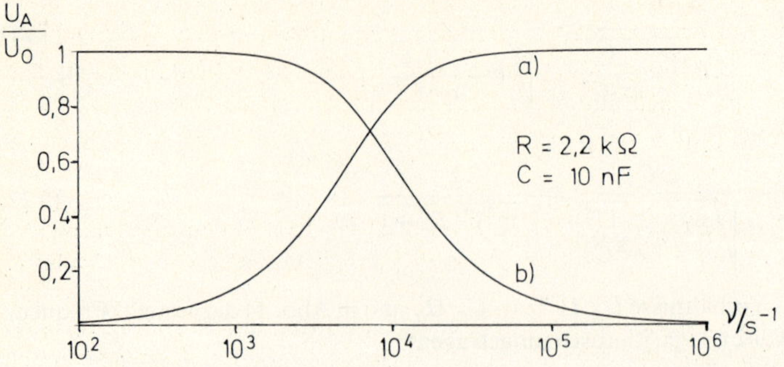


Abb. 44. Übertragungsverhältnis von a) Hochpaß und b) Tiefpaß.

Die Frequenz $\nu_0$, für die die Bedingung (5.24) erfüllt ist, wird bei einem Tiefpaß als *obere Grenzfrequenz*, für einen Hochpaß als *untere Grenzfrequenz* definiert.

**Versuchsdurchführung:**

1. Die von einem Sinusgenerator variabler Frequenz gelieferte Wechselspannung wird gemäß Abb. 45 an eine *R-C*-Kombination angelegt, die als Tiefpaß geschaltet wird. Eingangs- und Ausgangsspannung am Tiefpaß werden in Abhängigkeit von der Frequenz mit geeigneten, hochohmigen und frequenzunabhängigen Meßinstrumenten gemessen.

2. Das Verhältnis $U_A/U_0$ wird berechnet und als Funktion der Frequenz aufgetragen. Die Auftragung erfolgt zweckmäßigerweise unmittelbar während des Versuches, um den günstigen Abstand der Meßpunkte festzulegen.

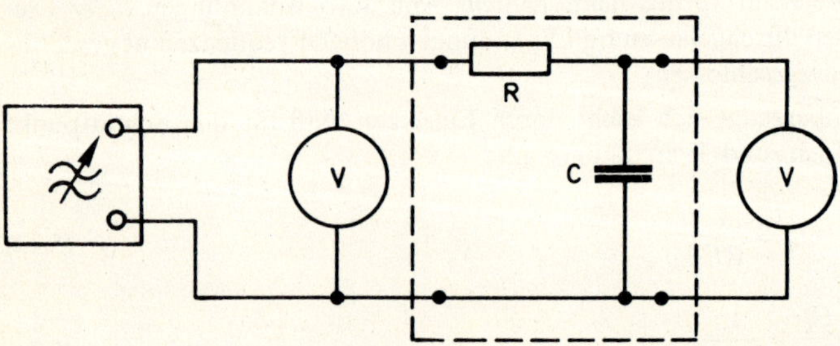


Abb. 45. Schaltung zur Bestimmung des Frequenzganges eines Tiefpasses.

3. Der Versuch wird anschließend für die *R*-*C*-Kombination Hochpaß (Vertauschen von *R* und *C* in Schaltung 45) entsprechend durchgeführt.
4. Die Koordinaten des Schnittpunktes der beiden Meßkurven sind zu bestimmen und ihre Werte mit den theoretischen Werten nach den Formeln (5.23) und (5.24) zu vergleichen.

### 5.3.4. Versuch: Frequenzabhängigkeit des Wechselstromwiderstandes bei der Serienschaltung von *R*, *L* und *C*

**Aufgabe:** An einer Serienschaltung von Spule und Kondensator sind Widerstände, Strom und Spannungen als Funktion der Frequenz zu messen. Das Auftreten der elektrischen Resonanz ist zu untersuchen, Resonanzfrequenz und Güte der Schaltung sind zu bestimmen.

**Grundlagen:** Die Serienschaltung von Spule und Kondensator entspricht einer Serienschaltung von Wirkwiderstand *R*, Induktivität *L* und Kapazität *C* mit dem Gesamtwiderstand

$$Z=\sqrt{R^2+\left(\omega L-\frac{1}{\omega C}\right)^2}. \quad \text{(Formel 5.13)}$$

Der induktive Widerstand $Z_L=\omega L$ wächst proportional zur Frequenz, der kapazitive Widerstand $Z_C=1/\omega C$ nimmt mit zunehmender Frequenz ab (Abb. 35). Diese beiden Blindwiderstände sind vom Betrag gleich für

$$\omega_0=\frac{1}{\sqrt{L\cdot C}} \quad \text{bzw.} \quad \nu_0=\frac{1}{2\pi\cdot\sqrt{L\cdot C}}. \tag{5.25}$$

Bei dieser Frequenz ist der Gesamtwiderstand minimal $Z(\nu_0)=R$, und Strom und Spannung sind in Phase (vgl. Formel 5.14). Bei konstanter Ausgangsspannung $U_0$ der Wechselstromquelle fließt der maximale Strom

$$I_0=I(\nu_0)=\frac{U_0}{R} \tag{5.26}$$

durch die Schaltung. Dabei liegen an Induktivität und Kapazität „Teil"-Spannungen, die die Generatorspannung erheblich übersteigen können, und die an der Gesamtschaltung nur deshalb nicht gemessen werden, weil sie gegenphasig sind und sich gegenseitig aufheben.

$$U_L(\nu_0) = \omega_0 \cdot L \cdot I_0 = \frac{\omega_0 \cdot L}{R} U_0 = \frac{1}{R}\sqrt{\frac{L}{C}}\, U_0 , \tag{5.27}$$

$$U_C(\nu_0) = \frac{I_0}{\omega_0 \cdot C} = \frac{1}{\omega_0 \cdot R \cdot C} U_0 = \frac{1}{R}\sqrt{\frac{L}{C}}\, U_0 . \tag{5.28}$$

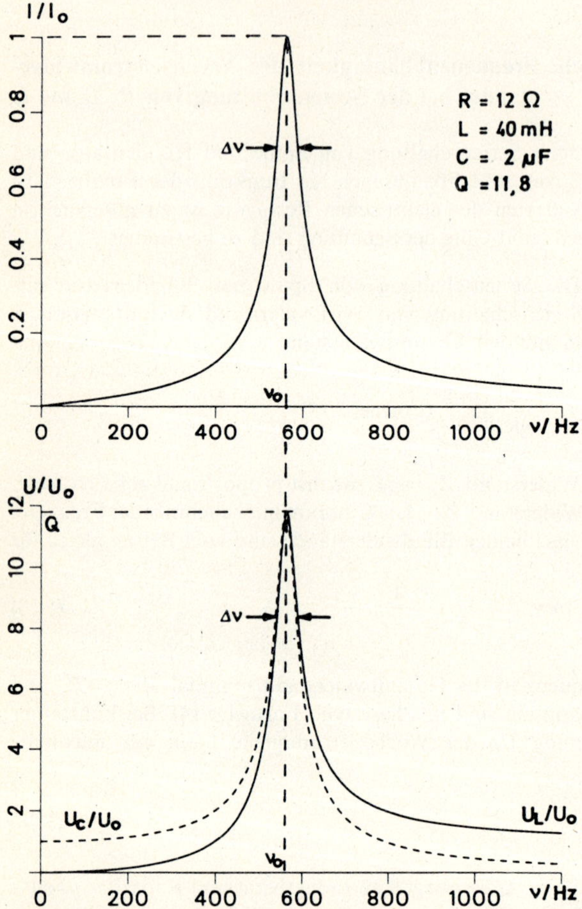


Abb. 46. Frequenzabhängigkeit der Teilspannungen und des Stromes in einem $R, L, C$-Serienkreis bei konstanter Ausgangsspannung der Wechselstromquelle.

Bei dieser **elektrischen Serienresonanz** findet ein periodischer Energieaustausch zwischen dem Energieinhalt des elektrischen Feldes der Kapazität $C$ und dem Energieinhalt des magnetischen Feldes der Induktivität $L$ statt, während die Energiezufuhr des Wechselstromgenerators die Verluste im ohmschen Widerstand $R$ ausgleicht.

Die Abb. 46 zeigt die Frequenzabhängigkeit der Quotienten $U_L/U_0$, $U_C/U_0$ und $I/I_0$ für einen Serienkreis aus Widerstand $R$, Induktivität $L$ und Kapazität $C$.

Die Größe

$$Q = \frac{1}{R}\sqrt{\frac{L}{C}} \tag{5.29}$$

bestimmt dabei nicht nur die Spannungsüberhöhung bei der Resonanzfrequenz gemäß Formel (5.27) bzw. (5.28), sondern auch die Form der Resonanzkurven. Die Resonanzkurven werden um so schmaler und steiler, je größer $Q$ wird; deshalb wird $Q$ auch als Güte bezeichnet. Als Resonanzbreite $\Delta\nu$ bezeichnet man die Differenz der oberen und unteren Grenzfrequenz, bei denen die Amplitude der Resonanzkurve jeweils auf den $\sqrt{2}$-ten Teil abgesunken ist. Für große Güte $Q$ gilt

$$\frac{\Delta\nu}{\nu_0} = R \cdot \sqrt{\frac{C}{L}} = \frac{1}{Q}. \tag{5.30}$$

Die relative Breite $\Delta\nu/\nu_0$ der Resonanzkurve ist umgekehrt proportional zur Güte $Q$.

**Beweis** zu Formel (5.30): Aus der Definition der oberen Grenzfrequenz

$$\frac{I_1}{I_0} = \frac{1}{\sqrt{2}} = \frac{R}{\sqrt{R^2 + \left(\omega_1 L - \dfrac{1}{\omega_1 C}\right)^2}} = \frac{1}{\sqrt{1 + \dfrac{1}{R^2}\left(\omega_1 L - \dfrac{1}{\omega_1 C}\right)^2}}$$

folgt

$$1 = \frac{1}{R}\left(\omega_1 L - \frac{1}{\omega_1 C}\right).$$

Durch Multiplikation mit $R \cdot \sqrt{C/L}$ erhält man

$$R \cdot \sqrt{\frac{C}{L}} = \omega_1 \sqrt{L \cdot C} - \frac{1}{\omega_1 \sqrt{L \cdot C}}$$

bzw. unter Berücksichtigung von (5.25) und (5.29)

$$\frac{1}{Q}=\frac{\omega_1}{\omega_0}-\frac{\omega_0}{\omega_1}=\frac{\omega_1^2-\omega_0^2}{\omega_0\cdot\omega_1}=\frac{(\omega_1-\omega_0)(\omega_1+\omega_0)}{\omega_0\cdot\omega_1}.$$

Bei ausgeprägter Resonanz ist die Resonanzkurve in der Nachbarschaft der Resonanzfrequenz weitgehend symmetrisch, es gilt $\omega_1=\omega_0+\Delta\omega/2$ und deshalb

$$\frac{1}{Q}=\frac{\frac{\Delta\omega}{2}\cdot\omega_0\left(2+\frac{\Delta\omega}{2\omega_0}\right)}{\omega_0\cdot\omega_0\cdot\left(1+\frac{\Delta\omega}{2\omega_0}\right)}.$$

Für $\Delta\omega/2\omega_0 \ll 1$ kann diese Größe in den Klammerausdrücken vernachlässigt werden, damit folgt sofort Formel (5.30):

$$\frac{1}{Q}=R\sqrt{\frac{C}{L}}=\frac{\Delta\omega}{\omega_0}=\frac{\Delta\nu}{\nu_0}.$$

**Versuchsdurchführung:**

1. Die Serienschaltung von Spule ($R, L$) und Kondensator ($C$) wird gemäß Abb. 47 über ein Amperemeter A an den Sinusgenerator variabler Frequenz angeschlossen. Gesamtspannung und Spannung am Kondensator werden mit geeigneten, hochohmigen und frequenzunabhängigen Meßinstrumenten gemessen.

2. Strom $I$ und Spannung $U_C$ werden für verschiedene Frequenzen bei konstanter Gesamtspannung $U_0$ — (gegebenenfalls ist die Spannung des Sinusgenerators nachzuregeln!) — gemessen und als Funktion der Frequenz aufgetragen.

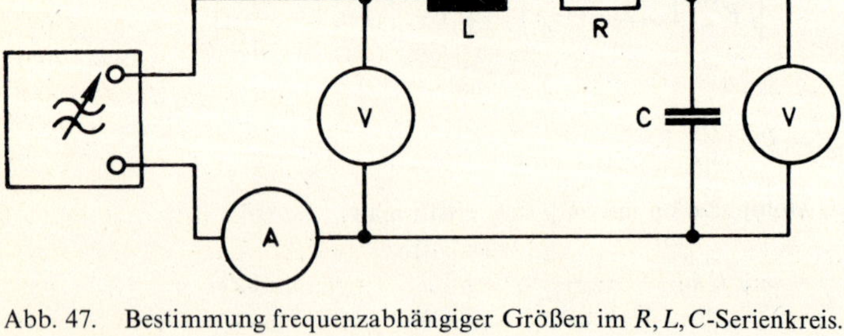


Abb. 47. Bestimmung frequenzabhängiger Größen im $R, L, C$-Serienkreis.

3. Den Diagrammen entnehme man die Maximalwerte $I_0$ und $U_C(\nu_0)$ und die Resonanzfrequenz $\nu_0$. Man berechne daraus den ohmschen Widerstand $R$ und bei bekannter Kapazität $C$ des Kondensators die Induktivität $L$ der Spule und die Güte $Q$. Man vergleiche den berechneten Wert für $Q$ mit den experimentellen Werten aus der Spannungsüberhöhung $U_C(\nu_0)/U_0$ und der relativen Resonanzbreite $\Delta\nu/\nu_0$.

4. Zu der Serienschaltung von Spule und Kondensator wird zusätzlich ein Dämpfungswiderstand $R \approx 10\,\Omega$ geschaltet und damit die Messungen zu (2) und (3) wiederholt. Man diskutiere die Abhängigkeit der Resonanzphänomene vom ohmschen Widerstand.

### 5.3.5. Anwendungsbeispiele zu den Versuchen und Anregungen zum Selbststudium

**Elektrische Energietechnik, Nachrichtentechnik, Meß- und Regeltechnik** stützen sich wesentlich auf Wechselspannungen und Wechselströme. Der Begriff des *Wechselstromwiderstandes*, seine Frequenzabhängigkeit, die Phasenverschiebung zwischen Strom- und Spannung, das Auftreten elektrischer und magnetischer Wechselfelder sind von entscheidender Bedeutung für das Verständnis, die Berücksichtigung und die Anwendung verschiedener Phänomene, so z. B.:

**Technischer Wechselstrom:** Anwendung zur Energieübertragung und Umwandlung in andere Energieformen (Licht, Wärme, mechanische Arbeit); Vergleich von Wirkleistung und Scheinleistung; Auswirkung der Scheinleistung bzw. der Phasenverschiebung zwischen Strom und Spannung auf die Dimensionierung elektrischer Leitungen, Kompensation des im allgemeinen induktiven Blindwiderstandes (Motoren) durch kapazitive „Phasenschieber“.

**Mikrowellen:** Bedeutung der elektrischen und magnetischen Felder für die Energieübertragung auf nichtleitende Substanzen; Unterschied zwischen der Belastung der Körperoberfläche bei direkter, galvanischer und bei kapazitiver bzw. induktiver Energieeinkopplung (Diathermie, Kurzwellentherapie).

**Nachrichtentechnik:** Simultane Übertragung verschiedener Informationen (Bild, Ton) sowie Informationen gleicher Form aber unterschiedlichen Inhalts (z. B. verschiedene Funksendungen) mit Hilfe verschiedener *Trägerfrequenzen*; Aufprägung der Information auf die

Trägerfrequenz durch *Amplitudenmodulation* und *Frequenzmodulation*; empfangsseitige Trennung der verschiedenen Trägerfrequenzen durch *R-L-C-Siebglieder* (Filter).

**Meßtechnik:** Frequenzabhängige Eigenschaften der elektrischen Meßeinrichtungen (Meßaufnehmer, Leitungen, Verstärker, Registrier- und Meßgeräte); Auswirkungen der frequenzabhängigen Amplituden- und Phasenübertragung auf die Wiedergabe eines Signales; Festlegung des Frequenzumfanges eines periodischen Signales (Fourier-Analyse) und des zur verzerrungsfreien Wiedergabe erforderlichen Frequenzbereiches mit konstanten Eigenschaften der Meßeinrichtung (z.B. beim EKG gemäß DIN von 0,1 Hertz bis 80 Hertz).

**Störspannungen:** Einkopplung fremder Wechselsignale auf die Meßleitung entweder über die elektrische Stromversorgung (Netzspannung) oder direkt über elektrische oder magnetische Störfelder; Unterdrückung durch geeignete Schaltungen (Filter, Differenzverstärker) und/oder elektrische Abschirmung der Signalleitungen.

**Elektrische Resonanz:** Extremwerte des Scheinwiderstandes elektrischer Schaltungen bei bestimmten Frequenzen, die u.U. sehr ausgeprägt sein können; Gefahren durch die Möglichkeit des Auftretens kritischer Ströme oder Spannungen, Anwendung der Resonanz für die Erzeugung, den Nachweis und die Unterdrückung definierter Frequenzen (Schwingkreise, Filter).

# 6. Zeitaufgelöste Darstellung elektrischer Größen

(Die Bezeichnung der Größen entspricht Kapitel 5.)

## 6.1. Theoretische Grundlagen

### 6.1.1. Einführung

Bei elektrischen Messungen werden häufig aus dem zeitlichen Ablauf des elektrischen Signales, der Impulsform, wesentliche Rückschlüsse gezogen. Wichtig für die Beurteilung solcher Impulse ist die Kenntnis darüber, inwieweit durch die vorgenommene Schaltung bei der Messung bzw. Registrierung die Impulsform u. U. verändert wird. Die *Übertragungseigenschaften* von Leitungen, Schaltungselementen, Verstärkern und Registriereinrichtungen werden vorteilhaft durch das Anlegen eines Spannungssprunges untersucht.

In anderen Fällen wird das ursprüngliche elektrische Signal bewußt durch geeignete Schaltungen umgeformt. Dies ist u.a. zweckmäßig, wenn nur das Eintreten eines Ereignisses durch einen Impuls markiert werden soll, oder wenn das elektrische Signal die interessierende physikalische Größe nur über eine mathematische Beziehung (z.B. Differentiation, Integration) liefert.

Zur Einführung in die Probleme der **Impulserzeugung und -verarbeitung** dienen zwei Themenkreise:

1. Einfluß einer Serienschaltung von Widerstand $R$ und Kapazität $C$ auf eine Rechteckspannung als Beispiel einer Signalverformung.

2. Aufbau und Anwendung des Kathodenstrahloszillographen für die Untersuchung veränderlicher elektrischer Größen.

### 6.1.2. Einschaltvorgänge an der $R$-$C$-Kombination

Die Wirkung einer Serienschaltung von $R$ und $C$ auf Wechselspannungen verschiedener Frequenz wurde in Versuch 5.3.3. diskutiert. Die Schaltung wirkt als *Hochpaß*, wenn die Spannung am Widerstand abgegriffen wird, und als *Tiefpaß*, wenn die Spannung am Kondensator abgegriffen wird. Im folgenden betrachten wir das Verhalten der Spannungen an einer *R-C*-Kombination bei einem Einschaltvorgang, um im nächsten Abschnitt zu zeigen, daß unter besonderen Bedingungen ein Tiefpaß als Integrierglied und ein Hochpaß als Differenzierglied arbeitet.

Ändert die Spannung am Eingang der Schaltung der Abb. 48a zum Zeitpunkt $t=0$ sprunghaft ihren Wert von 0 auf den Wert $u_\mathrm{E}$, so wird der Kondensator durch einen Strom $i$ aufgeladen, der am Widerstand die Spannung $u_R = i \cdot R$ hervorruft. In dem Maße, wie der Kondensator aufgeladen wird, nehmen der Strom und damit die Spannung an $R$ ab, während sich am Kondensator die Spannung $u_C = q/C = \int i\mathrm{d}t/C$ aufbaut. Nach der II. Kirchhoffschen Regel gilt zu jedem Zeitpunkt

$$u_\mathrm{E} = u_R + u_C\,, \qquad (6.1)$$
$$u_\mathrm{E} = R \cdot i + \frac{1}{C} \cdot \int i\mathrm{d}t\,.$$

Zum Zeitpunkt $t=0$ ist

$$u_\mathrm{E} = R \cdot i_0 = u_R\,. \qquad (6.2)$$

Für Zeiten $t>0$ liefert die Differentiation der Gleichung (6.1)

$$\frac{\mathrm{d}u_\mathrm{E}}{\mathrm{d}t} = 0 = R\frac{\mathrm{d}i}{\mathrm{d}t} + \frac{i}{C}$$

und damit

$$\frac{\mathrm{d}i}{\mathrm{d}t} = -\frac{1}{RC}i\,. \qquad (6.3)$$

Die Lösung dieser Differentialgleichung ist gemäß Abschnitt 11.1 eine Exponentialfunktion

$$i = i_0 \cdot \exp\left(-\frac{t}{R \cdot C}\right) = \frac{u_\mathrm{E}}{R}\exp\left(-\frac{t}{R \cdot C}\right), \qquad (6.4)$$

wobei $i_0$ durch die Anfangsbedingung Gleichung (6.2) bestimmt ist.

Über den sich exponentiell ändernden Strom erhält man für die Spannungen am Widerstand $u_R$ und an der Kapazität $u_C$

$$u_R = R \cdot i = u_\mathrm{E} \cdot \exp\left(-\frac{t}{R \cdot C}\right), \qquad (6.5)$$

$$u_C = u_\mathrm{E} - u_R = u_\mathrm{E}\left(1 - \exp\left(-\frac{t}{R \cdot C}\right)\right). \qquad (6.6)$$

Wird an eine Serienschaltung von $R$ und $C$ ein Spannungssprung $u_E$ angelegt, so springt die Spannung am Widerstand $u_R$ auf den Wert $u_E$ und fällt dann exponentiell auf den Wert 0 ab, während die Spannung am Kondensator $u_C$ sich im gleichen Maße vom Ausgangswert 0 dem Wert $u_E$ nähert.

Den zeitlichen Verlauf der Spannungen veranschaulicht Abb. 48 b.

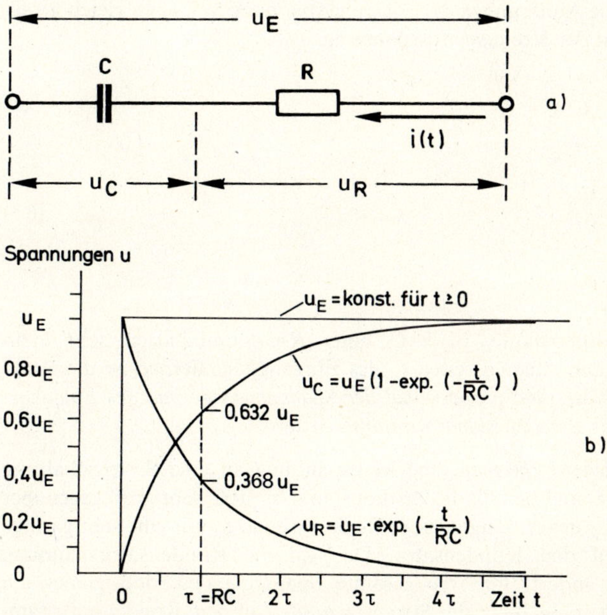


Abb. 48. Spannungen an einer $R$-$C$-Kombination bei Anliegen eines Spannungssprunges $u_E$.

Dauer und Verlauf des Abfalles bzw. des Anstieges der Spannungen werden charakterisiert durch die Zeitkonstante $\tau$, die Zeit, in der die Spannung $u_R$ auf den Wert $u_E/e$ abgesunken ist, bzw. $u_C$ auf den Wert $u_E(1-1/e)$ angestiegen ist.

$$\tau = R \cdot C. \tag{6.7}$$

Die **Zeitkonstante** $\tau$ eines $R$-$C$-Gliedes ist gleich dem Produkt aus Widerstand $R$ und Kapazität $C$.

### 6.1.3. Differenzierglied und Integrierglied

**Differenzierglied:** Legt man eine Meßspannung an eine Serienschaltung von $R$ und $C$ und bemißt die Zeitkonstante $\tau = RC$ sehr klein, so fließt über den Widerstand nur dann kurzzeitig ein Strom, wenn sich die Eingangsspannung ändert. Da sich der Kondensator fast momentan auflädt, liegt die gesamte Spannung des Meßsignales praktisch am Kondensator; die Änderungen der Eingangsspannung bewirken gleich große Änderungen der Kondensatorspannung

$$\frac{du_E}{dt} = \frac{du_C}{dt} = \frac{i}{C}.$$

Da $u_R = R \cdot i$ folgt

$$u_R = R \cdot C \cdot \frac{du_E}{dt} \tag{6.8}$$

für

$$R \cdot C \ll t_A .$$

Ist die Zeitkonstante $\tau = R \cdot C$ einer $R$-$C$-Kombination sehr klein gegenüber den Anstiegszeiten $t_A$ des Eingangssignales, so ist die *Spannung am Widerstand proportional der Spannungsänderung des Eingangssignales; das Eingangssignal wird differenziert!*

**Integrierglied:** Legt man eine Meßspannung an eine Serienschaltung von $R$ und $C$ und bemißt die Zeitkonstante $\tau = RC$ sehr groß gegenüber der Dauer $t_M$ des Meßsignales, so fließt während $t_M$ nur eine sehr geringe Ladung auf den Kondensator. Da sich die Kondensatorspannung nur wenig ändert, fällt die gesamte Spannung des Meßsignales am Widerstand ab; es fließt der Strom $i = u_E/R$. Auf dem Kondensator sammelt sich die Ladung

$$q = \int_0^{t_M} i\,dt = \frac{1}{R} \int_0^{t_M} u_E\,dt .$$

Die Spannung am Kondensator $u_C = q/C$ ist dann:

$$u_C = \frac{1}{RC} \cdot \int_0^{t_M} u_E\,dt \tag{6.9}$$

für

$$R \cdot C \gg t_M .$$

Ist die Zeitkonstante $\tau = R \cdot C$ einer $R$-$C$-Kombination sehr groß gegenüber der Dauer $t_M$ des Eingangssignales, so ist die *Spannung am Kondensator proportional dem Integral des Eingangssignales.*

Bei einer kontinuierlichen Folge von Impulsen wächst die Spannung am Kondensator allmählich an, so daß der über den Widerstand zufließende Strom geringer wird: $i_Z = (u_E - u_C)/R$. Zugleich fließt in den Zeiten, in denen kein Meßsignal anliegt, ein Strom $i_A = u_C/R$ vom Kondensator ab. Im Endergebnis bildet die Spannung am Kondensator einen arithmetischen Mittelwert über die Folge der Eingangssignale. Die durch die einzelnen Impulse verursachten Schwankungen werden um so mehr ausgeglichen, je größer die Zeitkonstante $\tau$ der $R$-$C$-Kombination ist (Siebglied).

## 6.2. Meßgeräte zur zeitlich aufgelösten Darstellung elektrischer Größen

### 6.2.1. Registrierende Meßgeräte

Die zeitaufgelöste Darstellung der elektrischen Größen erfordert Meßinstrumente mit hoher Einstellgeschwindigkeit, die dem äußeren Signal phasen- und amplitudengetreu folgen können. Der Einsatzbereich solcher den Momentanwert registrierender Meßgeräte wird durch die *Eigenfrequenz* (Resonanzfrequenz) und die *Dämpfung* des schwingungsfähigen Systems „Meßwerk" bestimmt. Die Eigenfrequenz muß deutlich oberhalb der Frequenz der aufzuzeichnenden Größe liegen, für die Aufzeichnung von Rechteckspannungen z.B. um einen Faktor 10. Die Dämpfung des Meßsystems bestimmt das Einstellverhalten auf einen neuen Meßwert und muß geeignet gewählt werden: Zu niedrige Dämpfung bedeutet schnelle Bewegung des Registriersystems aber auch Überschwingen, zu hohe Dämpfung ergibt eine aperiodische, aber nur kriechende Einstellung auf den neuen Meßwert.

**Meßwerkschreiber** sind entsprechende Ausführungsformen der in 4.2. beschriebenen analogen Meßinstrumente. Der Ausschlag des Meßinstruments wird auf einen vorbeilaufenden Papierstreifen registriert. Das Drehmoment des Meßwerkes muß ausreichen, um den Registrierstift über das Papier zu führen und dabei auftretende Reibung zu überwinden. Die Meßwerkschreiber benötigen deswegen im allgemeinen eine relativ große Leistung und sind auch relativ träge.

Bei den **Kompensationsschreibern** wird von einer elektronischen Verstärkerschaltung eine automatische Spannungskompensation durchgeführt (man vgl. 4.3.4.). Der Schreibstift ist mechanisch mit einem motorisch angetriebenen Kompensationsabgriff gekoppelt, die Energie für den Bewegungsvorgang wird von dem Verstärker zur Verfügung gestellt und nicht der zu messenden Größe entnommen. (Man beachte jedoch, daß der Kompensationsschreiber nur im abgeglichenen Zustand leistungslos mißt, während des Abgleichvorganges wird die zu vermessende Spannungsquelle u. U. durchaus belastet!)

Die Einstellgeschwindigkeit der Kompensationsschreiber liegt in der gleichen Größenordnung wie bei Meßwerkschreibern. Mit diesem Prinzip lassen sich aber aufwendigere Vorrichtungen bewegen, insbesondere können mit einem Aufbau, der zwei Kompensationsmeßwerke zueinander orthogonal auf einen Schreibstift arbeiten läßt, funktionale Zusammenhänge zwischen zwei Meßgrößen aufgezeichnet werden ($x$-$y$-Schreiber).

Zunehmend Anwendung findet die **Registrierung digitaler Meßwerte.** Moderne integrierte Schaltungen gestatten auch schnell veränderliche analoge Größen digital zu erfassen. Mit Hilfe solcher AD-Wandler können in hochwertigen *Transientenrecordern* sehr kurze einmalige Signale in Zeitabständen von Nanosekunden mit einer Amplitudenauflösung im Promillebereich gemessen und abgespeichert werden, bei niedriger Zeitauflösung können die Signale in Rechnersysteme aller Art direkt eingelesen werden. Die Möglichkeit der unmittelbaren Auswertung und Verarbeitung der Meßsignale bietet so entscheidende Vorteile gegenüber der analogen Registrierung, daß analogarbeitende Schreiber zumeist nur noch als Ausgabegeräte der datenverarbeitenden Systeme eingesetzt werden.

### 6.2.2. Elektronenstrahloszillograph

Die Darstellung sehr schnell veränderlicher Spannungen mit Frequenzen bis weit in den Megahertzbereich hinein wird durch den Elektronenstrahloszillographen ermöglicht. Durch seine Einsatzmöglichkeit für die unterschiedlichsten Meßprobleme kommt diesem Meßgerät eine besondere Bedeutung zu.

Am Beispiel des Elektronenstrahloszillographen soll im folgenden erläutert werden, wie eine aufwendige elektronische Meßeinrichtung durch

Zergliederung in einzelne Funktions„blöcke" überblickt und ohne Detailkenntnis hinsichtlich der Realisierung bei Verständnis für die Wirkungsweise der Bausteine des „Blockschaltbildes" verhältnismäßig einfach bedient werden kann.

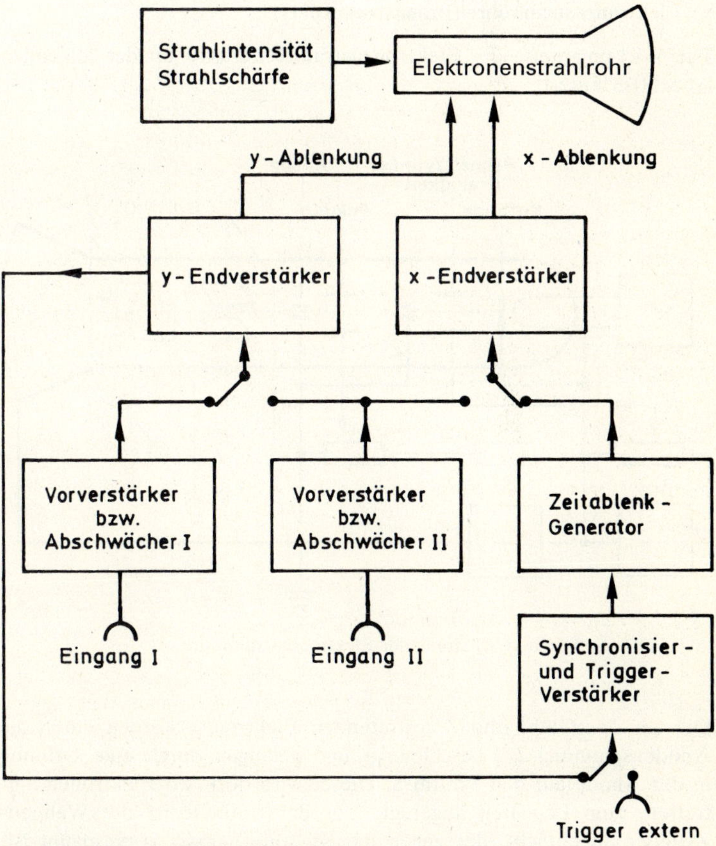


Abb. 49. Blockschaltbild des Elektronenstrahloszillographen.

Die Hauptbestandteile des Elektronenstrahloszillographen sind (Abb. 49):

a) Elektronenstrahlröhre einschließlich Spannungsversorgung,
b) *y*-Verstärker (Vertikalverstärker),
c) *x*-Verstärker (Horizontalverstärker),
d) Vorverstärker bzw. Abschwächer,
e) Zeitablenkgenerator (Sägezahngenerator),
f) Synchronisier- und Triggerverstärker.

**a) Elektronenstrahlröhre (Braunsches Rohr):**

Die Wirkungsweise der Elektronenstrahlröhre wird an der folgenden Abb. 50 erläutert.

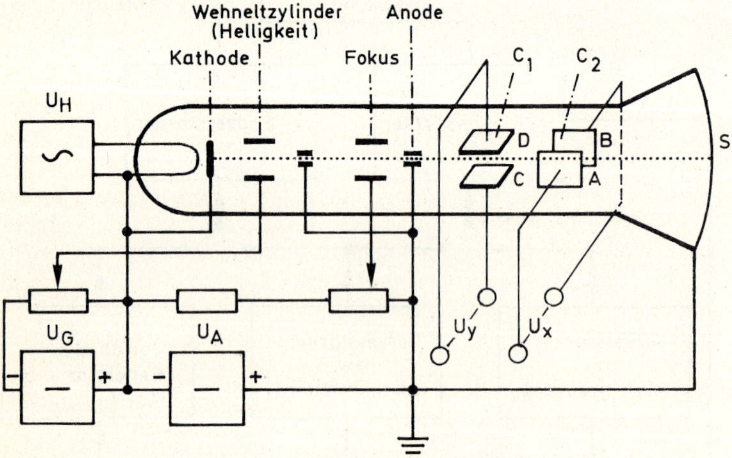


Abb. 50. Aufbau und Schaltung der Elektronenstrahlröhre.

Die aus der Glühkathode austretenden Elektronen werden durch die Anodenspannung $U_A$ beschleunigt und gelangen durch eine Öffnung in der Anode auf den Schirm S. Dieser wird dort, wo Elektronen auftreffen, zum Leuchten angeregt. Vor der Kathode ist der Wehnelt-Zylinder angebracht, der gegen die Kathode negativ vorgespannt ist. Über diese Vorspannung kann der Elektronenstrahl gebündelt und der

Strahlstrom und damit die Intensität des Schirmbildes geregelt werden. Die Anode bildet mit zwei weiteren Elektroden eine elektrostatische „Linse“. Über die Spannung an der mittleren Elektrode kann die Brennweite der „Linse“ eingestellt werden; damit ist es möglich, den Elektronenstrahl auf den Schirm zu fokussieren. Um Aufladungen des Leuchtschirmes durch die vom Elektronenstrahl transportierten Ladungen zu vermeiden und den Stromkreis zu schließen, muß der Leuchtschirm mit der Anode verbunden werden. In dem feldfreien Raum zwischen Anode und Schirm befinden sich zwei Ablenkplattenpaare $C_1$ und $C_2$, die horizontal und vertikal angeordnet sind.

**b) c) d) Vertikal- und Horizontalverstärker; Vorverstärker:**

Die mittlere Spannung an den Ablenkplattenpaaren $C_1$ und $C_2$ ist gleich der Anodenspannung, dadurch bleibt die Geschwindigkeit der Elektronen unverändert. Besteht weder an den Platten von $C_1$ noch an den Platten von $C_2$ eine Spannungsdifferenz, so erscheint ein Leuchtfleck in der Mitte des Leuchtschirmes. Spannungsdifferenzen zwischen den Platten A und B bzw. C und D erzeugen elektrische Felder, die eine zur Spannung proportionale Ablenkung des Elektronenstrahles in horizontaler bzw. vertikaler Richtung bewirken ($x$- bzw. $y$-Ablenkung).

Wird an $C_1$ eine sich periodisch ändernde Spannung angelegt, so bewegt sich der Leuchtfleck auf dem Schirm auf der $y$-Achse. Bei schnellen Spannungsänderungen ist die Bewegung so rasch, daß wegen der Nachleuchtdauer des Schirmes und der Trägheit des Auges eine Linie in $y$-Richtung auf dem Schirm erscheint. Entsprechend nimmt man eine horizontale Linie wahr, wenn man eine periodische Spannung an $C_2$ anlegt.

Bei gleichzeitiger Änderung der Spannungen an den Plattenpaaren $C_1$ und $C_2$ beschreibt der Leuchtfleck des Elektronenstrahles eine Kurve auf der Schirmfläche, die den funktionalen Zusammenhang zwischen den beiden Spannungen darstellt ($x$–$y$-Betrieb).

Für die Auslenkung des Leuchtflecks auf dem Bildschirm um 1 cm ist eine bestimmte Spannung (im allgemeinen etwa 20–30 Volt) erforderlich. Um den Arbeitsbereich des Oszillographen zu erweitern, werden den Ablenkplattenpaaren $C_1$ und $C_2$ Verstärker (bzw. Abschwächer) vorgeschaltet, die die zu messenden Spannungen geeignet verstärken (bzw. abschwächen). Die Verstärker werden kalibriert in bezug auf die Auslenkung des Leuchtflecks auf dem Bildschirm: Die Eingangsempfindlichkeit wird in V/cm angegeben.

**e) Zeitablenkgenerator:**

Eine Spannung am Plattenpaar $C_1$ kann als Funktion der Zeit dargestellt werden, sofern an das Plattenpaar $C_2$ eine Spannung angelegt wird, die proportional zur Zeit ansteigt ($y-t$-Betrieb).

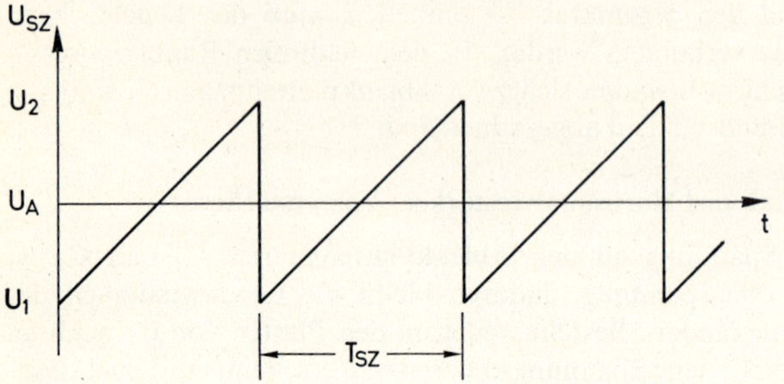


Abb. 51. Sägezahnspannung.

Diese gemäß Abb. 51 linear mit der Zeit von $U_1$ bis $U_2$ ansteigende Spannung wird so gewählt, daß sich der Elektronenstrahl während der Zeit $T_{SZ}$ über die volle Schirmbreite ($x$-Richtung) bewegt. Hat die Spannung den Wert $U_2$ erreicht, — der Elektronenstrahl befindet sich am rechten Rand des Leuchtschirmes, — so wird die Spannung in sehr kurzer Zeit wieder auf $U_1$ umgeschaltet. Dabei springt der Elektronenstrahl in die Ausgangsstellung zurück und wird durch einen weiteren zeitproportionalen Spannungsanstieg erneut ausgelenkt; auf dem Bildschirm wird der Rücklauf des Elektronenstrahles durch eine gleichzeitige Abschwächung der Strahlintensität (Dunkeltastung) unterdrückt.

Eine Spannung mit dem beschriebenen zeitlichen Verhalten bezeichnet man als Sägezahnspannung $u_{SZ}$, Generatoren, die eine solche Spannung erzeugen, als Sägezahngeneratoren. Die Periodendauer der Sägezahnspannung $T_{SZ}$ ist in der Regel variabel. Durch sie wird die Schreibgeschwindigkeit des Oszillographen bestimmt, angegeben wird im allgemeinen die Zeitablenkung in s/cm.

**f) Synchronisier- und Triggerverstärker:**

Zur Beobachtung periodischer Vorgänge (z. B. Wechselspannungen) wird die Meßgröße an die Vertikalablenkung $y$ und Sägezahnspannung an die

Horizontalablenkung $x$ der Oszillographenröhre gelegt. Im **freilaufenden Betrieb** sind Periodendauer des Signals $T_V$ und der Sägezahnspannung $T'_{SZ}$ i.a. verschieden, in diesem Fall wird das Signal dann nacheinander an verschiedenen Stellen des Oszillographenschirmes dargestellt (Abb. 52a). Um ein stehendes Bild auf dem Oszillographen zu erhalten, ist eine **Synchronisation** der beiden Vorgänge erforderlich (Abb. 52b); hierbei muß gelten

$$T'_{SZ} = n \cdot T_V \qquad (n = 1; 2; 3; \ldots).$$

Diese Bedingung läßt sich durch eine kontinuierlich veränderliche Periodendauer $T'_{SZ}$ erreichen. Das bedeutet aber gleichzeitig, daß der Zeitmaßstab in der $x$-Richtung kontinuierlich verändert wird und für eine Zeitmessung im allgemeinen nicht bekannt ist.

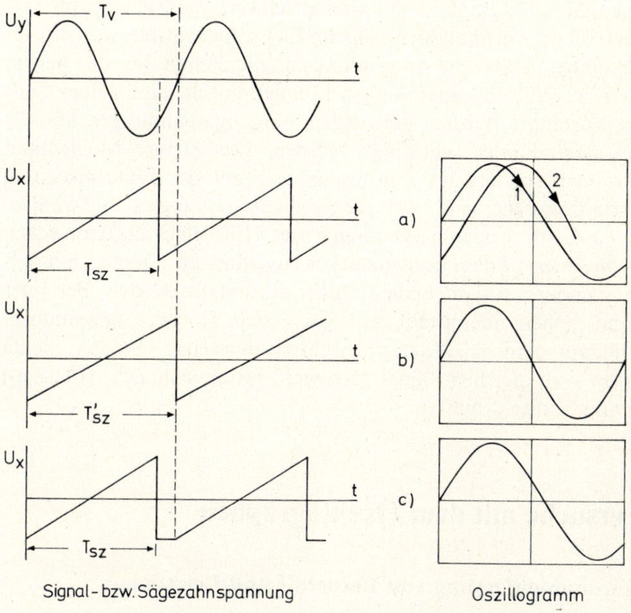


Abb. 52. Oszillographische Darstellung eines Signales $u_y$ bei a) freilaufender, b) synchronisierter und c) getriggerter Sägezahnspannung $u_x$.

Ein stehendes Bild bei gleichzeitiger Benutzung fester und bekannter Zeitmaßstäbe läßt sich durch das Prinzip der **Triggerung** (Abb. 52c) erreichen:

Dem Triggerverstärker wird in der Stellung „intern" die Meßspannung *u* zugeführt, die den Y-Vorverstärker durchlaufen hat. Der Triggerverstärker löst genau dann den Sägezahngenerator aus, wenn eine bestimmte, einstellbare Spannung am Eingang anliegt (Triggerschwelle). Während der Zeit $T_{SZ}$ wird dann die Spannung *u* als Funktion der Zeit auf dem Schirm abgebildet. Nach der Zeit $T_{SZ}$ bleibt der Sägezahngenerator in Wartestellung und wird erst dann wieder ausgelöst, wenn die Triggerschwelle von der Spannung *u* erneut überschritten wird. In der Stellung „extern" kann der Triggerverstärker von einer von außen zugeführten Spannung ausgelöst werden.

**g) Zweikanaloszillographen**:

Der Zweikanaloszillograph ist mit zwei gleichwertigen Eingangsverstärkern I und II für die Vertikalablenkung des Elektronenstrahles ausgerüstet und bietet einige zusätzliche Anwendungsmöglichkeiten. Die den beiden Verstärkern zugeführten Spannungen können einzeln direkt dem Endverstärker zugeführt werden, die beiden Eingangsspannungen können aber auch *addiert* oder *subtrahiert* werden. Die letztere Möglichkeit interessiert insbesondere im Zusammenhang mit der Unterdrückung von Störsignalen, die u. U. auf die Meßleitung eingestreut werden. Weiter können die beiden Spannungen mit Hilfe eines elektronischen Schalters *alternierend* dem Endverstärker zugeführt und damit unmittelbar nacheinander auf dem Leuchtschirm dargestellt werden. Bei einer hinreichend hohen Schaltfrequenz lassen sich so zwei Spannungen gleichzeitig auf dem Oszillographenschirm darstellen. Werden beide Spannungen vom gleichen Signal getriggert, lassen sich Zeit- (Phasen-) Verschiebungen direkt messen.

## 6.3. Versuche mit dem Oszillographen

### 6.3.1. Zusammenfassung von Lernstoff und Lernzielen

1. Verstehen der Funktionsweise des Kathodenstrahloszillographen; Aufbau der Oszillographenröhre; horizontale und vertikale Ablenkung;

Wirkungsweise des Zeitablenkgenerators bei Synchronisation und Triggerung.

2. Einblick in die Anwendungsmöglichkeiten und Methoden registrierender Meßverfahren am Beispiel oszillographischer Messungen; Möglichkeiten der Spannungs-, Zeitintervall- und Frequenzmessung am Oszillographen im $x-y$- und im $y-t$-Betrieb.

3. Erkennen der Probleme hinsichtlich einer einwandfreien Signalübertragung bei einer Frequenzabhängigkeit von Übertragungsgliedern; Impulsübertragung und Impulsverformung am Beispiel der *R*-*C*-Kombination; Bedeutung und Einfluß der Zeitkonstanten des *R*-*C*-Gliedes für die Signalverarbeitung.

### 6.3.2. Versuch: Messungen von Gleich- und Wechselspannungen und Zeitdifferenzen mit dem Oszillographen

**Aufgabe:** Aus einem Signal mit Gleich- und Wechselspannungsanteil soll die Größe der einzelnen Spannungen und die Periodendauer der Wechselspannung bestimmt werden.

**Grundlagen:** Für die Signalquelle stellt der Eingang des Oszillographen einen Verbraucher dar, der zwar hochohmig ist, aber u. U. doch berücksichtigt werden muß; das Ersatzschaltbild zeigt Abb. 53.

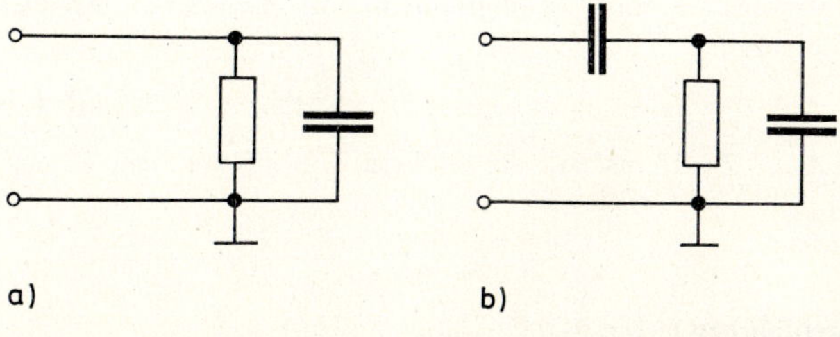


Abb. 53. Ersatzschaltbild des Oszillographen hinsichtlich der Eingangsimpedanzen: a) Gleichspannungskopplung, b) Wechselspannungskopplung.

Bei der Messung (und Verstärkung) von Gleichspannungssignalen in der Eingangsstellung *Gleichspannungskopplung* (DC, –) ist die Eingangsimpedanz typisch bestimmt durch Werte der Größenordnung $R_E = 1$ MΩ parallel zu $C_E = 15$ pF. Soll der Gleichspannungsanteil des Signales unterdrückt werden, damit die überlagerte Wechselspannung allein verstärkt werden kann, wird in der Eingangsstellung *Wechselspannungskopplung* (AC, ~) zusätzlich ein Kopplungskondensator $C_K$ in den Eingang geschaltet. (s. Versuch 5.3.3, Hochpaß.)

In einer kalibrierten Stellung des Eingangsverstärkers des Oszillographen ergibt sich die zu messende Spannung aus dem Produkt von Eingangsempfindlichkeit $E_y$ und Signalauslenkung $y$.

$$U_s = y \cdot E_y \,, \tag{6.10}$$

(z.B. $E_y = 300$ mV/cm, $y = 2$ cm $\rightarrow U_s = 2\,\text{cm} \cdot 300\,\dfrac{\text{mV}}{\text{cm}} = 600$ mV).

Bei Wechselspannungsmessungen beachte man, daß der Oszillograph Momentanspannungen anzeigt. Ist $u_{ss}$ die volle Amplitude des Signales (Spannung von Scheitel bis Scheitel), so ist für sinusförmige Spannungen der Effektivwert gegeben durch

$$U = \frac{\hat{u}}{\sqrt{2}} = \frac{u_{ss}}{2\sqrt{2}} \,.$$

Zur Bestimmung von Zeitdifferenzen mit dem Oszillographen wird die Kalibrierung des Sägezahngenerators zugrunde gelegt. Die Zeitablenkung $Z$ ist gleich dem Reziprokwert der horizontalen Ablenkgeschwindigkeit des Strahles auf dem Oszillographenschirm. Der Strahl legt die Strecke $x$ in der Zeit

$$t = x \cdot Z \tag{6.11}$$

zurück (z.B. $Z = 10$ ms/cm, $x = 4{,}5$ cm $\rightarrow$ $t = 4{,}5\,\text{cm} \cdot 10$ ms/cm $= 45$ ms).

**Versuchsdurchführung** (Abb. 54):

1. Nach Einschalten des Oszillographen wird das Einstellen eines stabilen Betriebszustandes abgewartet und bei geerdetem Eingang die Lage der Nullinie festgelegt.

2. Die Empfindlichkeit des Eingangsverstärkers wird geeignet gewählt

(in Zweifelsfällen unempfindlichste Stellung!) und die Spannung in der Stellung Gleichspannungskopplung angelegt.

3. Mit Hilfe der Einstellmöglichkeiten Triggerschwelle, Eingangsempfindlichkeit und Zeitablenkung wird ein stehendes Bild erzeugt, bei dem der Leuchtschirm des Oszillographen voll ausgenutzt wird (a).

4. Beim Umschalten des Einganges auf Wechselspannungskopplung springt das Signal auf die Nullinie zurück, die Höhe des Spannungssprunges entspricht dem Gleichspannungsanteil (b).

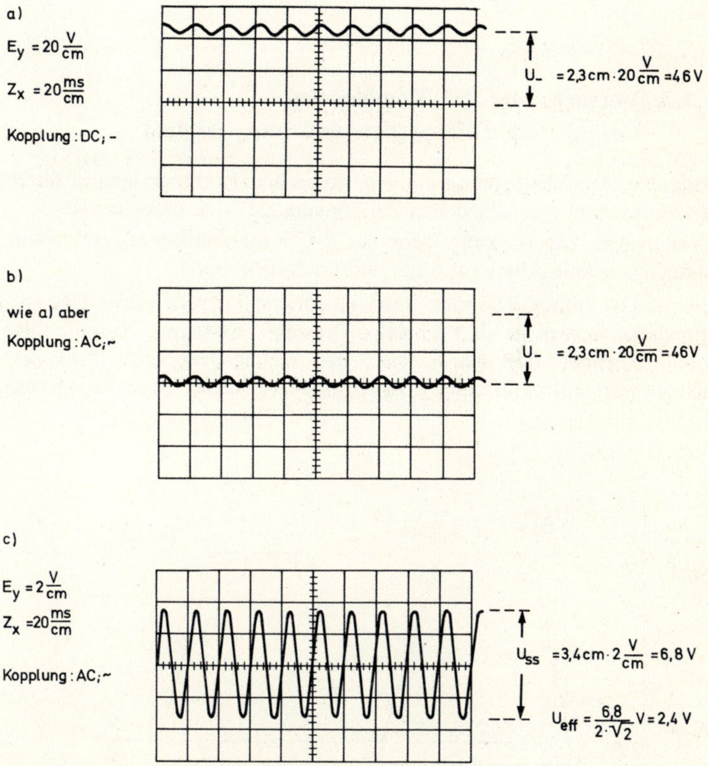


Abb. 54. Zur Versuchsdurchführung „Spannungsmessung am Oszillographen“.

5. Die Wechselspannungskomponente wird gegebenenfalls nachverstärkt und ihre Amplitude gemessen (c).

6. Zur Bestimmung der Periodendauer der Wechselspannung wird die horizontale Strecke $x_n$ für eine ganze Zahl von n Perioden gemessen, wobei die Länge des Oszillographenschirmes möglichst gut ausgenutzt wird. Aus diesen Daten und die Zeitablenkung $Z$ wird die Periodendauer berechnet:

$$T = \frac{x_n \cdot Z}{n}.$$

### 6.3.3. Versuch: Die *R-C*-Kombination als Differenzier- und Integrierglied

**Aufgabe:** Die Verformung eines periodischen Rechtecksignales durch *R-C*-Glieder mit verschiedenen Zeitkonstanten ist zu untersuchen.

**Grundlagen:** Die Wirkungsweise der *R-C*-Kombination auf elektrische Signale wurde in Abschnitt 6.1.2. und 6.1.3. diskutiert.

Elektrische Impulse können unterschiedliche Formen aufweisen, entsprechend werden sie als Rechteck-, Dreieck-, Sägezahn-, Nadelimpulse u.ä. bezeichnet. Die charakteristischen Kenngrößen eines Impulses: Scheitelwert $\hat{u}$, Impulsdauer $t$, Anstiegszeit $t_A$ (Dauer des Anstiegs von

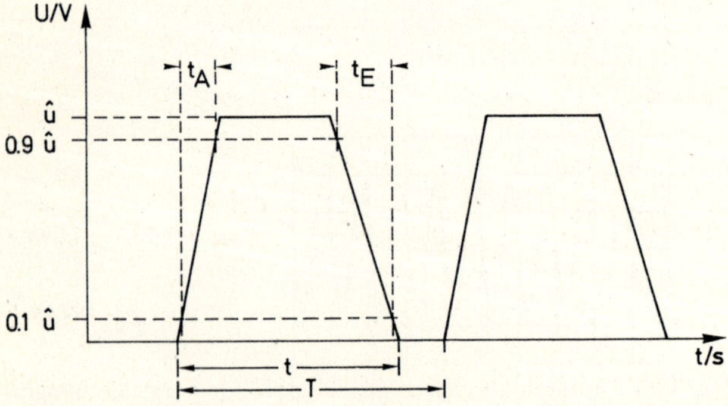


Abb. 55. Kenngrößen eines Impulses.

10 % bis 90 % der Maximalamplitude), Abfallzeit $t_E$ (Dauer des Abfalls von 90 % bis 10 % der Maximalamplitude) und Periodendauer $T$ bzw. Frequenz $\nu = 1/T$ sind in Abb. 55 skizziert.

**Versuchsdurchführung:**

1. Die Schaltung wird gemäß Abb. 56 aufgebaut. Der Zweikanaloszillograph wird in der Betriebsart alternierend „ALT." betrieben, dem Vertikalverstärker I wird die Rechteckspannung am Eingang der *R*-*C*-Schaltung und dem Vertikalverstärker II die Spannung am Ausgang der *R*-*C*-Schaltung zugeführt.

2. Mit Hilfe der Einstellmöglichkeiten des Oszillographen (Triggerpegel, Empfindlichkeit der Vertikalverstärker, Zeitablenkung) werden auf dem Schirm stehende, gut auswertbare Oszillogramme erzeugt; die Triggerung erfolgt dabei zweckmäßigerweise auf das Eingangssignal I.

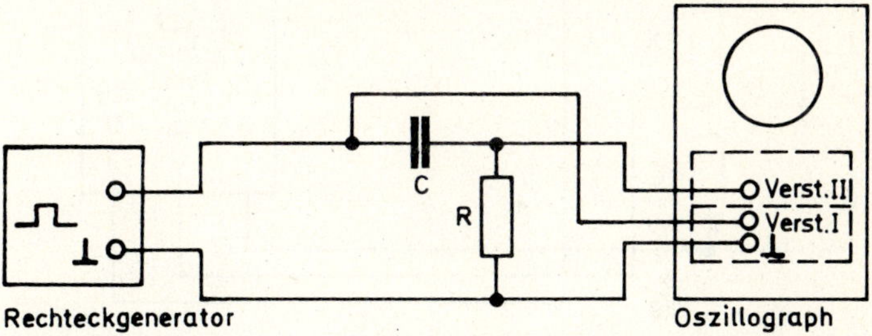


Abb. 56. Versuchsaufbau zur Impulsformung durch *R*-*C*-Kombinationen.

3. Anstiegszeit, Impulsdauer, Abfallzeit, Scheitelwert und Periodendauer des Rechtecksignales werden bestimmt.

4. Verlauf des Rechtecksignales und des Ausgangssignales am Widerstand der *R*-*C*-Kombination „Hochpaß" sind für verschiedene Zeitkonstanten aufzuzeichnen.

5. Analog ist die Impulsform am Kondensator der *R*-*C*-Kombination „Tiefpaß" für verschiedene Zeitkonstanten aufzuzeichnen. (In der Schaltung der Abb. 56 sind hierzu *R* und *C* zu vertauschen!)

6. Man diskutiere, unter welchen Bedingungen das Rechtecksignal möglichst gut übertragen, differenziert bzw. integriert wird. Wie kann ein Rechtecksignal in einen Nadelimpuls bzw. in einen Dreiecksimpuls umgeformt werden?

### 6.3.4. Versuch: Oszillographische Darstellung der Kennlinien elektrischer Bauelemente

**Aufgabe:** Die Kennlinien verschiedener elektrischer Bauelemente (VDR-Widerstand, Diode, Zener-Diode) sind oszillographisch darzustellen und zu diskutieren.

**Grundlagen:** Wird an ein elektrisches Bauelement eine Wechselspannung angelegt, so wird durch die periodische Änderung von Größe und Vorzeichen der Wechselspannung die *I*-*U*-Kennlinie des Bauelementes ständig durchlaufen. Der Zusammenhang zwischen Strom und Spannung kann von einem Oszillographen im *x*-*y*-Betrieb direkt dargestellt werden; eine geeignete Versuchsanordnung zeigt die Abb. 57.

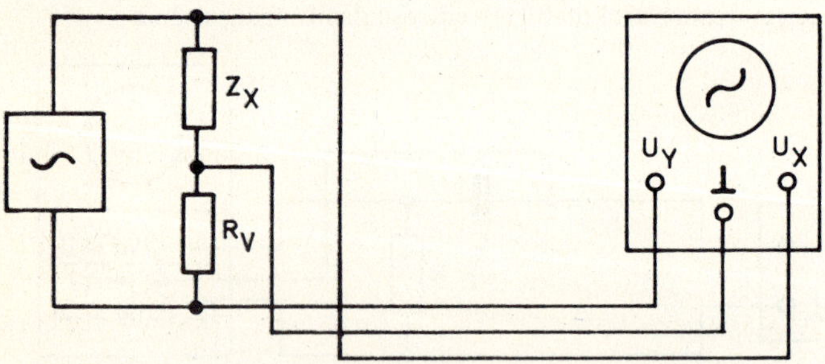


Abb. 57. Versuchsanordnung zur oszillographischen Darstellung von Kennlinien.

Als Spannungsquelle benutzt man eine erdfreie Wechselspannungsquelle (Trenntransformator); der Stromkreis wird zwischen dem Bauelement $Z_x$ und dem ohmschen Vorwiderstand $R_v$ geerdet. Durch diese Schaltung kann die an $Z_x$ anliegende Spannung gemessen werden, ohne daß die Spannungen verfälscht werden. Zu beachten ist jedoch, daß die Spannung an $R_v$ in der entgegengesetzten Polarität gemessen wird wie die Spannungen an $Z_x$: *Auf dem Oszillographen ist die positive Stromachse nach unten zu rechnen.*

**Versuchsdurchführung:**

1. Die Schaltung ist gemäß Abb. 57 aufzubauen. Damit ein Kurzschluß vermieden wird, muß die Spannungsquelle einen erdfreien Ausgang

besitzen, ferner ist der Vorwiderstand $R_v$ hinreichend groß zu wählen (Überlastschutz).

2. Am Oszillographen wird der Umschalter für die Horizontalablenkung auf „externer Betrieb" geschaltet.

3. Die Spannung der Wechselspannungsquelle und die Verstärkung von $y$- und $x$-Ablenkung des Oszillographen sind so einzustellen, daß der Oszillographenschirm möglichst gut ausgenutzt wird.

4. Zur Auswertung beachte man, daß die positive Spannung nach rechts, die positive Stromrichtung jedoch nach unten zeigt. Besitzt der Oszillograph die Möglichkeit, eine Spannung invertiert darzustellen, so ist davon Gebrauch zu machen. Die Stromstärke bestimmt man mit Hilfe des Ohmschen Gesetzes aus dem Widerstand $R_v$ und der gemessenen Spannung $u_y$.

5. Man zeichne die Kennlinie verschiedener Bauelemente vom Oszillographenschirm ab (ggf. an der $x$-Achse gespiegelt) und diskutiere den Verlauf anhand einfacher Modellvorstellungen. Man beachte, daß die „dynamische" Kennlinie von der statischen Kennlinie abweichen kann, wenn Relaxationseffekte vorliegen (Beispiel: Kennlinie einer Glühlampe).

### 6.3.5. Versuch: Periodendauermessungen über Lissajous-Figuren

**Aufgabe:** Ein Sinus-Generator variabler Frequenz ist mit Hilfe einer Normalfrequenz zu kalibrieren.

**Grundlagen:** Werden zwei Sinusschwingungen so überlagert, daß ihre Schwingungsrichtungen zueinander orthogonal stehen, so bilden sie nur dann geschlossene Kurven (stehende Bilder), wenn ihre Frequenzen in einem ganzzahligen Verhältnis stehen. Das Aussehen und die Form der geschlossenen Kurve hängt von den Amplituden der beiden Schwingungen, der Phasenlage und dem Frequenzverhältnis ab. Beispiele für solche **Lissajous-Figuren** zeigt Abb. 58. Die Seitenlängen des umgrenzenden Rechtecks entsprechen den Amplituden $u_{ss} = 2\hat{u}$ der Einzelschwingungen. Die Zahl der Umkehrpunkte in horizontaler bzw. vertikaler Richtung $n_x$, $n_y$ bestimmen das Frequenzverhältnis der beiden Schwingungen

$$\frac{\nu_y}{\nu_x} = \frac{n_x}{n_y}. \tag{6.12}$$

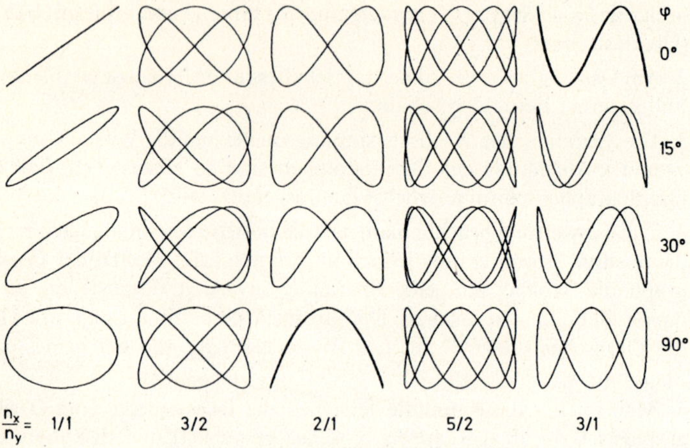


Abb. 58. Lissajous-Figuren für verschiedene Frequenzverhältnisse und Phasenlagen.

**Versuchsdurchführung:**

1. Der Umschalter für die Horizontalablenkung ist auf „externer Betrieb“ zu schalten.

2. Die Spannung des zu eichenden Sinus-Generators wird dem Vertikaleingang und die Spannung mit der Bezugsfrequenz $\nu_0$ dem Horizontaleingang des Oszillographen zugeführt.

3. Die Frequenz des variablen Generators wird variiert, bis auf dem Schirm ein stehendes Bild erscheint.

4. Die Zahl der Umkehrpunkte wird ermittelt und das Frequenzverhältnis gemäß Formel (6.12) bestimmt.

5. Durch Einstellung verschiedener Frequenzverhältnisse lassen sich hinreichend viele Meßpunkte zur Kalibrierung des variablen Sinus-Generators auffinden. Die gemessenen Frequenzen werden als Funktion der Skalenwerte aufgetragen und durch eine ausgleichende Kurve verbunden.

### 6.3.6. Versuch: Messung der Phasendifferenz über Lissajous-Figuren

**Aufgabe:** Die Phasendifferenz zweier Spannungen gleicher Frequenz ist über die Lissajous-Figur zu bestimmen.

**Grundlagen:** Werden zwei Spannungen auf einem Oszillographenschirm orthogonal überlagert

$u_x = \hat{u}_x \cdot \sin(\omega t)$ und $u_y = \hat{u}_y \cdot \sin(\omega t + \varphi)$,

so erhält man als Lissajous-Figur im allgemeinen Fall eine Ellipse, die die Seiten eines Rechteckes mit den Längen $2\hat{u}_x$ und $2\hat{u}_y$ tangiert (Abb. 60) und die unter bestimmten Bedingungen zu einer Geraden ($\varphi = 0$ bzw. $\pi$) oder zum Kreis ($\varphi = \pi/2$ bzw. $3\pi/2$ und $\hat{u}_x = \hat{u}_y$) entartet.

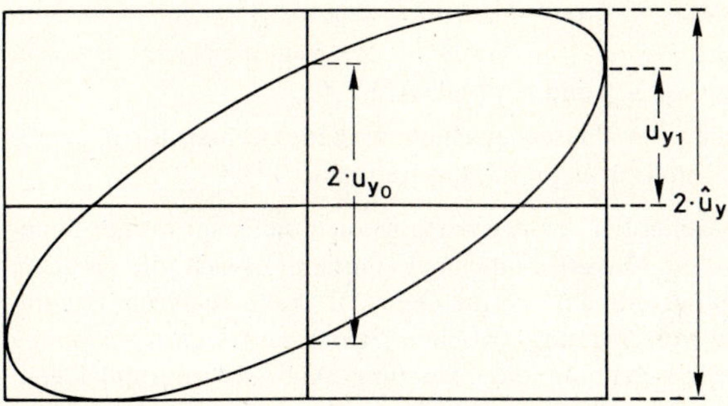


Abb. 59. Zur Bestimmung der Phasendifferenz aus der Phasenellipse.

Für die Bestimmung der Phasendifferenz aus charakteristischen Größen der Phasenellipse ergeben sich mehrere Möglichkeiten, so z. B.

für $\omega t = 0$: $u_x = 0$ und $u_{y0} = \hat{u}_y \cdot \sin\varphi$ d. h. $\sin\varphi = \dfrac{u_{y0}}{\hat{u}_y}$ (6.13)

für $\omega t = \pi/2$: $u_x = \hat{u}_x$ und $u_{y1} = \hat{u}_y \cdot \sin(\pi/2 + \varphi)$ d. h. $\cos\varphi = \dfrac{u_{y1}}{\hat{u}_y}$ (6.14)

Bestimmt man mit Hilfe der Fehlerfortpflanzung den Einfluß von Meßabweichungen bei $u_{y0}$ bzw. $u_{y1}$ auf die Meßunsicherheit der Phasendifferenz $\varphi$, so ist bei kleinen Winkeln eine Auswertung gemäß Formel (6.13) und bei Winkeln nahe $\pi/2$ die Auswertung gemäß Formel (6.14) vorteilhafter.

Der Darstellung kann i.a. nicht entnommen werden, ob die Phasenellipse im Rechts- oder Linkssinn durchlaufen wird, d.h. ob die Phasenverschiebung positiv oder negativ ist, hierzu sind ggf. weitere Informationen (z.B. Zeigerdiagramm) erforderlich.

**Versuchsdurchführung:**

1. Die Spannungen $u_x$ und $u_y$ werden an die beiden Eingangskanäle des Oszillographen gelegt. Am Oszillographen ist die Horizontalablenkung auf „externen Betrieb" zu schalten.

2. Verstärkung und Nullpunkteinstellung von x- und y-Ablenkung des Oszilligraphen sind so zu wählen, daß der Oszillographenschirm möglichst gut ausgenutzt wird und das Bild symmetrisch zu den Koordinatenachsen liegt.

3. Man bestimme $\hat{u}_y$, $u_{y\,0}$ und $u_{y\,1}$ (vgl. Abb. 59).

4. Zur Berechnung der Phasenverschiebung benutze man für $u_{y\,1} > u_{y\,0}$ die Formel (6.13) und für $u_{y\,1} < u_{y\,0}$ die Formel (6.14).

**Hinweis:** Man beachte bei der Auswertung auch die Polarität der Spannungen (gemeinsame Masse)! Manchmal empfiehlt es sich, die gesuchte Phasenverschiebung mittelbar zu messen, z.B. kann man zur Bestimmung der Phasenverschiebung zwischen Strom und Gesamtspannung einer $R, L, C$-Serienschaltung die Schaltung Abb. 47 zugrundelegen, dabei ist die zusätzliche Phasenverschiebung zwischen kapazitiver Spannung und Strom zu berücksichtigen.

### 6.3.7. Anwendungsbeispiele zu den Versuchen und Anregungen zum Selbststudium

Die Bedeutung der Impulserzeugung und -verarbeitung für die elektrische Meßtechnik kann kaum überschätzt werden; als Beispiele sollen hier nur elektrophysiologische Methoden erwähnt werden.

**Impulsregistrierung in der Elektrodiagnostik:** Untersuchung des Ablaufes erregbarer Strukturen (Nerven, Muskeln) im lebenden Körper durch bioelektrische Potentiale, Elektrokardiographie EKG (Herzaktionen), Elektroenzephalographie EEG (Gehirntätigkeit), Elektromyographie EMG (Muskelaktivitäten); Einfluß der Elektrodenanordnung (Ableitungen) auf Form und Größe der bioelektrischen Impulse; Deutung der verschiedenen EKG-Registrierungen bei Mehr-Elektrodenanordnung als integraler Ausdruck zeitlich und räumlich veränderlicher Erregungsvorgänge.

**Impulserzeugung in der Elektrotherapie:** Erregung und Reizung von Nerven und Steuerung von Muskeln zur Vermeidung degenerativer Veränderungen und zur Aufrechterhaltung lebenswichtiger Funktionen (Herz-Schrittmacher); Einfluß der Impulsform auf die elektrophysiologische Reizung nach dem „Alles-oder-Nichts-Gesetz" (Reizstromtechnik); Triggerung von Herzschrittmachern zur Berücksichtigung spontan auftretender Herzschläge und zur Anpassung der Schlagfrequenz an die Erfordernisse des Gesamtkreislaufes.

# 7. Schwingungen und Wellen

| Symbole | Größen | SI-Einheiten | |
|---|---|---|---|
| $s, x, L, l, h, r, R$ | Weg, Länge, Radius | m | Meter |
| $\hat{s}$ | Amplitude | m | |
| $\lambda$ | Wellenlänge | m | |
| $V$ | Volumen | $m^3$ | |
| $m$ | Masse | kg | Kilogramm |
| $\rho$ | Dichte | $kg/m^3$ | |
| $t$ | Zeit | s | Sekunde |
| $T$ | Periodendauer | s | |
| $\nu$ | Frequenz | 1/s | Hertz |
| $\omega$ | Kreisfrequenz, Winkelfrequenz | 1/s | |
| $v, c$ | Geschwindigkeit | m/s | |
| $a$ | Beschleunigung | $m/s^2$ | |
| $g$ | Erdbeschleunigung | $m/s^2$ | |
| $\delta$ | Winkel | rad | Radiant |
| $Z$ | Schallwellenwiderstand | $kg/(m^2 \cdot s)$ | |
| $F$ | Kraft | $N = kg \cdot m/s^2$ | Newton |
| $D$ | Direktionskonstante | N/m | |
| $M$ | Drehmoment | $N \cdot m$ | |
| $J$ | Trägheitsmoment | $kg \cdot m^2$ | |
| $p$ | Druck | $Pa = N/m^2$ | Pascal |
| $E, G, Q$ | Elastizitäts-, Schub- und Kompressionsmodul | $N/m^2$ | |
| $W$ | Energie | $J = kg \cdot m^2/s^2$ | Joule |
| $I$ | Intensität | $J/(m^2 \cdot s)$ | |
| $T_K$ | Temperatur | K | Kelvin |
| $M$ | molare Masse | kg/mol | |
| $C$ | molare Wärmekapazität | $J/(mol \cdot K)$ | |
| $\kappa$ | Adiabatenexponent | – | |
| $k$ | Konstanten | verschieden | |
| $R$ | Universelle Gaskonstante | $R = 8{,}314\ J/(mol \cdot K)$ | |

# 7.1. Theoretische Grundlagen

## 7.1.1. Einführung

Schwingungen und Wellen sind physikalische Erscheinungen, die in allen Bereichen der Physik eine wichtige Rolle spielen und deren Bedeutung weit über die „klassischen" Bereiche Akustik und Optik hinausreicht. Die spezifischen Phänomene und die charakteristischen Größen der Schwingungen und Wellen ermöglichen die Bestimmung physikalischer Konstanten, sie erlauben wichtige Rückschlüsse auf Eigenschaften der Materie und liefern eine experimentelle Grundlage für fundamentale physikalische Theorien. Die besondere Eigenschaft der Welle, Energie und damit auch Information ohne Materietransport zu übertragen, wird sehr häufig genutzt und bildet u.a. die Grundlage der modernen Nachrichtentechnik.

Die Grundbegriffe der Schwingungen und Wellen werden im folgenden am anschaulichen Verhalten der mechanischen Schwingung von Materieteilchen abgeleitet. Selbst bei dieser Beschränkung läßt sich die Vielzahl der experimentellen Methoden und Möglichkeiten mit Schwingungen und Wellen nur teilweise andeuten.

## 7.1.2. Die harmonische Schwingung

Bei der Verformung elastischer Körper treten Kräfte auf, die der Verformung entgegenwirken und deshalb als *rücktreibende Kräfte* bezeichnet werden. Das dynamische Verhalten eines Körpers unter dem Einfluß einer solchen rücktreibenden Kraft wird dadurch bestimmt, daß mit der Kraft auch die Beschleunigung stets zur Ruhelage hingerichtet ist. Solange eine Masse sich auf die Ruhelage zubewegt, bewirkt die rücktreibende Kraft eine Zunahme der Geschwindigkeit. Schwingt die Masse infolge ihrer Trägheit über die Ruhelage hinaus, bewirkt die rücktreibende Kraft zunächst eine Verringerung der Geschwindigkeit (negative Beschleunigung!) bis zum Stillstand, um dann die Masse erneut zur Ruhelage hin zu beschleunigen.

In ihrer Grundform wird diese *Schwingung um die Ruhelage* durch folgende Gleichungen beschrieben. Zwischen rücktreibender Kraft $F_r$ und der Auslenkung aus der Ruhelage $s$ besteht bei nicht zu großer Verformung ein linearer Zusammenhang

$$\boldsymbol{F}_r = -D \cdot \boldsymbol{s}. \qquad (7.1)$$

Das Minuszeichen berücksichtigt, daß Kraft und Auslenkung einander entgegengerichtet sind, der Proportionalitätsfaktor $D$ wird als *Direktionskonstante* (Richtkonstante) bezeichnet. Wirken keine weiteren Kräfte, so gilt nach dem II. Newtonschen Axiom

$$\boldsymbol{F}_r = m \cdot \boldsymbol{a} \tag{2.4}$$

mit $a = \dfrac{d^2 s}{dt^2} = \ddot{s}$.

Bei einer linearen Bewegung sind die Vektoren durch Betrag und Vorzeichen charakterisiert. Durch Verknüpfung der Gleichungen (2.4) und (7.1) erhält man

$$m \cdot \ddot{s} + D \cdot s = 0 . \tag{7.2}$$

Diese Differentialgleichung wird durch folgenden Ansatz für die Elongation (Auslenkung aus der Ruhelage) $s(t)$ gelöst:

$$s(t) = \hat{s} \cdot \sin(\omega t - \varphi), \quad \text{mit} \tag{7.3}$$

$$\omega = \frac{2\pi}{T} = \sqrt{\frac{D}{m}} . \tag{7.4}$$

Unter den Voraussetzungen, daß die rücktreibende Kraft proportional zur Auslenkung aus der Ruhelage ist (lineares Kraftgesetz) und keine Reibungskräfte wirken, wird die Bewegung durch eine harmonische Schwingung um die Ruhelage beschrieben. Die Konstanten des schwingungsfähigen Gebildes – hier Masse $m$ und Direktionskonstante $D$ – bestimmen die Periodendauer $T$ bzw. die Eigenfrequenz $\nu = 1/T = \omega/2\pi$. Die weiteren Konstanten – Amplitude $\hat{s}$ und Phasendifferenz $\varphi$ – ergeben sich aus den speziellen Anfangsbedingungen des Experimentes, so zum Beispiel Geschwindigkeit und Auslenkung zur Zeit $t = 0$.

(Anmerkung: Man informiere sich über die wichtigsten Eigenschaften der Sinus-Funktion und überzeuge sich, daß der Ansatz (7.3) die Gleichung (7.2) befriedigt und daß dadurch Gleichung (7.4) bestimmt ist – s. Anhang 11.2).

Bei der harmonischen Schwingung einer Masse m findet ein ständiger Wechsel zwischen den Energieformen kinetische Energie $W_{kin} = m \cdot v^2/2$ und potentielle Energie $W_{pot} = D \cdot s^2/2$ statt. Die Gesamtenergie der Schwingung

$$W_{ges} = W_{kin} + W_{pot} = \frac{1}{2} m \cdot v^2 + \frac{1}{2} D \cdot s^2 \tag{7.5a}$$

bleibt konstant.

Im Augenblick des Durchganges durch die Ruhelage ist die Geschwindigkeit und damit die kinetische Energie maximal. In dem Maße, wie die Elongation zunimmt, wird die kinetische Energie in potentielle Energie umgesetzt, bis bei der maximalen Elongation die Gesamtenergie als potentielle Energie $D \cdot \hat{s}^2/2$ gespeichert ist. Ersetzt man $D$ aus Formel (7.4), erhält man

$$W_{ges} = \frac{1}{2} m \cdot \omega^2 \cdot \hat{s}^2 . \qquad (7.5)$$

Die Gesamtenergie einer Schwingung der Masse $m$ ist proportional dem Quadrat der Frequenz und dem Quadrat der Amplitude.

Treten außer der rücktreibenden Kraft noch weitere Kräfte auf, so wirkt sich das auf den Bewegungsablauf des schwingungsfähigen Systems aus:

**Gedämpfte Schwingung:** Abb. 60a zeigt den zeitlichen Verlauf der Auslenkung bei einer ungedämpften Schwingung. Die Bewegung wird gedämpft, wenn dem System durch Reibungskräfte Energie entzogen wird. Die Abb. 60b–d zeigen den zeitlichen Verlauf der Auslenkung unter der

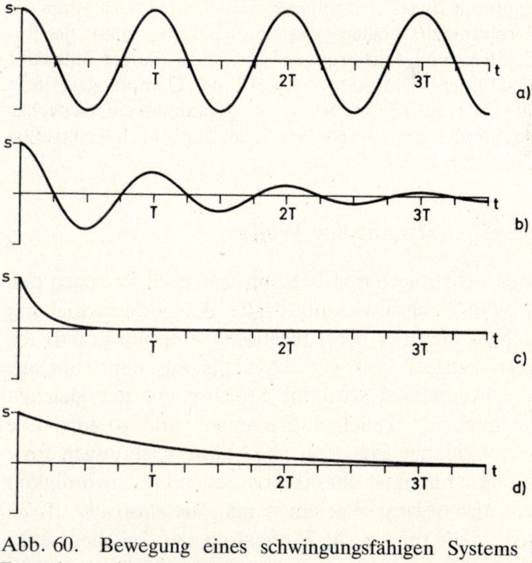


Abb. 60. Bewegung eines schwingungsfähigen Systems bei unterschiedlicher Dämpfung: a) ungedämpfte Schwingung, b) gedämpfte Schwingung, c) aperiodischer Grenzfall, d) Kriechfall.

Voraussetzung, daß die Reibungskraft der Geschwindigkeit proportional ist. Bei der gedämpften Schwingung b) nimmt die Amplitude exponentiell mit der Zeit ab:

$$s = \hat{s} \cdot \exp(-\beta \cdot t) \cdot \sin(\omega' \cdot t - \varphi) . \tag{7.6}$$

Dabei ist die Frequenz $\nu' = \omega'/2\pi$ des gedämpft schwingenden Systems kleiner als die Frequenz $\nu = \omega/2\pi$ des ungedämpften Systems. Die Abweichung kann jedoch bei schwacher Dämpfung vernachlässigt werden: Einmal angestoßen, schwingt ein ungedämpftes bzw. nur schwach gedämpftes System mit seiner charakteristischen Eigenfrequenz (Beispiele: Stimmgabel, Musikinstrumente).

Bei starker Dämpfung schwingt das System nicht mehr, die Bewegung zur Ruhelage erfolgt kriechend. Die Einstellung des Endwertes erfolgt am schnellsten beim aperiodischen Grenzfall c), dem Übergang von der gedämpften Schwingung b) zum Kriechfall d).

**Erzwungene Schwingung, Resonanz:** Wird ein schwingungsfähiges System mit der Eigenfrequenz $\nu$ durch eine äußere periodische Kraft mit der Frequenz $\nu_a$ erregt, so stellt sich nach einer gewissen Zeit eine Schwingung mit der Erregerfrequenz $\nu_a$ ein. Die Amplitude dieser erzwungenen Schwingung wird durch die Dämpfung und das Verhältnis der beiden Frequenzen $\nu/\nu_a$ bestimmt. Bei Resonanz sind Erregerfrequenz und Eigenfrequenz gleich; in diesem Fall wird die von außen zugeführte Energie nur zum Ausgleich der Dämpfungsverluste benötigt. Die Amplitude der erzwungenen Schwingung kann um ein Vielfaches größer sein als die Amplitude der erregenden Kraft (vgl. auch elektrische Resonanz, Versuch 5.3.4.).

## 7.1.3. Die ungedämpfte harmonische Welle

In einem ausgedehnten deformierbaren Medium bestehen zwischen den Materieteilchen elastische Wechselwirkungskräfte. Bei der Verschiebung eines einzelnen Teilchens bewirkt diese elastische Kopplung, daß die benachbarten Teilchen zeitlich verzögert ebenfalls aus der Ruhelage verschoben werden; anschließend wird die Störung mit der gleichen Verzögerung auf die nächsten Teilchen übertragen und so fort. Die Erregung eines Punktes pflanzt sich also nach allen Richtungen fort; diesen räumlich-zeitlichen, mit einer charakteristischen Geschwindigkeit ablaufenden Ausbreitungsvorgang bezeichnet man als *elastische Welle*. Bei einer *transversalen Welle* erfolgt die Elongation der Teilchen senkrecht zur Ausbreitungsrichtung der Welle, bei einer *longitudinalen Welle* erfolgt die Elongation in Ausbreitungsrichtung der Welle.

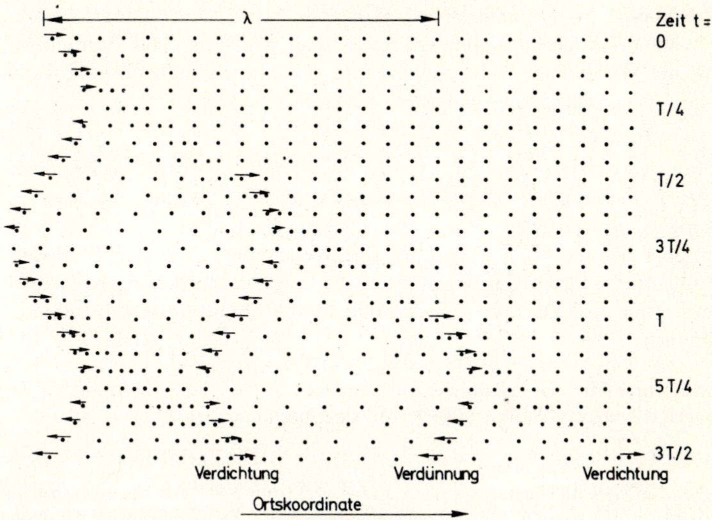


Abb. 61. Ausbildung einer longitudinalen Welle.

Abb. 61 stellt anschaulich die Ausbreitung einer eindimensionalen longitudinalen Welle dar, bei der die Deformation des 1. Erregerpunktes durch eine harmonische Schwingung verursacht wird (harmonische Welle). Zwei benachbarte Punktreihen kennzeichnen die Ortsverschiebung für einen Zeitabstand $T/16$; zusätzlich sind für einige Punkte die Geschwindigkeitsvektoren angegeben. Zum Zeitpunkt $t=0$ wird das erste Teilchen angestoßen; während es die longitudinale Schwingung durchführt, wird die Erregung weitergeleitet. Ist das erste Teilchen nach der Periodendauer $T$ in den Anfangszustand zurückgekehrt, hat sich die Erregung bis zum Ort $\Delta x = \lambda$ fortgepflanzt. Die Ausbreitungsgeschwindigkeit der Welle ist demnach

$$c = \frac{\Delta x}{\Delta t} = \frac{\lambda}{T}. \tag{7.7a}$$

Die harmonische Welle weist eine zeitliche und eine räumliche Periodizität auf: An einem *festgehaltenen Ort* ist die Elongation des Teilchens eine *periodische Funktion der Zeit*, zu einem *festgehaltenen Zeitpunkt* ist die Elongation aller Teilchen eine *periodische Funktion des Ortes*. Die charakteristische Konstante der zeitlichen Periodizität ist die **Peri-**

**odendauer** $T$. Der räumliche Abstand zweier aufeinanderfolgender Teilchen im gleichen Bewegungszustand, die räumliche Periodizität, ist die **Wellenlänge** $\lambda$. Räumliche und zeitliche Periodizität sind durch die **Ausbreitungsgeschwindigkeit** $c$ verknüpft

$$c = \nu \cdot \lambda = \lambda / T \,. \tag{7.7}$$

Von den drei Konstanten $c, \nu, \lambda$ ist die Frequenz $\nu$ (bzw. die Periodendauer $T$) die charakteristische Konstante der Erregung, die Ausbreitungsgeschwindigkeit $c$ ist die charakteristische Konstante des Mediums, in dem sich die Welle ausbreitet. Die Wellenlänge $\lambda$ hat nur die Bedeutung einer abgeleiteten Konstanten, die durch die beiden ersten Größen bestimmt ist und sich proportional zur Ausbreitungsgeschwindigkeit ändert.

**Mathematische Darstellung der harmonischen Welle:** Die Elongation im Erregerzentrum der Welle erfolge gemäß einer harmonischen Schwingung

$$s = \hat{s} \sin \omega t \,. \tag{7.8}$$

Ein Teilchen im Abstand $x$ vom Erregerzentrum wird erst zu einer um $\Delta t$ späteren Zeit die gleiche Elongation haben; diese Zeit $\Delta t$ benötigt die Welle zum Durchlaufen der Strecke $x$

$$\Delta t = \frac{x}{c} \,.$$

Damit erhält man für die Elongation des Teilchens im Abstand $x$ vom Erregerzentrum

$$s = \hat{s} \cdot \sin \omega \left( t - \frac{x}{c} \right) .$$

Werden $\omega$ und $c$ gemäß (7.4) und (7.7) ersetzt, so ergibt sich

$$s = \hat{s} \cdot \sin 2\pi \left( \frac{t}{T} - \frac{x}{\lambda} \right) . \tag{7.9}$$

In dieser Gleichung für eine eindimensionale harmonische Welle kommen sowohl die zeitliche ($x = \text{const.}$) als auch die räumliche ($t = \text{const.}$) Periodizität der Welle zum Ausdruck.

Die Geschwindigkeit $c$ beschreibt die Ausbreitung eines bestimmten Zustandes einer Welle, z. B. eines Extremwertes der Elongation. Da ein solcher Zustand durch einen bestimmten Wert der Phase definiert wird, bezeichnet man $c$ auch als *Phasengeschwindigkeit*. Hiervon deutlich zu unterscheiden ist die Geschwindigkeit $v$ der Materieteilchen bei ihrer Schwingung um die Ruhelage, diese wird als *Schnelle* bezeichnet.

Mit einer elastischen Welle ist *kein* räumlicher Transport von Materie verknüpft, trotzdem transportiert die Welle Energie:

Als Energiedichte einer Welle wird der Energieinhalt $\Delta W$ eines Volumenelementes $\Delta V$ bezeichnet. Division der Gleichung (7.5) durch $\Delta V$ ergibt wegen $\rho = \Delta m / \Delta V$

$$\frac{\Delta W}{\Delta V} = \frac{1}{2} \rho \cdot \omega^2 \cdot \hat{s}^2 . \tag{7.10}$$

Das Produkt aus Energiedichte $\Delta W / \Delta V$ und Ausbreitungsgeschwindigkeit $c$ bezeichnet man als Intensität $I$, das ist die Energie, die in der Zeiteinheit durch eine Einheitsfläche senkrecht zur Ausbreitungsrichtung der Welle strömt

$$I = \frac{1}{2} \rho \cdot c \cdot \omega^2 \cdot \hat{s}^2 . \tag{7.11}$$

Da die drei ersten Größen Konstanten des Ausbreitungsmediums bzw. des Erregers sind, gilt insbesondere:

Die Intensität einer Welle ist proportional dem Quadrat der Wellenamplitude!

Zur Beschreibung einer elastischen Welle werden außer der *Elongation s* auch andere physikalische Phänomene herangezogen, so insbesondere die *Schnelle* $v$ und die mit den Dichteschwankungen verknüpften Druckschwankungen, der *Wechseldruck* $p_s$. Zwischen den verschiedenen Größen existieren ggf. Phasenverschiebungen (Abb. 61); die Amplituden sind verknüpft durch die Gleichungen

$$\hat{p}_s = \rho \cdot c \cdot \hat{v} = \rho \cdot c \cdot \omega \cdot \hat{s} . \tag{7.12}$$

## 7.1.4. Ausbreitung und Überlagerung von Wellen

**Beugung, Reflexion, Brechung:** Die Ausbreitung einer Welle läßt sich hinsichtlich ihrer Richtung beschreiben durch das

**Prinzip von Huygens-Fresnel:** Alle Ortspunkte, die von einer Wellenfront erfaßt werden, können als Ausgangspunkte neuer, kugelförmiger Elementarwellen angesehen werden. Diese Elementarwellen überlagern sich und löschen sich durch Interferenz weitgehend aus. Die resultierende Einhüllende der nicht ausgelöschten Elementarwellen bildet die neue Wellenfront.

Dieses Prinzip beschreibt das Verhalten von Wellen an Hindernissen bzw. an Öffnungen in Hindernissen. In erster Näherung wirft das Hindernis einen „Schatten", dessen Grenzen sich geometrisch bestimmen lassen. Der Schatten ist um so schärfer, je kleiner die Wellenlänge im Vergleich zu den Abmessungen der Hindernisse bzw. Öffnungen ist. Rückt die Wellenlänge in die Größenordnung der Hindernisstrukturen, so überschreiten die Wellen die Schattengrenze merklich, sie werden in den geometrischen Schattenraum *gebeugt*.

Aus dem Huygens-Fresnelschen Prinzip ergeben sich auch die Richtungen der neuen Wellenfronten, die an den Grenzflächen von Medien mit unterschiedlicher Fortpflanzungsgeschwindigkeit reflektiert bzw. gebrochen werden. (Reflexions- und Brechungsgesetz, siehe Abschnitt 8.1.2.)

Zusätzliche Gesetzmäßigkeiten und Berechnungen sind erforderlich, um die Amplituden bzw. Intensitäten von reflektierter und gebrochener Welle quantitativ zu erfassen. Für elastische Wellen wesentlich ist hierbei das Verhältnis von Wechseldruck und Schnelle, das als *Wellenwiderstand* $Z$ bezeichnet wird:

$$Z = \rho \cdot c\,. \tag{7.13}$$

Bei senkrechtem Auftreffen elastischer Wellen auf die Grenzfläche zweier Medien mit den Wellenwiderständen $Z_1 = \rho_1 c_1$ und $Z_2 = \rho_2 c_2$ ist das Verhältnis der Amplituden von reflektierter Welle $\hat{s}_{1r}$ zur einfallenden Welle $\hat{s}_{1e}$ bestimmt durch

$$\frac{\hat{s}_{1r}}{\hat{s}_{1e}} = \frac{Z_1 - Z_2}{Z_1 + Z_2}\,. \tag{7.14}$$

Das Verhältnis ist positiv, falls $Z_1 > Z_2$, und negativ, falls $Z_1 < Z_2$. Damit folgt:

Läuft eine Welle gegen ein Medium mit kleinerem Wellenwiderstand, so ist die reflektierte Welle gleichphasig zur einlaufenden Welle, läuft die Welle gegen ein Medium mit größerem Wellenwiderstand, so wird sie an der Grenzfläche gegenphasig (d.h. mit einem Phasensprung $\pi$) reflektiert.

Sprachlich vereinfachend aber inhaltlich nicht ganz korrekt spricht man häufig nur von einer Reflexion am „dünneren" und am „dichteren" Medium.

Für die Amplitude der in das Medium 2 eintretenden Welle gilt

$$\frac{\hat{s}_2}{\hat{s}_{1e}} = \frac{2Z_1}{Z_1 + Z_2}, \tag{7.14a}$$

sie ist stets in Phase mit der einfallenden Welle.

**Interferenz:** Bei der Überlagerung zweier am gleichen Ort zusammentreffender *gleichartiger* Wellen addieren sich die Momentanamplituden. Für eine solche **Superposition** zweier Wellen ist charakteristisch, daß sich gleichgerichtete Amplituden verstärken, daß aber einander entgegengesetzte Amplituden sich abschwächen und u.U. völlig auslöschen.

Als **Interferenz** bezeichnet man das Phänomen, daß bei der räumlichen Überlagerung zweier Wellen eine stationäre räumliche Verteilung von Orten mit maximaler Elongation und von Orten mit minimaler Elongation entsteht.

Das Auftreten von Interferenzen ist das entscheidende Experiment, das den Wellencharakter einer Strahlung beweist! Interferenzen lassen sich stationär, d.h. über eine endliche Meßzeit nur dann beobachten, wenn die zur Überlagerung gebrachten Wellen bestimmte Bedingungen erfüllen, die man in dem Begriff **Kohärenz** zusammenfaßt:

Gleichartige Wellenzüge sind kohärent, wenn sie folgende Eigenschaften aufweisen:

1. Die Wellen haben die gleiche Schwingungsrichtung (d.h. bei transversalen Wellen die gleiche Schwingungsebene).
2. Die Wellen haben die gleiche Frequenz bzw. Wellenlänge.
3. Die Wellen haben eine feste Phasenbeziehung zueinander.

Bei einer Interferenz zweier kohärenter Wellen beobachtet man maximale Verstärkung an solchen Orten, bei denen beide Wellen in Phase sind (Phasendifferenz $\delta$ gleich Null bzw. ganzzahliges Vielfaches von $2\pi$); maximale Abschwächung (bzw. bei gleicher Amplitude der Wellen völlige Auslöschung) ergibt sich dort, wo die Wellen gegenphasig sind (Phasendifferenz $\delta$ gleich ungeradzahliges Vielfaches von $\pi$).

Statt der Phasendifferenz $\delta$ wird häufig auch der Gangunterschied $\Delta$ der beiden Wellen betrachtet, das ist der Wegunterschied der Wellen gemessen in Einheiten der Wellenlänge. Dann gelten mit $n$ als ganzer Zahl die

Interferenzbedingungen hinsichtlich Phasendifferenz bzw. Gangunterschied:

Maximale Amplitude (Schwingungsbauch)

$\delta = 2n \cdot \pi$ bzw. $\Delta = n \cdot \lambda$,

minimale Amplitude (Schwingungsknoten) (7.15)

$\delta = (2n+1) \cdot \pi$ bzw. $\Delta = \left(n + \frac{1}{2}\right) \cdot \lambda$.

Ein Sonderfall der stationären Interferenz sind die *stehenden Wellen,* die sich dann ausbilden, wenn 2 Wellen gleicher Amplitude einander entgegenlaufen. Die Überlagerung einer Welle in positiver $x$-Richtung mit einer Welle in negativer $x$-Richtung ergibt

$$\hat{s} \cdot \sin\left(2\pi\left(\frac{t}{T} - \frac{x}{\lambda}\right)\right) + \hat{s} \cdot \sin\left(2\pi\left(\frac{t}{T} + \frac{x}{\lambda}\right)\right)$$

$$= 2\hat{s} \cdot \cos\left(2\pi \frac{x}{\lambda}\right) \cdot \sin\left(2\pi \frac{t}{T}\right), \tag{7.16}$$

das ist eine stationäre Schwingung mit der Periodendauer $T$, deren Amplitude durch den Cosinus-Faktor räumlich moduliert wird.

**Polarisation:** Bei transversalen Wellen treten u. U. bestimmte Phänomene auf, die durch die Orientierung der Schwingungsrichtung bestimmt sind. Im allgemeinen Fall können aufeinanderfolgende Wellenzüge einer transversalen Welle beliebig wechselnde Schwingungsrichtungen einnehmen. Ist die Schwingungsebene jedoch durch bestimmte Gesetzmäßigkeiten festgelegt, bezeichnet man die Welle als polarisiert.

Eine linear polarisierte Welle besitzt eine fest definierte Schwingungsebene, während die Elongation nach einer periodischen (harmonischen) Funktion erfolgt.

Bei Überlagerung zweier linear polarisierter Wellen, die senkrecht zueinander schwingen, treten auch bei fester Phasendifferenz keine Interferenzen auf. Die beiden Schwingungsamplituden überlagern sich vielmehr nach den Regeln der Vektoraddition zu einem resultierenden Schwingungsvektor, dessen Endpunkte bezogen auf die Fortpflanzungsrichtung im allgemeinen Fall auf einer Ellipse liegen. Überlagerung von Schwingungen vgl. Versuche 6.3.5. und 6.3.6. – Lissajous-Figuren.)

Bei der Phasendifferenz Null bzw. $\pi$ addieren sich die beiden linear polarisierten Wellen zu einer linear polarisierten Welle. Im Spezialfall gleicher Amplitude und der Phasendifferenz $\pi/2$ bzw. $3\pi/2$ entsteht eine zirkular polarisierte Welle.

Eine zirkular polarisierte Welle besitzt einen Schwingungsvektor konstanter Amplitude, wobei dieser während der Fortpflanzung der Welle seine Richtung kontinuierlich mit der Frequenz $\nu$ dreht.

## 7.2. Messen akustischer Größen

Als Schall bezeichnet man Schwingungen und Wellen im Frequenzbereich zwischen 16 Hz und 20 kHz, die über das menschliche Ohr Ton-, Klang- oder Geräuschempfindungen hervorrufen. Schwingungen mit Frequenzen unter 16 Hz rechnet man zum Infraschall und Frequenzen über 20 kHz zum Ultraschall. Der Schall pflanzt sich in elastischen Medien als Schallwelle fort. Während sich Schallwellen in Flüssigkeiten und Gasen nur als Longitudinalwellen (Kompressionswellen) ausbreiten, sind in festen Stoffen daneben auch Transversalwellen (Scherwellen) möglich.

**Meßgrößen, Definitionen:** Wichtige Meßgrößen zur Beschreibung der Schallausbreitung und des Schallüberganges zwischen verschiedenen Medien sind **Schallgeschwindigkeit** $c$ und **Schallwellenwiderstand** $Z$. Die Schallgeschwindigkeit wird entweder über Laufzeitmessungen an bekannten Strecken oder aus Wellenlänge und Frequenz der Welle bestimmt. Umgekehrt können Strecken und Entfernungen bei bekannter Schallgeschwindigkeit aus der Laufzeit gemessen werden (Impulsechoverfahren).

Da die Schallgeschwindigkeit von den elastischen Deformationseigenschaften der Substanzen und deren Dichte abhängt, ermöglicht ihre Messung auch die Bestimmung von **Materialkonstanten** (Tab. 9).

Besondere Bedeutung besitzen akustische Meßverfahren für die Schallübertragungstechnik (Schallplatte, Tonband, Tonfilm, Telefon, Rundfunk), bei der Lärmbekämpfung und in der Raum- und Bauakustik. Die physikalische Beschreibung von Schallvorgängen — **Schallspektroskopie** — stützt sich dabei auf die Analyse des Schalls hinsichtlich der darin enthaltenen Frequenzen bzw. Tonhöhen und auf die Messung von Schallfeldgrößen wie Schallintensität und Schallwechseldruck.

Technisch wichtig ist insbesondere das *Verhältnis zweier Schallintensitäten.* Die Wirkung einer geeigneten Schalldämpfungs- bzw. Schallverstärkungsmaßnahme beschreibt man dabei i. a. nicht durch den Quotienten der Intensitäten selbst, sondern durch den dekadischen Logarith-

Tab. 9. Abhängigkeit der Schallgeschwindigkeit von den charakteristischen Größen des Mediums ($\rho$ Dichte).

| Schallgeschwindigkeit in | Longitudinalwellen | Transversalwellen |
|---|---|---|
| festen Stoffen | $c_1 = \sqrt{\frac{E}{\rho}}$<br>$E$ Elastizitätsmodul | $c_{tr} = \sqrt{\frac{G}{\rho}}$<br>$G$ Schubmodul |
| Flüssigkeiten | $c_l = \sqrt{\frac{Q}{\rho}}$<br>$Q$ Kompressionsmodul | — |
| Gasen | $c_l = \sqrt{\frac{\varkappa \cdot p}{\rho}}$<br>$= \sqrt{\frac{\varkappa \cdot R \cdot T_K}{M}}$<br>$\varkappa$ Adiabatenexponent<br>$p$ Druck, $T_K$ Temperatur<br>$R$ Gaskonstante<br>$M$ molare Masse | — |

mus dieses Verhältnisses. Die Einführung einer logarithmischen Skala für das Verhältnis von Schallintensitäten berücksichtigt den erheblichen Umfang der physiologisch erfaßbaren Intensitäten ($>10^{12}$) sowie die **Gesetzmäßigkeit der subjektiven Sinnesempfindung**:

Nach Weber und Fechner gilt im Bereich mittlerer Reizempfindungen, daß der durch Vergrößerung einer objektiven Reizstärke $x$ um $\mathrm{d}x$ hervorgerufene Empfindungszuwachs $\mathrm{d}y$ nicht dem absoluten, sondern dem relativen Reizstärkezuwachs $\mathrm{d}x/x$ proportional ist.

$$\mathrm{d}y = a\,\frac{\mathrm{d}x}{x}. \tag{7.17a}$$

Daraus folgt gemäß Abschnitt 11.1:

$$y = a \cdot \ln x \tag{7.17}$$

**Gesetz von Weber-Fechner:** Die subjektive Empfindungsstärke ist proportional dem Logarithmus der objektiven Reizstärke (gültig im Bereich mittlerer Reizstärken).

Man definiert nun die Größe **Dezibel** (dB) durch die Gleichung

$$10 \lg \left( \frac{I_1}{I_2} \right) = k \text{ dB}. \tag{7.18}$$

1 Dezibel ist 1/10 des dekadischen Logarithmus lg des Intensitätsverhältnisses $I_1/I_2$.

Die Größe $k$ selbst ist dimensionslos, die nachgestellte Bezeichnung dB = Dezibel soll nur auf die benutzte Definition hinweisen.

Wegen $I \sim \hat{s}^2 \sim \hat{p}_s^2$ gilt auch

$$10 \lg \left( \frac{\hat{p}_{s1}^2}{\hat{p}_{s2}^2} \right) = 20 \lg \frac{\hat{p}_{s1}}{\hat{p}_{s2}} = k \text{ dB}. \tag{7.18a}$$

(Die Zunahme einer Schallintensität $I_1$ um 20 dB gegenüber dem Wert $I_2$ entspricht einem Intensitätsverhältnis $I_1 : I_2 = 1 : 10^2$ bzw. einem Verhältnis der Schallwechseldrücke $\hat{p}_{s_1} : \hat{p}_{s_2} = 10$.

Die Verbindung der Definition (7.18) mit einem System, das die menschliche Hörempfindlichkeit berücksichtigt, führt zu einer Schallstärkeskala, die als dB (A) bezeichnet wird. Die Intensität des Schalls bei der Hörschwelle entspricht Null dB (A), eine Zunahme der Intensität um jeweils 10 dB (A) entspricht einer Verdopplung der subjektiv empfundenen Lautstärke, die Schmerzgrenze der akustischen Warnehmung liegt bei ca. 120 dB (A).

**Elektroakustische Wandler**: Heute werden bevorzugt solche Schallmeßgeräte verwendet, die die akustischen Meßgrößen, i.a. den Schallwechseldruck, in elektrische Signale umformen. Bei den mechanisch-elektrischen Wandlern — Mikrophone — unterscheidet man passive Wandler, die nur eine elektrische Kenngröße ändern, und aktive Wandler, die selbst elektrische Spannungen erzeugen.

Zu den passiven Wandlern zählt insbesondere das **Kohlemikrophon.** Zwischen zwei Elektroden befindet sich Kohlepulver, das mehr oder weniger zusammengepreßt wird, wenn Schallwellen auf eine Membran treffen. Durch den unterschiedlichen Kontakt der Kohlekörner wird der Widerstand zwischen den Elektroden verändert und damit ein durchfließender Strom beeinflußt.

Beim **Kondensatormikrophon** bildet die bewegliche Membran eine Platte eines Kondensators, durch die Bewegung der Membran wird die Kapazität des Kondensators beeinflußt. Befinden sich auf dem Kondensator elektrische Ladungen, so bewirkt die Kapazitätsveränderung eine Spannungsänderung.

Beim **elektromagnetischen Mikrophon** befinden sich Induktionsspulen über den Schenkeln eines Permanent-Magneten – Abb. 62 –. Durch die Schallwellen wird eine schwingungsfähige Eisenmembran bewegt, die den magnetischen Fluß im Magneten verändert und somit in den Spulen eine Spannung induziert. Beim **elektrodynamischen Mikrophon** ist eine Spule an einer schwingungsfähigen Membran befestigt und bewegt sich beim Auftreffen der Schallwellen im Feld eines Permanentmagneten, wobei ebenfalls eine Spannung induziert wird.

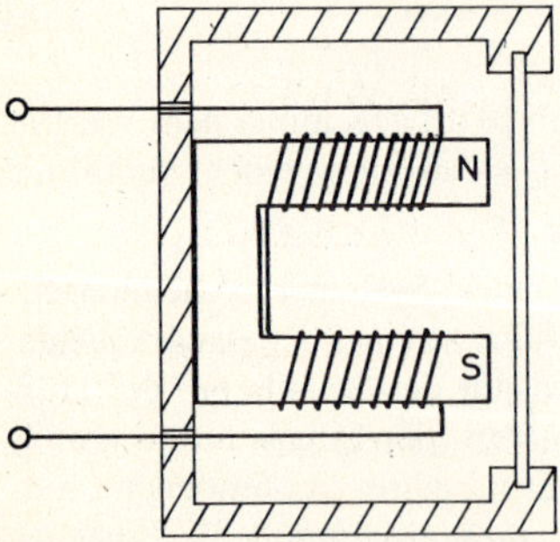


Abb. 62. Prinzip des elektromagnetischen Mikrophons.

**Kristallmikrophone** nutzen den piezoelektrischen Effekt aus. Bestimmte Kristalle (z.B. Quarz) weisen infolge eines nichtregulären Aufbaus des Kristallgitters eine unsymmetrische Ladungsverteilung (Dipolmoment) auf. Durch eine mechanische Verformung eines solchen Gitters wird der Abstand zwischen den Ionen des Gitters und damit das Dipolmoment verändert. Dies bewirkt zugleich eine Spannung zwischen zwei auf gegenüberliegenden Oberflächen des Kristalls angebrachten Elektroden.

Die Wirkungsweise der elektrisch-akustischen Wandler — Lautsprecher — läßt sich als eine Umkehrung der aktiven mechanisch-elektrischen Wandler deuten.

Der Aufbau des **elektromagnetischen Lautsprechers** entspricht im Prinzip ebenfalls Abb. 62. Durch einen Strom unterschiedlicher Stromstärke wird das Feld des Dauermagneten mehr oder weniger verstärkt und die bewegliche Eisenmembran infolgedessen mehr oder weniger angezogen.

Durch äußere Wechselspannungen geeigneter Frequenz kann Quarz zu intensiven mechanischen Deformationsschwingungen angeregt werden. Solche **Schwingquarze** finden als Geber für mechanische Schwingungen sehr hoher Frequenz (Ultraschall) Anwendung. Durch Rückkopplung der entstehenden piezoelektrischen Spannungen werden sie darüber hinaus zur Frequenzstabilisierung von elektrischen Hochfrequenzkreisen (Quarzsender, Quarzuhren) eingesetzt.

# 7.3. Versuche an Schwingungen und Wellen

## 7.3.1. Zusammenfassung von Lernstoff und Lernzielen

1. Einführung in die Theorie der harmonischen Schwingung; Vermittlung der experimentellen Erfahrung, daß das dynamische Verhalten eines schwingungsfähigen mechanischen Gebildes durch rücktreibende Kräfte bestimmt wird.

2. Kenntnis der Voraussetzungen und Grundbegriffe einer harmonischen Schwingung: lineares Kraftgesetz, Differentialgleichung der Schwingung, Elongation, Amplitude, Phase, Periodendauer, Frequenz, Kreis- oder Winkelfrequenz.

3. Einführung in die Theorie der harmonischen Welle; Deutung der Welle als Fortpflanzung einer Störung, die sich in einem homogenen Medium mit konstanter Geschwindigkeit ausbreitet und eine zeitliche *und* räumliche Periodizität aufweist; Unterscheidung zwischen der Fortpflanzung einer mechanischen Welle und der Bewegung eines Materiepunktes.

4. Kenntnis von Definition und Verknüpfung der charakteristischen Größen einer harmonischen Welle: Ausbreitungsgeschwindigkeit, Frequenz und Wellenlänge.

5. Erklärung von Interferenzerscheinungen durch kohärente Wellen am Beispiel der stehenden Welle; Berücksichtigung des Phasensprungs $\lambda/2$ bei der Reflexion einer Welle am dichteren Medium.

## 7.3.2. Versuch: Federwaage, Federpendel

**Aufgabe:** Eine vertikal aufgehängte Schraubenfeder ist mit verschiedenen Massen zu belasten. In Abhängigkeit von den angehängten Massen bestimme man:

1. die Auslenkung der Feder im statischen Gleichgewichtsfall;
2. die Periodendauer des vertikal schwingenden Systems.

Die aus der statischen und der dynamischen Messung jeweils berechneten Werte der Direktionskonstanten $D$ sind zu vergleichen.

**Grundlagen:**

**Statisches Gleichgewicht:** Greift an einer Schraubenfeder eine Kraft $F$ an, so wird die Feder gedehnt bzw. gestaucht; bei nicht zu großer Verformung besteht ein linearer Zusammenhang zwischen der angreifenden Kraft $F$ und der Auslenkung $s$

$$F = D \cdot s \quad \text{(Hookesches Gesetz).} \tag{7.19}$$

Die Direktionskonstante $D$ kann durch Messung der Auslenkung $s$ und der angreifenden Kraft $F$ berechnet werden.

**Dynamisches Gleichgewicht:** Lenkt man die Feder durch die Kraft $F$ um $s$ aus ihrer Ruhelage aus und hebt dann die äußere Kraftwirkung auf, so bewirkt die rücktreibende Kraft eine Schwingung. Es gelten die Formeln des Abschnittes 7.1.2., wobei jedoch zusätzlich die Bedeutung der Masse $m$ in den Formeln (7.2) und (7.4) zu diskutieren ist. Diese beschleunigte Masse $m$ enthält alle die Massen, die mit der vollen Amplitude $\hat{s}$ schwingen, also insbesondere die Masse der Waagschale $m_w$ und die zusätzlich aufgelegten Massen $m_z$. Darüber hinaus schwingen die verschiedenen Teilstücke der Federmasse $m_F$ ebenfalls mit, allerdings mit unterschiedlicher Amplitude. Wird die gesamte in der homogenen Feder gespeicherte Schwingungsenergie integral berechnet, so ergibt sich, daß sie der Schwingungsenergie einer Masse $m_F/3$ entspricht, die mit der vollen Amplitude schwingt.

Für $m$ ist in der Gleichung (7.2) also einzusetzen

$$m = m_z + m_w + m_F/3\,. \tag{7.20}$$

Wird die Gleichung (7.4) nach $T^2$ aufgelöst, so ergibt sich

$$T^2 = \frac{4\pi^2}{D} m_z + \frac{4\pi^2}{D}\left(m_w + \frac{m_F}{3}\right). \tag{7.21}$$

Es besteht ein linearer Zusammenhang zwischen $T^2$ und $m_z$; aus der Steigung der Ausgleichsgeraden $b = \Delta(T^2)/\Delta m_z$ läßt sich $D$ berechnen

$$D = 4\pi^2 \frac{\Delta m_z}{\Delta(T^2)}. \tag{7.22}$$

Aus der Gleichung (7.21) folgt für $T^2 = 0$, daß

$$m_z(T^2 = 0) = -\left(m_w + \frac{m_F}{3}\right). \tag{7.23}$$

**Versuchsdurchführung:**

**a) Statische Messung:**

1. Die Schraubenfeder, an deren unterem Ende eine Marke und eine Waagschale angebracht sind, wird lotrecht aufgehängt. Die Stellung der Marke wird an einem Maßstab abgelesen, der zur Vermeidung von Parallaxenfehlern mit einem Spiegel hinterlegt ist.

2. Die Auslenkung $s$ der Marke ist in Abhängigkeit von der auf die Waagschale gelegten Zusatzmasse $m_z$ zu messen.

3. Die Auslenkung $s$ wird als Funktion der Zusatzmasse $m_z$ graphisch aufgetragen, durch die Meßpunkte wird eine ausgleichende Gerade gelegt.

4. Aus der Steigung der Geraden ist die Direktionskonstante

$$D = g \cdot \frac{\Delta m_z}{\Delta s}$$

zu bestimmen.

**b) Dynamische Messung:**

1. Die Waagschale mit der Zusatzmasse $m_z$ wird ausgelenkt und in Schwingung versetzt. Mit einer Stoppuhr wird die Zeit für eine größere Zahl von Schwingungen gemessen, und daraus die Periodendauer $T$ bestimmt. (Man achte sorgfältig darauf, daß gemäß den Voraussetzungen der Gleichung (7.4) nur eine eindimensionale lineare Schwingung vorliegt!) Die Messung ist für verschiedene Zusatzmassen $m_z$ durchzuführen.

2. Man berechne das Quadrat der Periodendauer und trage diese Größe graphisch gegenüber der Zusatzmasse $m_z$ auf. Im Rahmen der Meß-

genauigkeit sollte sich gemäß Gleichung (7.21) eine Gerade durch die Wertepaare legen lassen.

3. Aus der Steigung $\Delta(T^2)/\Delta m_z$ der ausgleichenden Geraden berechne man die Direktionskonstante gemäß Gleichung (7.22).

4. Man vergleiche die beiden statisch und dynamisch bestimmten Werte der Direktionskonstanten $D$.

5. **Zusatzaufgabe:** Aus der Auftragung zu (2) bestimme man durch Extrapolation der Geraden den Schnittpunkt mit der Abszisse $m_z(T^2=0)$. Man vergleiche diesen Wert mit dem theoretischen Wert $-(m_w+m_F/3)$, wobei die Massen $m_w$ und $m_F$ durch Wägung ermittelt werden.

## 7.3.3. Versuch: Mathematisches Pendel

**Aufgabe:** Aus der Schwingung eines mathematischen Pendels ist die Erdbeschleunigung $g$ zu bestimmen.

**Grundlagen:** Ein in Punkt A außerhalb des Schwerpunktes S aufgehängter Körper befindet sich im stabilen Gleichgewicht, wenn sich der Schwerpunkt senkrecht unter dem Aufhängepunkt befindet. Ist der Körper außerhalb der Ruhelage, so wirkt ein rücktreibendes Drehmoment mit dem Betrag

$$M_r = l \cdot F \cdot \sin\varphi = l \cdot m \cdot g \cdot \sin\varphi . \tag{7.24}$$

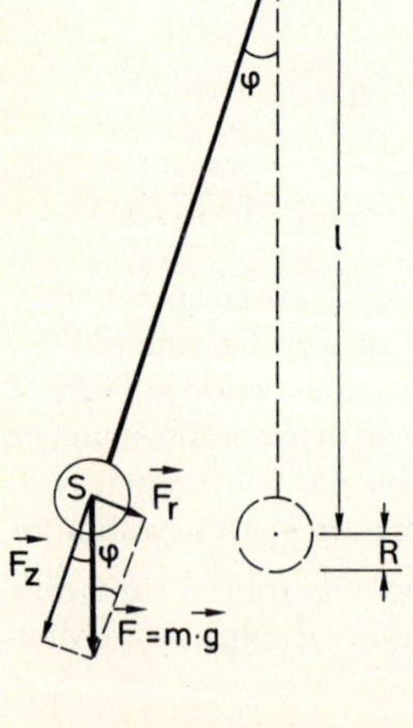


Abb. 63. Mathematisches Pendel.

Das rücktreibende Drehmoment bewirkt eine beschleunigte Drehbewegung. Die Winkelbeschleunigung $\ddot{\varphi}$ ist abhängig von der im Trägheitsmoment

$$J = \int r^2 \cdot \mathrm{d}m \tag{7.25}$$

zusammengefaßten Massenverteilung bezogen auf den Drehpunkt A. Es gilt analog zu Formel (2.4)

$$M_r = J \cdot \ddot{\varphi}\,. \tag{7.26}$$

Berücksichtigt man die Gleichung (7.24) und die Richtung des „rücktreibenden“ Drehmoments durch das Vorzeichen, so folgt

$$J \cdot \ddot{\varphi} + l \cdot m \cdot g \cdot \sin\varphi = 0\,. \tag{7.27}$$

Es mögen folgende Bedingungen zusätzlich gelten:

1. Die Masse des Körpers sei im Schwerpunkt vereinigt **(Mathematisches Pendel)**. Das Trägheitsmoment ist dann

$$J = m \cdot l^2\,. \tag{7.28}$$

2. Die Amplitude $\varphi$ sei so klein, daß näherungsweise

$$\sin\varphi = \varphi \tag{7.29}$$

gilt.

Werden diese Voraussetzungen in Gleichung (7.27) eingeführt, so folgt

$$\begin{aligned} l^2 \cdot m \cdot \ddot{\varphi} + l \cdot m \cdot g \cdot \varphi &= 0\,, \\ l \cdot \ddot{\varphi} + g \cdot \varphi &= 0\,. \end{aligned} \tag{7.30}$$

Diese Differentialgleichung entspricht Gleichung (7.2). $\varphi$ ist eine harmonische Funktion der Zeit, durch Vergleich mit (7.4) ergibt sich die Periodendauer zu

$$T = 2\pi \sqrt{\frac{l}{g}}\,. \tag{7.31}$$

Bei kleiner Schwingungsamplitude ist die Periodendauer $T$ eines mathematischen Pendels allein durch die Länge $l$ des Pendels und die Erdbeschleunigung $g$ bestimmt.

Damit läßt sich die Erdbeschleunigung aus der Schwingungsdauer und der Länge des mathematischen Pendels bestimmen:

$$g = 4\pi^2 \cdot \frac{l}{T^2}. \tag{7.32}$$

Als mathematisches Pendel wird eine Kugel von Radius $R$ verwendet, die an einem Faden aufgehängt wird. Berücksichtigt man die räumliche Ausdehnung der Kugel, betrachtet aber den Faden nach wie vor als masselos, und gestattet zudem größere Amplituden $\hat{\varphi}$ der Schwingung, so erhält man für die Erdbeschleunigung in 2. Näherung

$$g = 4\pi^2 \cdot \frac{l}{T^2}\left(1 + \frac{2R^2}{5l^2}\right) \cdot \left(1 + \frac{1}{2}\sin^2\frac{\hat{\varphi}}{2}\right). \tag{7.33}$$

**Versuchsdurchführung:**

1. Mit einem Maßstab mit mm-Teilung wird die Entfernung $l$ des Schwerpunktes des Pendels vom Aufhängepunkt gemessen.
2. Das Pendel wird in Schwingung versetzt. Mit einer Stoppuhr wird die Zeit für eine größere Zahl von Schwingungen gemessen und daraus die Periodendauer $T$ bestimmt.
3. Die Erdbeschleunigung $g$ wird nach Formel (7.32) berechnet.
4. Wird zusätzlich die Amplitude $\hat{\varphi}$ bestimmt und der Kugelradius mit der Schieblehre gemessen, so kann der Wert der Korrekturglieder in Formel (7.33) berechnet, mit der Meßgenauigkeit des Versuches verglichen und ggf. berücksichtigt werden.

### 7.3.4. Versuch: Bestimmung des Adiabatenexponenten

**Aufgabe:** Die Schwingungsdauer einer Wassersäule in einem U-förmigen Rohr ist zu messen,

1. wenn die Wasseroberfläche an die freie Atmosphäre grenzt, und
2. wenn die Wasseroberfläche an ein abgeschlossenes Gasvolumen grenzt.

Aus dem Verhältnis der beiden Messungen soll der Adiabatenexponent $\varkappa$ des Gases bestimmt werden.

**Grundlagen:**

**Adiabatenexponent** $\varkappa$: Die Zustandsänderung eines Systems heißt adiabatisch, wenn kein Energieaustausch in Form von Wärme mit der Umgebung stattfindet. Aus dieser Bedingung ($dQ=0$) folgen aus dem 1. Hauptsatz der Wärmelehre für ideale Gase die Poissonschen Gleichungen

$$p \cdot V^{\varkappa} = \text{const.} \quad \text{und} \quad T \cdot V^{\varkappa-1} = \text{const.} \tag{7.34}$$

Dabei ist der Adiabatenexponent $\varkappa$ das Verhältnis der molaren Wärmekapazitäten $C_p$ und $C_v$ bei Zustandsänderungen von Gasen unter konstantem Druck bzw. bei konstantem Volumen

$$\varkappa = \frac{C_p}{C_v}. \tag{7.35}$$

**Versuchsanordnung:** Das U-Rohr mit dem Radius $R$ ist etwa bis zur Hälfte mit Wasser gefüllt, bei ruhender Wassersäule ist der Abstand des Kolbenansatzes von der Wasseroberfläche gleich $h$. Das Volumen des Kolbens ist $V_K$. Durch Schließen des Hahnes kann ein Gasvolumen

$$V = V_K + \pi R^2 h \tag{7.36}$$

abgeschlossen werden.

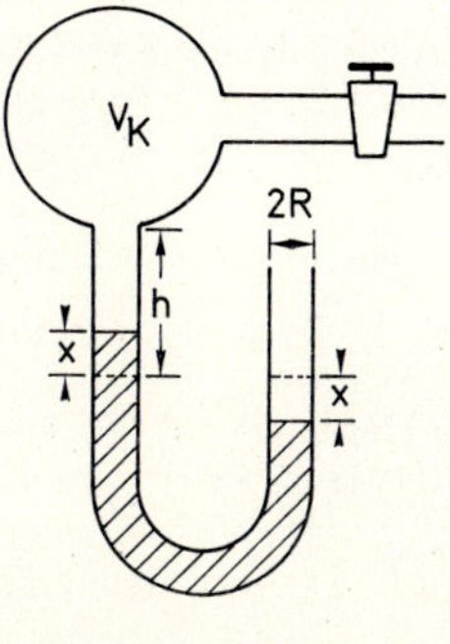


Abb. 64. Versuchsanordnung zur Bestimmung des Adiabatenexponenten.

Wird die Wassersäule in dem U-Rohr bei geöffnetem Hahn um die Höhe $x$ aus der Ruhelage entfernt, so wirkt die Gewichtskraft der Flüssigkeitsmenge zwischen den beiden Oberflächen als rücktreibende Kraft $F_r$

$$F_r = -2 \cdot x \cdot \pi \cdot R^2 \cdot \rho \cdot g = -Dx. \tag{7.37}$$

Diese rücktreibende Kraft beschleunigt die gesamte Wassermasse $m$ zur Ruhelage hin, es gilt die Differentialgleichung einer Schwingung

$$m\ddot{x}+Dx=0. \tag{7.38}$$

Die Schwingungsdauer der Wassersäule bei geöffnetem Hahn ist entsprechend Formel (7.4)

$$T_1=2\cdot\pi\cdot\sqrt{\frac{m}{D}}=2\cdot\pi\cdot\sqrt{\frac{m}{2\cdot\pi\cdot R^2\cdot\rho\cdot g}}. \tag{7.39}$$

Wird die Wassersäule in dem U-Rohr bei geschlossenem Hahn um die Höhe $x$ aus der Ruhelage entfernt, so wirkt zusätzlich zur Kraft $F_r$ die Kraft $\mathrm{d}p\cdot\pi\cdot R^2$, wobei $\mathrm{d}p$ die durch die Volumenänderung $\mathrm{d}V=\pi R^2 x$ des abgeschlossenen Gasvolumens $V$ hervorgerufene Druckänderung bedeutet. Die Druckdifferenz $\mathrm{d}p$ folgt, da es sich um einen adiabatischen Vorgang handelt, aus der Poisson-Gleichung:

$$p=\frac{k}{V^{\varkappa}}, \tag{7.40}$$

$$\frac{\mathrm{d}p}{\mathrm{d}V}=\frac{-\varkappa\cdot k}{V^{\varkappa+1}}=-\varkappa\cdot\frac{p}{V},$$

$$\mathrm{d}p=-\varkappa\cdot\frac{p}{V}\cdot\mathrm{d}V=-\varkappa\frac{p}{V}\pi\cdot R^2\cdot x. \tag{7.41}$$

Bei geschlossenem Hahn ergibt sich die gesamte rücktreibende Kraft zu

$$F_r'=-2\cdot x\cdot\pi\cdot R^2\cdot\rho\cdot g-\frac{\varkappa\cdot p}{V}\pi^2\cdot R^4\cdot x=-(D+D')x. \tag{7.42}$$

Aus der Differentialgleichung der Schwingung bei geschlossenem Hahn

$$m\ddot{x}+(D+D')x=0 \tag{7.43}$$

folgt die Schwingungsdauer $T_2$ bei geschlossenem Hahn

$$T_2=2\pi\sqrt{\frac{m}{D+D'}}=2\pi\sqrt{\frac{m}{2\pi\cdot R^2\cdot\rho\cdot g+\varkappa\frac{p}{V}\pi^2\cdot R^4}}. \tag{7.44}$$

Bildet man das Verhältnis der Schwingungsdauern $T_1$ und $T_2$ und löst diese Gleichung nach $\varkappa$ auf, so erhält man

$$\varkappa=\left(\frac{T_1^2}{T_2^2}-1\right)\frac{2\cdot\rho\cdot g\cdot V}{p\cdot\pi\cdot R^2}. \tag{7.45}$$

**Versuchsdurchführung:**

1. Der Innendurchmesser $2R$ des U-Rohres wird mit einer Schieblehre gemessen.
2. Das U-Rohr wird bei geöffnetem Hahn des Kolbens etwa bis zur Hälfte mit Wasser gefüllt.
3. Die Höhe $h$ von der ruhenden Wasseroberfläche bis zum Kolbenansatz wird gemessen. Die Größe des Kolbenvolumens $V_K$ wird für jede Apparatur angegeben. Aus $R$, $h$ und $V_K$ bestimme man das Volumen $V$ nach Formel (7.36).
4. Man bringt die Wassersäule bei geöffnetem Hahn zum Schwingen und mißt die Periodendauer $T_1$ der schwingenden Wassersäule als Mittelwert über mehrere Schwingungen.
5. Bei ruhender Wassersäule schließt man den Hahn und hat dann im Kolben den äußeren Luftdruck $p$. Dieser wird an einem Barometer abgelesen.
6. Man bringt die Wassersäule bei geschlossenem Hahn zum Schwingen und mißt die Periodendauer $T_2$ der schwingenden Wassersäule als Mittelwert über mehrere Schwingungen.
7. Aus den bekannten bzw. gemessenen Daten wird der Adiabatenexponent $\varkappa$ gemäß Formel (7.45) berechnet.

### 7.3.5. Versuch: Schallgeschwindigkeit, Messung der Impulslaufzeit, Impulsechoverfahren

**Aufgabe:**

a) Die Laufzeit eines Schallimpulses ist in Abhängigkeit vom Abstand Schallquelle–Empfänger zu messen. Der lineare Zusammenhang zwischen Weg und Ziel ist zu überprüfen und die Schallgeschwindigkeit zu berechnen.

b) Die Schallgeschwindigkeit in verschiedenen Materialien ist bei vorgegebener Dicke der Proben unter Ausnutzung der mehrfachen Reflexionen eines Ultraschallimpulses zu messen.

c) Mit dem Impulsechoverfahren sind Lage und Größe von Grenzflächen im Innern von Prüfstücken zu bestimmen.

**Grundlagen** (vgl. Versuch 1.2.7.):

Die Laufzeit $t_x$ eines Schallimpulses ist der zurückgelegten Wegstrecke $x$ proportional

$$t_x = \frac{1}{c} x \,. \tag{7.46}$$

Die Laufzeiten für größere Wegstrecken $x$ können bei kompaktem Aufbau von Schallimpulsgeber und -empfänger durch Ausnutzung von Reflexionen vermessen werden. Aus Gründen der räumlichen Auflösung muß die Wellenlänge in den Schallimpulsen klein sein gegenüber den geometrischen Abmessungen, vorteilhaft erfolgen die Messungen mit Ultraschallwellen.

Den Aufbau eines Ultraschallprüfgerätes zeigt Abb. 65 im Blockschaltbild. Durch den Impulsgenerator wird der Sendequarz im Prüfkopf 1 zur Aussendung eines Ultraschallimpulses angeregt. Dieses Signal triggert ferner die Horizontalablenkung einer Oszillographenröhre und wird zugleich über den Vertikalverstärker auf den Schirm abgebildet.

Im Zweikopfbetrieb (Schalter S in Stellung 2) wird der Ultraschallimpuls z.B. nach Durchschallen der Probe durch einen zweiten Quarz registriert und dieses Signal ebenfalls auf die Vertikalablenkung der Oszillographenröhre gegeben. Im Einkopfbetrieb (Schalter S in Stellung 1) dient der Sendequarz gleichzeitig als Empfänger des reflektierten Schallimpulses.

Eine merkliche Auskopplung des Ultraschallimpulses vom Quarz in ein anderes Medium erfolgt nur bei nicht zu großen Unterschieden der Wellenwiderstände (vgl. Formel 7.14 und 7.14a). An den Grenzschichten Festkörper/Luft erfolgt eine nahezu vollständige Reflexion. Eine Einkopplung der Ultraschallschwingungen des Quarzes in einen Probekörper (und umgekehrt) wird dadurch erreicht, daß zwischen diesen beiden Festkörpern eine dünne Flüssigkeitsschicht, z.B. Öl, eingebracht wird.

Die zusätzlichen Laufzeiten $t_z$ in der Koppelflüssigkeit müssen berücksichtigt bzw. durch geeignete Verfahren eliminiert werden. Beim Vermessen mehrerer Proben des gleichen Materials besteht zwischen der gemessenen Zeit $t = t_x + t_z$ und der Dicke $x$ der Zusammenhang

$$t = \frac{1}{c} x + t_z \,, \tag{7.46a}$$

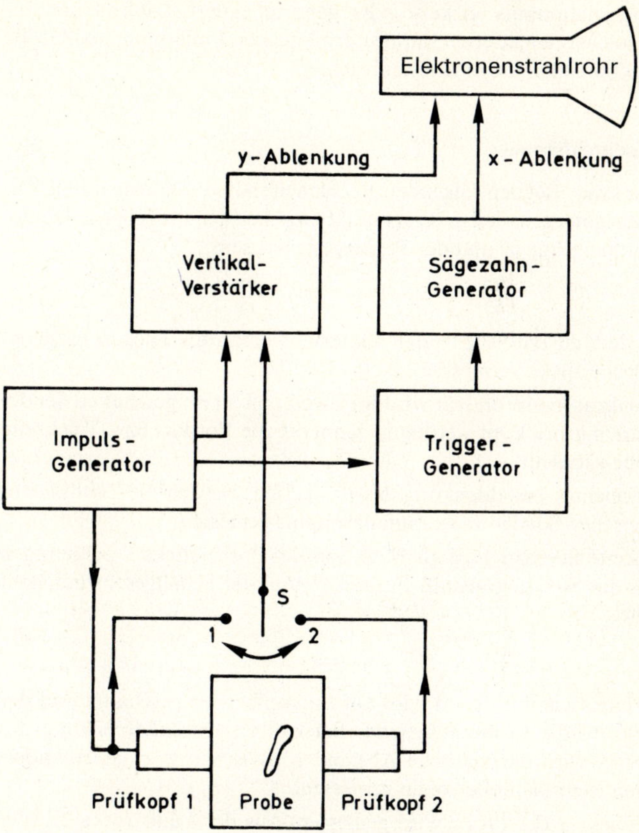


Abb. 65. Blockschaltbild eines Ultraschallprüfgerätes.

aus der Steigung dieser linearen Abhängigkeit kann die Schallgeschwindigkeit ermittelt werden. Ein anderes Verfahren besteht darin, bei mehrfacher Reflexion des Schallimpulses innerhalb des Probekörpers den zeitlichen Abstand der einzelnen Reflexionen zu bestimmen.

Die Laufzeit für den reflektierten Impuls ist dem Abstand $x$ zwischen Prüfkopf und hinterer Probengrenzfläche proportional und kann deshalb in Entfernungen kalibriert werden. Befinden sich innerhalb der Probe z. B. durch Lunker zusätzliche Grenzflächen, so wird an diesen der Ultraschallimpuls teilweise oder ganz reflektiert. Laufzeit und Intensität solcher reflektierten Impulse ermöglichen Entfernung und Größe der reflektierenden Objekte festzulegen.

**Versuchsdurchführung:**

*Vorbemerkung:* Bei den folgenden Versuchen muß durch eine dünne Ölschicht ein guter schalleitender Kontakt zwischen den Prüfköpfen (Sende- bzw. Empfangsquarz) und der Probe gesichert sein.

*Teil a):*

1. Von dem zu untersuchenden Material werden die Dicken verschiedener Probestücke vermessen.
2. Das Ultraschallprüfgerät wird im Zweikopfbetrieb geschaltet. Sende- und Empfangsprüfkopf werden in Kontakt zur Vorder- bzw. Rückseite der Probe gebracht.
3. Bei geeichter Zeitablenkung des Prüfgerätes werden die Zeitdifferenzen $t$ zwischen Sende- und Empfangsimpuls gemessen.
4. Die Zeitdifferenz $t$ wird als Funktion der Probendicke $x$ aufgetragen und aus der Steigung gemäß Formel (7.46a) die Schallgeschwindigkeit berechnet.

*Teil b):*

5. Das Ultraschallprüfgerät wird auf Einkopfbetrieb geschaltet und der Prüfkopf auf die Probe aufgesetzt. Bei kalibrierter Zeitablenkung des Prüfgerätes wird der zeitliche Abstand $t_x$ zwischen zwei aufeinanderfolgenden Mehrfachreflexionen gemessen.
6. Die Dicke $x$ der Probe wird gemessen. Aus der Laufstrecke $2x$ (der doppelten Dicke der Probe) und der Laufzeit $t_x$ ist die Schallgeschwindigkeit zu berechnen.

*Teil c):*

7. Die Horizontalablenkung des Ultraschallprüfgerätes wird so eingestellt, daß die Skalenteile der Horizontalablenkung zwischen erstem und zweitem Rückwandecho der Dicke des Prüfstückes proportional sind.
8. Das erste Rückwandecho wird auf die Dicke des Prüfstückes (in Skalenteilen) eingestellt; hierbei wird der primäre Geberimpuls i. a. etwas vor dem Nullpunkt liegen.

9. Der Prüfkopf wird gleichmäßig über das Prüfstück geführt. Zusätzlich beobachtete Impulsechos werden hinsichtlich der Tiefe im Prüfstück und ihrer räumlichen Ausdehnung registriert.

## 7.3.6. Versuch: Schallgeschwindigkeit, Bestimmung der Wellenlänge durch Phasenvergleich

**Aufgabe:** Bei einer Schallwelle gegebener Frequenz $\nu$ soll aus dem räumlichen Abstand von Orten gleicher Phase die Wellenlänge bestimmt werden. Die Phasenbeziehung zwischen Sender und Empfänger wird dabei durch die orthogonale Überlagerung der beiden Signale bestimmt (Phasenellipse). Aus der Wellenlänge $\lambda$ und der Frequenz $\nu$ ist die Schallgeschwindigkeit zu berechnen.

**Grundlagen:** Bei der Ausbreitung einer Welle besteht zwischen der Schwingung des Senders und der Schwingung an einem Ortspunkt im Abstand $x$ eine feste Phasenbeziehung. Diese von der Zeit unabhängige Phasendifferenz ergibt sich durch Umschreiben der Gleichung (7.9)

$$s = \hat{s} \cdot \sin\left(2\pi \cdot \left(\frac{t}{T} - \frac{x}{\lambda}\right)\right) = \hat{s} \cdot \sin(\omega t - \delta)$$

zu

$$\delta = 2\pi \cdot \frac{x}{\lambda}. \tag{7.47}$$

Werden die beiden Schwingungen vom Sender und Empfänger auf einem Oszillographen orthogonal überlagert, so ergeben sich einfache Lissajous-Figuren (Ellipse mit den Grenzfällen Kreis und Gerade; s. Versuch 6.3.6.), deren Form durch die Phasendifferenz $\delta$ und damit durch das Verhältnis $x/\lambda$ bestimmt ist.

**Versuchsdurchführung:**

1. Auf einer optischen Bank mit Maßstab werden Lautsprecher L und Mikrophon M aufgebaut. Der Lautsprecher wird von einem Tongenerator mit einer festen Frequenz $\nu$ erregt. Zugleich wird die Erregerspannung auf die Horizontalablenkung eines Oszillographen im $x$-$y$-Betrieb gegeben. Das mit dem Mikrophon aufgenommene Signal wird auf die Vertikalablenkung des Oszillographen geschaltet (Abb. 66).

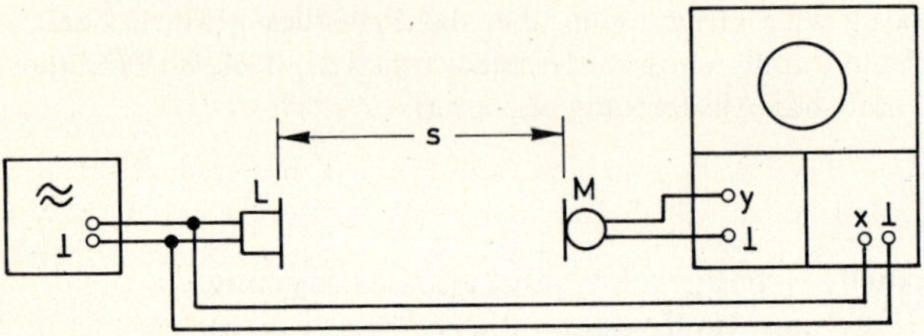


Abb. 66. Versuchsaufbau zur Bestimmung des räumlichen Phasenvergleichs.

2. Die Überlagerung der beiden Signale liefert auf dem Oszillographenschirm im allgemeinen Fall eine Ellipse. Das Mikrophon wird auf der optischen Bank verschoben. Die Stellen, bei denen die Ellipse in eine Gerade bestimmter Richtung (z. B. rechts-schräg) übergeht, werden am Maßstab der Bank abgelesen.

3. Der Abstand zweier so bestimmter, benachbarter Orte ist gleich der Wellenlänge $\lambda$. Die Wellenlänge wird über mehrere Messungen gemittelt.

4. Der Oszillograph ist auf $y$-$t$-Betrieb umzuschalten. Das auf dem Oszillographen zu beobachtende Bild zeigt den *zeitlich* periodischen Verlauf der Druckschwankungen am Ort des Mikrophons!

5. Gemäß Versuch 6.3.5. wird die Periodendauer $T$ und damit die Frequenz $\nu = 1/T$ der Schallwelle bestimmt.

6. Aus der Wellenlänge $\lambda$ und der Frequenz $\nu$ ist die Schallgeschwindigkeit $c$ zu berechnen.

Man überzeuge sich durch Verschieben des Mikrophons, daß sich an allen Orten die gleiche zeitliche Periodizität der Druckschwankungen beobachten läßt und daß die Amplitude mit zunehmender Entfernung vom Sender monoton und nicht etwa periodisch abnimmt.

## 7.3.7. Versuch: Schallgeschwindigkeit, Bestimmung der Wellenlänge aus der Amplitudenverteilung einer stehenden Welle

**Aufgabe:** In einem einseitig geschlossenen Rohr wird eine stehende Schallwelle erzeugt. Die räumliche Verteilung des Wellenfeldes kann vermessen werden, indem ein elektroakustischer Wandler durch das stehende Wellenfeld geführt wird. Aus dem Abstand benachbarter Schwingungsknoten ist die Wellenlänge zu bestimmen. Aus Wellenlänge $\lambda$ und Frequenz $\nu$ berechne man die Schallgeschwindigkeit $c$.

**Grundlagen:** Wird eine Schallwelle am Ende eines Rohres reflektiert, so bestehen zwischen hin- und rücklaufender Welle feste Phasenbeziehungen, die durch den Abschluß am Ende des Rohres bestimmt sind: Kann die Schallwelle am Ende des Rohres voll ausschwingen — *offenes Ende*, Reflexion am „dünneren Medium" — dann entsteht hier ein *Schwingungsbauch*, die reflektierte Welle schwingt in Phase zurück. Trifft die Schallwelle am Ende des Rohres auf eine feste Wand — geschlossenes Ende, Reflexion am „dichteren Medium" — dann erfährt die reflektierte Welle einen Phasensprung um $\pi$ ($\Delta = \lambda/2$), am *geschlossenen Ende* befindet sich ein *Schwingungsknoten*.

Die Überlagerung von hin- und rücklaufender Welle führt zu einer stehenden Welle [Formel (7.16)]. Diese ist besonders ausgeprägt (in Resonanz), wenn die reflektierte Welle am zweiten Ende des Rohres in gleicher Phase zur ursprünglichen Welle erneut reflektiert wird. Bei einem einseitig geschlossenen Rohr der Länge $L$ müssen dazu die Randbedingungen erfüllt sein, daß am festen Ende ein Schwingungsknoten und am offenen Ende ein Schwingungsbauch vorliegt. Diese Resonanzbedingung ist erfüllt für alle Wellenlängen $\lambda$, für die gilt

$$L = (2n - 1) \cdot \frac{\lambda}{4}, \tag{7.48}$$

wobei $n$ die Anzahl der Schwingungsknoten in dem Rohr (einschließlich des Knotens am festen Ende) ist.

Bei der Durchführung des Versuches ist zu beachten, daß das Mikrophon ein druckempfindlicher Meßwandler ist. Maximale Druckschwankungen (Druckbäuche) werden dort beobachtet, wo die Schwingungsamplituden einen Knoten aufweisen, minimale Druckschwankungen (Druckknoten) dort, wo ein Schwingungsbauch vorliegt.

**Versuchsdurchführung:**

1. Die stehenden Wellen werden in einem Rohr von ca. 12 cm Durchmesser und 1 m Länge erzeugt, das einseitig fest abgeschlossen ist. Als Schallquelle dient ein Lautsprecher, der auf das offene Endes des Rohres aufgesetzt und mit einem Tongenerator erregt wird. Ein Mikrophon geringer Ausdehnung ($\varnothing \approx 10$ mm) kann vom abgeschlossenen Ende des

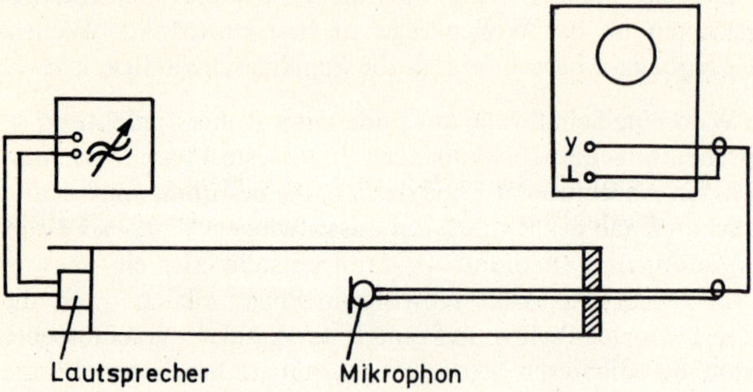


Abb. 67. Versuchsanordnung zur stehenden Welle.

Rohres aus an einem Stab durch das Wellenfeld verschoben werden. Die Spannung dieses elektroakustischen Wandlers wird oszillographisch registriert (Abb. 67).

2. Bei der Durchführung des Versuches ist im Versuchsrohr zunächst eine stehende Welle in Resonanz einzustellen. Dazu wird der im Rohr verschiebbare Druckwandler an die feste Wand des Rohres zurückgezogen. Am Tongenerator wird die Frequenz so lange verändert (im Bereich um 2000 Hz) bis am Ausgang des Wandlers maximale Spannung beobachtet wird (Druckbauch am Ende des Rohres).

3. Der Druckwandler wird durch das stehende Wellenfeld geschoben. Die Stellen, bei denen ein Spannungsminimum auf dem Oszillographenschirm beobachtet wird, werden mit weichem Bleistift auf der Stange markiert. (Man vergleiche das Versuchsergebnis mit Punkt (6) des Versuches 7.3.6.!)

4. Der Abstand zwischen zwei Spannungsminima (Druckknoten) ist $\lambda/2$; die Wellenlänge der Schallwelle ist über mehrere Messungen zu mitteln.

5. Gemäß Versuch 6.3.2. wird die Periodendauer $T$ und damit die Frequenz $\nu = 1/T$ der Schallwelle bestimmt.

6. Aus Wellenlänge $\lambda$ und Frequenz $\nu$ ist die Schallgeschwindigkeit $c$ zu berechnen.

**Anmerkung:** Zur Bestimmung der Schallgeschwindigkeit in anderen Gasen als Luft, z. B. $CO_2$, wird mit Hilfe zweier Schlauchanschlüsse an den beiden Enden des Rohres ein kontinuierlicher $CO_2$-Strom langsam durch das Rohr geleitet.

Versuchsdurchführung und Auswertung erfolgt wie oben.

### 7.3.8. Versuch: Schallgeschwindigkeit, Bestimmung der Wellenlänge aus der Resonanz einer Luftsäule

**Aufgabe:** Eine Schallquelle fester Frequenz wird oberhalb eines einseitig abgeschlossenen Rohres angebracht. Wird die Länge des Rohres kontinuierlich verändert, so kann bei bestimmten Längen eine Verstärkung der Lautstärke durch Resonanz wahrgenommen werden. Aus den Resonanzlängen des Rohres ist die Wellenlänge $\lambda$ zu bestimmen. Aus Wellenlänge $\lambda$ und Frequenz $\nu$ berechne man die Schallgeschwindigkeit $c$.

**Grundlagen:** Die Ausbildung einer stehenden Welle wird bei Versuch 7.3.7. diskutiert. Bei einer gegebenen Wellenlänge ist ein einseitig offenes Rohr in Resonanz, wenn die Rohrlänge $L$ die Bedingung

$$L = (2n-1)\frac{\lambda}{4} \qquad \text{(Formel 7.48)}$$

erfüllt. Abhängig von der Anzahl $n$ der Schwingungsknoten in dem Rohr ergeben sich bei einer festen Frequenz verschiedene Resonanzlängen. Aufeinanderfolgende Resonanzlängen unterscheiden sich um $\Delta L = \lambda/2$.

**Versuchsdurchführung:**

1. Ein Standzylinder wird über einen Ansatzstutzen am unteren Ende und über einen Schlauch mit einem Vorratsgefäß verbunden, das mit Wasser gefüllt wird.

2. Dicht oberhalb des offenen Endes des Standzylinders wird eine Schallquelle (Stimmgabel, Lautsprecher) angebracht, die einen Ton definierter Frequenz aussendet.

3. Durch Heben und Senken des Vorratsgefäßes wird die Höhe des Wasserspiegels im Standzylinder variiert. Wenn der Ton der Schallquelle durch Resonanz der Luftsäule im Standzylinder maximal verstärkt wird, wird die Lage des Wasserspiegels mit einem Fettstift markiert.

4. Der Abstand der markierten Resonanzlängen wird ausgemessen, gemittelt und daraus die Wellenlänge $\lambda$ bestimmt.

5. Aus der Wellenlänge $\lambda$ und der bekannten Frequenz $\nu$ der Schallquelle ist die Schallgeschwindigkeit $c$ zu berechnen.

## 7.3.9. Anwendungsbeispiele zu den Versuchen und Anregungen zum Selbststudium

Beispiele für das Auftreten und die Anwendung akustischer Phänomene sind:

**Schallempfindung:** Unterscheidung von Ton (harmonische Schwingung), Klang (Mischung harmonischer Töne, Zerlegung nach Fourier ergibt Grund- und Obertöne), Geräusch (unperiodische Erschütterungen der Luft) und Knall (plötzliche, kurzdauernde Dichteschwankung); Bestimmung des menschlichen Hörbereiches nach Frequenz und Hörschwelle (Audiometrie); Lokalisation einer Schallquelle durch Richtungshören (Gangunterschied der Schallempfindung in beiden Ohren, Stereophonie).

**Ausbreitung von Schallwellen:** Abnahme der Schallintensität bei räumlicher Ausbreitung der Wellen; gute Schalleitung in Schallröhren (Sprachrohr, Stethoskop); Einfluß der Schallhärte auf Ausbreitung und Dämpfung der Schallamplitude (Schallisolierung); Beugung von Schallwellen an Hindernissen (Abhängigkeit von der Wellenlänge); Überlagerung von Schallwellen gleicher Frequenz (Interferenz) und solcher benachbarter Frequenzen (Schwebung); Frequenzänderungen bei Bewegung des Senders und/oder des Empfängers (Doppler-Effekt).

**Schallreflexion:** Nachweis akustischer Inhomogenitäten durch Reflexion eines Schallimpulses; Entfernungsbestimmung durch Messung der Signallaufzeit; Echolotung in der Schiffahrt (Bestimmung der Tiefe von Gewässern, Aufspüren von Fischschwärmen); Werkstoffprüfung auf Materialfehler (Risse, Lunker); medizinische Diagnostik (z. B. Lagebestimmung beim Embryo).

**Resonanzphänomene:** Anregung charakteristischer Eigenschwingungen schwingungsfähiger Gebilde; Klangerzeugung bei Musikinstrumenten; Anwendung von Resonatoren für die Klanganalyse (Akustische Filter, Helmholtz-Resonatoren); Resonanztheorie des Hörens (Cortisches Organ); Auftreten von Resonanzen in Körperhöhlen (medizinische Diagnostik: Perkussionsschall bei Beklopfen der Körperoberfläche); Gefährdung technischer Bauteile durch das Auftreten von Resonanzen.

# 8. Optik: Linsen und Linsensysteme

| Symbole | Größen | SI-Einheiten | |
|---|---|---|---|
| $n$ | Brechungsindex | – | |
| $c$ | Lichtgeschwindigkeit | m/s | |
| $a$, $a'$, $f$ | Gegenstands-, Bild-, Brennweite | m | Meter |
| $y$, $y'$ | Gegenstands-, Bildgröße | m | |
| $x, d, e, l, a, t, r$ | Weg, Länge, Radius | m | |
| $\alpha$, $\beta$, $\delta$, $\varphi$ | Winkel | rad | Radiant |
| $\varepsilon$ | Sehwinkel | rad | |
| $\Omega$ | Raumwinkel | sr | Steradiant |
| $V$ | Vergrößerung (des Sehwinkels) | – | |
| $L$ | Abbildungsmaßstab | – | |
| $D$ | Brechkraft | dpt = 1/m | Dioptrie |
| $A$ | Numerische Apertur | – | |
| $c_0$ | Vakuumlichtgeschwindigkeit | $c_0 = 2{,}997 \cdot 10^8$ m/s | |
| $s$ | Deutliche Sehweite | $s = 250$ mm | |

## 8.1. Theoretische Grundlagen

### 8.1.1. Einführung

Das sichtbare Licht ist eine transversale elektromagnetische Welle. Die Lichtgeschwindigkeit beträgt im Vakuum $3 \cdot 10^8$ m/s; sie ist die größte bekannte Signalgeschwindigkeit. Der physiologische Farbeindruck wird bestimmt durch das Frequenzgemisch der Strahlung; die Frequenzen reichen bei reinen Spektralfarben von $\nu = 37{,}5 \cdot 10^{13}$ Hz (rot) bis $75 \cdot 10^{13}$ Hz (blau-violett). Da diese Frequenzen jedoch nicht direkt gemessen werden können, charakterisiert man das sichtbare Licht durch die Wellenlängen im Vakuum: $\lambda = 400$ nm (blau-violett) bis 800 nm (rot). (Man vergleiche die Bemerkungen zu Formel (7.7) auf S. 174.) Diesseits und jenseits des sichtbaren Spektralbereiches schließen sich der infrarote und der ultraviolette Spektralbereich an.

Die Strahlung des sichtbaren Lichtes und der benachbarten Spektralbereiche findet bei zahlreichen experimentellen Untersuchungsmethoden Anwendung. Aus der Vielzahl optischer Meßverfahren greifen wir zwei Problemkreise heraus:

1. Grundlagen der optischen Abbildungen, die einmal eine Ausweitung der subjektiven Sinnesempfindung „Wahrnehmen eines Gegenstandes“ anstreben und zum anderen die Voraussetzung für die Beschreibung des Strahlenganges in allen optischen Apparaturen darstellen.

2. Spezielle optische Methoden, die Eigenschaften der optischen Strahlung untersuchen und damit Rückschlüsse auf Strukturen der Lichtquelle und Eigenschaften der vom Licht durchstrahlten Materie erlauben (Abschn. 9).

## 8.1.2. Geometrische Optik

Sehr viele optische Phänomene lassen sich wegen der kurzen Wellenlänge des Lichtes und der geradlinigen Ausbreitung in durchsichtigen isotropen Medien mit Hilfe von *Lichtstrahlen* deuten.

Trifft ein Lichtstrahl auf eine ebene Grenzfläche zwischen zwei optisch unterschiedlichen Medien, so wird er im allgemeinen Fall zum Teil reflektiert und zum Teil gebrochen, wobei Reflexions- und Brechungsgesetz erfüllt sind.

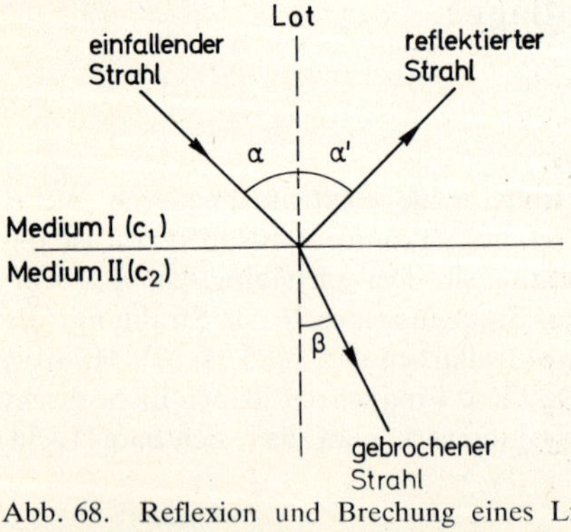


Abb. 68. Reflexion und Brechung eines Lichtstrahles an einer Grenzfläche; $c_1, c_2$ Lichtgeschwindigkeiten im Medium I bzw. II; $c_1 > c_2$.

**Reflexionsgesetz:**

$$\alpha = \alpha' . \tag{8.1}$$

Der Einfallswinkel $\alpha$ ist gleich dem Reflexionswinkel $\alpha'$; einfallender Strahl, Einfallslot und reflektierter Strahl liegen in einer Ebene.

**Brechungsgesetz (W. Snellius):**

$$\frac{\sin\alpha}{\sin\beta} = \frac{c_1}{c_2} = \frac{n_2}{n_1} . \tag{8.2}$$

Das Verhältnis von Sinus des Einfallswinkels $\alpha$ zu Sinus des Brechungswinkels $\beta$ ist konstant; einfallender Strahl, Einfallslot und gebrochener Strahl liegen in einer Ebene.

**Brechungsindex, Dispersion:** Die für die Brechung des Lichtstrahles maßgebliche Konstante wird als Brechungsindex $n$ bezeichnet

$$n_1 = \frac{c_0}{c_1} . \tag{8.3}$$

Der Brechungsindex eines Mediums 1 ist das Verhältnis der Lichtgeschwindigkeit $c_0$ im Vakuum zu der Lichtgeschwindigkeit $c_1$ im Medium.

Der Brechungsindex des Vakuums ist definitionsgemäß 1, der Brechungsindex der Luft ist bei Normalbedingungen nur geringfügig von 1 verschieden.

In einem Medium sind die Lichtgeschwindigkeit und damit der Brechungsindex abhängig von der Wellenlänge des Lichtes. Fällt ein Lichtstrahl, der aus Anteilen verschiedener Wellenlängen zusammengesetzt ist, schräg auf eine Grenzfläche, so werden diese Anteile unterschiedlich gebrochen (Dispersion). Bei der *normalen Dispersion* nimmt der Brechungsindex mit zunehmender Wellenlänge des Lichtes ab, (d. h. blaues Licht wird stärker gebrochen als rotes Licht).

Beim Übergang des Lichtstrahles von einem Medium mit einem größeren Brechungsindex $n_2$ (optisch dichter) zu einem Medium mit einem kleineren Brechungsindex $n_1$ (optisch dünner) ist der Brechungswinkel größer als der Einfallswinkel und daher das Brechungsgesetz nur für bestimmte Winkelbereiche erfüllt. Beim Einfallswinkel $\alpha_g$, der durch $\sin\alpha_g = n_1/n_2$ definiert ist, wird der Brechungswinkel 90°. Für Einfallswinkel $\alpha > \alpha_g$ erfährt der Strahl eine *Totalreflexion*.

**Doppelbrechung:** Bei Kristallen können optische Vorzugsrichtungen vorliegen, die zusätzliche Effekte bewirken. Bei optisch einachsigen Kristallen (z. B. Quarz) spaltet der gebrochene Anteil des Lichtes in zwei Strahlen auf, von denen nur einer dem Snelliusschen Brechungsgesetz genügt (ordentlicher Strahl). Demgegenüber weist der außerordentliche Strahl einen Brechungsindex auf, der von der Lage des Einfallswinkels zur optischen Vorzugsrichtung (optische Achse) abhängt, ferner wird der außerordentliche Strahl u. U. so gebrochen, daß er die Einfallsebene verläßt.

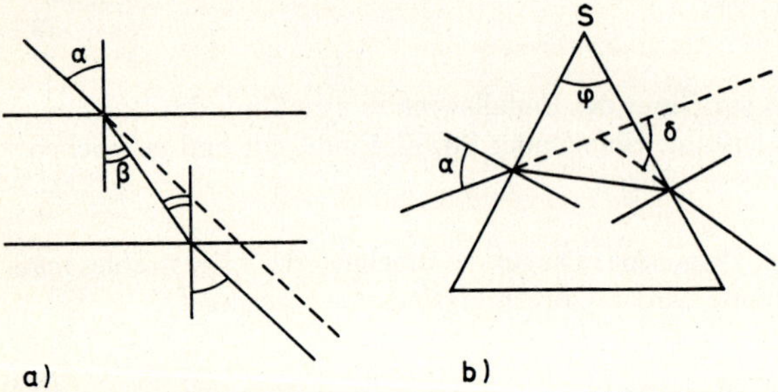


Abb. 69. Strahlenverlauf beim Durchgang des Lichtes durch eine planparallele Platte (a) und ein Prisma (b).

Durch eine *planparallele durchsichtige Platte* erfährt ein Lichtstrahl eine vom Brechungsindex und Einfallswinkel abhängige Parallelversetzung (Abb. 69a). Demgegenüber wird ein Lichtstrahl, der ein *Prisma* senkrecht zur brechenden Kante S durchläuft, um einen Winkel $\delta$ abgelenkt, der außer vom Brechungsindex des Prismas und dem Einfallswinkel noch vom brechenden Winkel $\varphi$ abhängt (Abb. 69b).

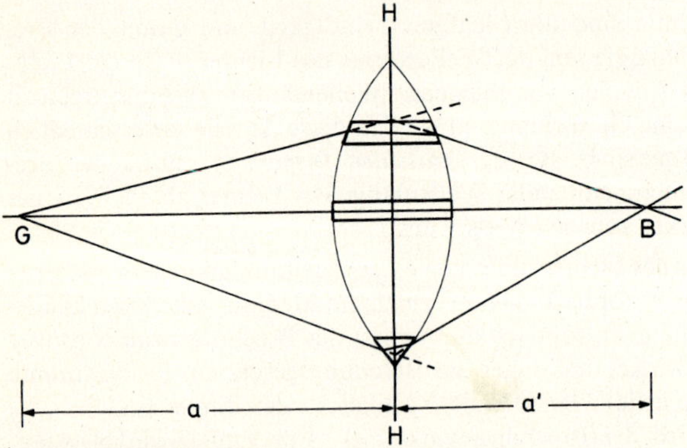


Abb. 70. Annäherung einer Bikonvexlinse durch prismatische Teilstücke; Lage der Hauptebene H.

Die Wirkung von *Linsen* (Glaskörpern mit sphärischen Flächen) auf ein Strahlbündel läßt sich verdeutlichen, indem man sich die Linse aus einer Anzahl prismatischer Teilstücke mit verschiedenen brechenden Winkeln zusammengesetzt denkt. Bei dünnen Linsen läßt sich die zweimalige Brechung beim Eintritt in und Austritt aus dem Linsenkörper durch eine einmalige Brechung in der Hauptebene H ersetzen (Abb. 70).

Durch eine **Sammellinse** (z.B. eine Bikonvexlinse aus Glas in Luft) werden die von einem Punkt G im Abstand $a$ vor der Hauptebene ausgehenden Strahlen hinter der Hauptebene im Abstand $a'$ zu einem Bildpunkt B vereinigt, insbesondere werden Strahlen parallel zur optischen Achse (der Symmetrieachse) im Brennpunkt gebündelt. Die *Brennweite* $f$, der Abstand des Brennpunktes von der Hauptebene, ist bei gleichem Außenmedium auf beiden Seiten der Linse gleich. Für die Abbildung eines Gegenstandes in beliebiger Entfernung $a$ von der Hauptebene einer dünnen Sammellinse gilt in diesem Fall die Abbildungsgleichung (8.4).

**Abbildungsgleichung:**

$$\frac{1}{f} = \frac{1}{a} + \frac{1}{a'} \quad \text{bzw.} \quad f = \frac{a \cdot a'}{a + a'}. \tag{8.4}$$

Die Summe der Reziprokwerte von Gegenstandsweite $a$ und Bildweite $a'$ ist konstant und gleich dem Reziprokwert der Brennweite $f$.

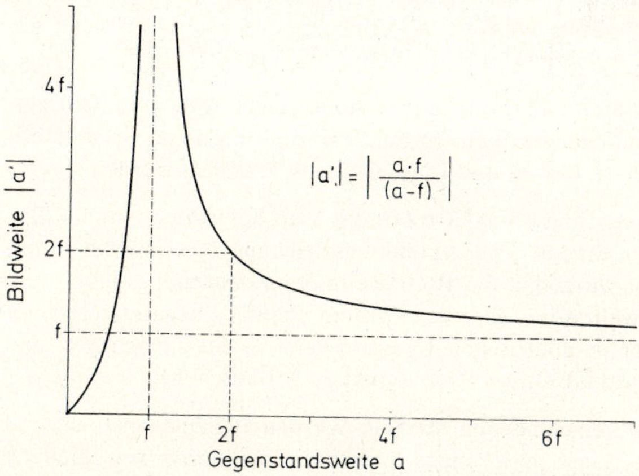


Abb. 71. Bildweite $a'$ als Funktion der Gegenstandsweite $a$ bei gegebener Brennweite $f$.

Der Zusammenhang zwischen Bildweite $a'$ und Gegenstandsweite $a$ ist in Abb. 71 dargestellt. Im Intervall $a > f$ ist $a'$ positiv, die Linse entwirft ein *reelles* Bild. Ist die Gegenstandsweite kleiner als die Brennweite, so wird $a'$ nach Gleichung (8.4) negativ. Physikalisch zeigt sich, daß die Strahlen von einem *virtuellen* Bildpunkt auszugehen scheinen, der **vor** der Linse, d. h. im Gegenstandsraum, liegt (Abb. 71, Bild $y'_3$).

Bei der zeichnerischen Konstruktion einer optischen Abbildung wird die Lage einer dünnen Linse nur durch die Hauptebene H angegeben. Die Bildkonstruktion wird gemäß Abb. 72 mit Hilfe von drei ausgezeichneten Strahlen durchgeführt, deren Richtungen von der Hauptebene ab wie folgt verlaufen:

1. Der durch die Linsenmitte verlaufende Mittelpunktstrahl wird nicht gebrochen.
2. Ein zur Achse paralleler Strahl wird so gebrochen, daß er durch den (bildseitigen) Brennpunkt geht.
3. Ein durch den (gegenstandsseitigen) Brennpunkt gehender Strahl wird so gebrochen, daß er parallel zur Achse verläuft.

**Autokollimation:** Parallele Lichtbündel sind ein wichtiger Spezialfall für optische Untersuchungen. Man erhält sie dadurch, daß man einen Gegenstand in die Brennebene einer Linse stellt. Eine genaue Justierung kann mit Hilfe der Autokollimation durchgeführt werden. Hierbei werden die Lichtstrahlen hinter der Linse durch einen ebenen Spiegel in die Linse zurückreflektiert. Wenn das so erzeugte (höhen- und seitenverkehrte) Bild mit dem Gegenstand zusammenfällt, befinden sich beide exakt in der Brennebene der Linse.

Die für dünne Sammellinsen in einem homogenen Außenmedium geltenden Gesetzmäßigkeiten können durch Einführung zusätzlicher Definitionen auf andere Linsen und Linsensysteme erweitert werden.

**Zerstreuungslinse:** Eine bikonkave Linse in Luft liefert nur virtuelle Bilder eines Gegenstandes. Die Abbildungsgleichung (8.4) bleibt gültig, wenn vereinbart wird, daß die Brennweite der Zerstreuungslinse negativ ist und Bildweiten im Gegenstandsraum ebenfalls negativ gerechnet werden. Bei der geometrischen Konstruktion des Strahlenganges sind gegenstands- und bildseitiger Brennpunkt zu vertauschen.

**Linsen zwischen verschiedenen Medien:** Werden Gegenstandsraum und Bildraum einer Linse bzw. eines Linsensystems durch verschiedene Medien ausgefüllt (Beispiele Auge, Unterwasserkamera), so sind gegenstandsseitige und bildseitige Brennweite $f$ bzw. $f'$ nicht gleich,

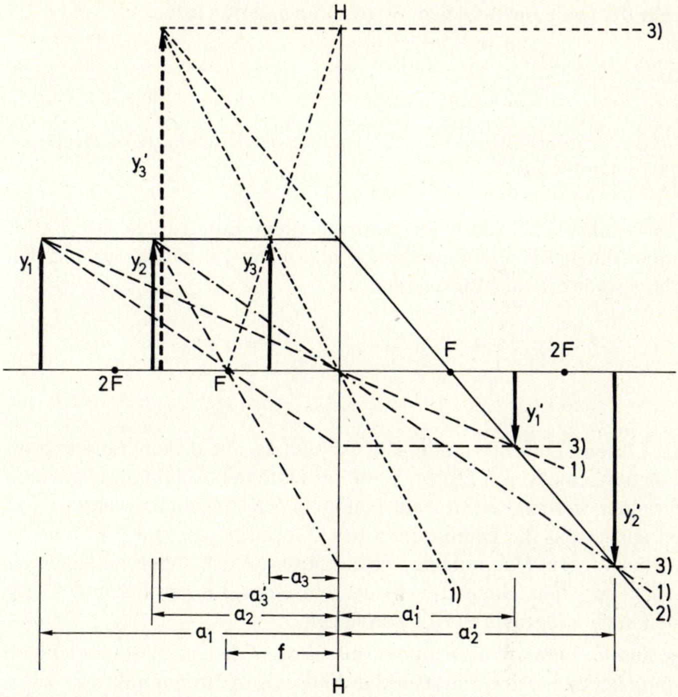


Abb. 72. Abbildung eines Gegenstandes $y_1 = y_2 = y_3$ durch eine Sammellinse:
$a_1 > 2f$ : reelles, verkleinertes und umgekehrtes Bild $y'_1$;
$f < a_2 < 2f$: reelles, vergrößertes und umgekehrtes Bild $y'_2$;
$f > a_3$ : virtuelles, vergrößertes und aufrechtes Bild $y'_3$.

sondern verhalten sich wie die Brechzahlen $n$ im Gegenstands- bzw. $n'$ im Bildraum.

$$\frac{f}{f'} = \frac{n}{n'} \quad \text{bzw.} \quad \frac{n}{f} = \frac{n'}{f'} = \text{konst.} \tag{8.5}$$

Die Abbildung eines Gegenstandes erfolgt dann nach der allgemeinen Abbildungsgleichung

$$\frac{f}{a} + \frac{f'}{a'} = 1 \tag{8.6}$$

mit $a$ als Gegenstandsweite und $a'$ als Bildweite.

**Brechkraft:** Die gemäß Gleichung (8.5) invariante Größe

$$D = \frac{n}{f} \tag{8.7}$$

bezeichnet man als Brechkraft, die Einheit der Brechkraft ist die Dioptrie $[D] = 1\,\text{dpt} = 1\,\text{m}^{-1}$.

Für eine bikonvexe Linse im Außenmedium Luft ist die Brechkraft bestimmt durch Krümmungsradien $r_1$ und $r_2$ der Linsenflächen und den Brechungsindex $n_L$ des Linsenmaterials.

$$D = \frac{1}{f} = (n_L - 1) \cdot \left(\frac{1}{r_1} + \frac{1}{r_2}\right) . \tag{8.7a}$$

**Dicke Linsen, Linsensysteme:** Die Abbildung mit dicken Linsen bzw. Systemen aus mehreren Linsen kann mit Hilfe der Abbildungsgleichung beschrieben werden, wenn zwei Hauptebenen eingeführt werden, von denen aus jeweils die Brennweiten bzw. Gegenstands- und Bildweite zu rechnen sind. Die Hauptebenen eines Linsensystems fallen im allgemeinen nicht mit den Hauptebenen der einzelnen Linsen zusammen, sie können auch außerhalb der Linsen liegen.

Zwei dünne Sammellinsen bilden als System den gegenstandsseitigen Brennpunkt der ersten Linse in den bildseitigen Brennpunkt der zweiten Linse ab (Brennpunktstrahlen werden Parallelstrahlen und Parallelstrahlen wieder Brennpunktstrahlen). Fallen die Hauptebenen praktisch zusammen, so liefert die Abbildungsgleichung (8.4) mit $a = f_1$ und $a' = f_2$ für die Brennweite des Systems aus beiden Linsen

$$\frac{1}{f_S} = \frac{1}{f_1} + \frac{1}{f_2} . \tag{8.8}$$

Entsprechend folgt aus der Abbildungsgleichung (8.5) die verallgemeinerte Bedingung

$$D_S = D_1 + D_2 . \tag{8.9}$$

Die Brechkraft eines Systems mit vernachlässigbarem Abstand der Hauptebenen ergibt sich durch Addition der Brechkräfte $D_1$ und $D_2$ der Einzellinsen.

**Abbildungsmaßstab und Vergrößerung**

Eine wichtige Aufgabe vieler optischer Geräte ist die Verbesserung der optischen Wahrnehmung. Die vergrößernde Wirkungsweise wird dabei durch zwei Begriffe beschrieben:

Das Verhältnis Bildgröße zu Gegenstandsgröße einer Abbildung bezeichnet man als Abbildungsmaßstab oder Lateralvergrößerung. Bei Gültigkeit der Abbildungsgleichung (8.4) erhält man (vgl. Bildkonstruktion Abb. 72)

$$L = \frac{y'}{y} = \frac{a'}{a} \,. \tag{8.9}$$

Der **Abbildungsmaßstab** $L$, das Verhältnis von Bildgröße $y'$ zu Gegenstandsgröße $y$, ist gleich dem Verhältnis von Bildweite $a'$ zu Gegenstandsweite $a$.

Maßgeblich für die Erkennbarkeit eines Gegenstandes ist jedoch die Größe des auf der Netzhaut des Auges entworfenen Bildes. Diese ist proportional dem Tangens des Sehwinkels $\varepsilon$, d. h. des Winkels, unter dem ein Gegenstand vom Auge aus tatsächlich oder scheinbar gesehen wird. Als Vergrößerung eines optischen Instrumentes definiert man deshalb

$$V = \frac{\operatorname{tg} \varepsilon_{\mathrm{m}}}{\operatorname{tg} \varepsilon_{\mathrm{o}}} \,. \tag{8.10}$$

Die **Vergrößerung** $V$ eines optischen Instrumentes ist das Verhältnis von Tangens des Sehwinkels mit Instrument $\varepsilon_{\mathrm{m}}$ zu Tangens des Sehwinkels ohne Instrument $\varepsilon_{\mathrm{o}}$.

Der Tangens des Sehwinkels ohne Instrument ist abhängig von dem Abstand, aus dem der Gegenstand betrachtet wird. Man vereinbart deshalb für solche Gegenstände, die aus der Nähe betrachtet werden, als Bezugsabstand eine Entfernung $s = 250\,\mathrm{mm}$, auf die das Auge längere Zeit ermüdungsfrei akkomodieren kann; $s$ heißt „deutliche Sehweite“. Ist $y$ die Größe des Gegenstandes, so gilt

$$\operatorname{tg} \varepsilon_{\mathrm{o}} = \frac{y}{s} = \frac{y}{250\ \mathrm{mm}} \,. \tag{8.10a}$$

Allgemein gilt, daß die Konstruktionen der geometrischen Optik die **Lage** und **Größe** von optischen Bildern richtig wiedergeben. Die geometrische Optik kann somit die Wirkungsweise optischer Instrumente zum großen Teil deuten. Man beachte jedoch stets, daß die geometrischen Konstruktionen nichts über die Größe der effektiven *Lichtbündel* aussagen. Zur genauen Beschreibung der Helligkeitsstrukturen der Bilder müssen zusätzlich die Phänomene der Wellenoptik – das Auftreten von Beugungs- und Interferenzerscheinungen an Bündelbegrenzungen – berücksichtigt werden.

## 8.2. Versuche zur optischen Abbildung

### 8.2.1. Zusammenfassung von Lernstoff und Lernzielen

1. Kenntnis der Abbildungseigenschaften dünner Linsen: Sammellinse, Zerstreuungslinse; zeichnerische Konstruktion reeller und virtueller Bilder mit Hilfe der ausgezeichneten Strahlen.
2. Definition von Brennweite, Brechkraft (Dioptrie), Gegenstandsweite und Bildweite; Anwendung der Abbildungsgleichung zur experimentellen Bestimmung der Brennweite dünner Linsen; Linsenfehler (sphärische und chromatische Aberration).
3. Einführung in die abbildenden Eigenschaften von Linsensystemen; Brechkraft dicht beieinanderstehender Linsen; Aufbau des Auges; Akkomodation und Behebung von Abbildungsfehlern des Auges; Strahlengang in einem Mikroskop.
4. Verständnis für die Wirkungsweise „vergrößernder" optischer Instrumente; Unterscheidung von Abbildungsmaßstab und Vergrößerung des Sehwinkels; Bedeutung der „deutlichen Sehweite"; experimentelle und rechnerische Bestimmung der Vergrößerung von Lupe und Mikroskop.

### 8.2.2. Versuch: Brennweite dünner Linsen, Anwendung der Linsenformel

**Aufgabe:** Die Brennweite einer dünnen Linse ist durch Messung von Gegenstands- und Bildweite zu bestimmen.

**Grundlagen:** Die Brennweite $f$ einer Sammellinse kann aus Gleichung (8.4) berechnet werden, wenn durch die Linse ein Gegenstand abgebildet wird und die Gegenstands- sowie die zugehörige Bildweite gemessen werden. Dabei muß $a$ zur Erreichung reeller, d. h. auf einem Schirm auffangbarer Bilder, größer sein als $f$.

**Versuchsdurchführung:**

1. Beim Versuch wird als Gegenstand ein diffus von hinten beleuchteter Pfeil benutzt, dessen reelles Bild auf einem Schirm aufgefangen wird. Der Gegenstand, die Linse und der Schirm werden auf einer optischen Bank so justiert, daß ihre Mitten die gleiche Höhe über der optischen Bank haben.

2. Man gibt verschiedene Gegenstandsweiten vor, ermittelt durch Verschieben des Schirmes jeweils die Lage des Bildes und mißt die zugehörigen Bildweiten.

3. Für jedes Wertepaar $a$, $a'$ wird die Brennweite $f$ nach Gleichung (8.4) berechnet, die Ergebnisse sind zu mitteln.

**Anmerkung:** Für die Bestimmung von Gegenstandsweite $a$ und Bildweite $a'$ ist erforderlich, daß die Lage der Hauptebene der Linse bekannt ist. Bei dünnen Linsen kann diese im allgemeinen mit der Mitte der Linse gleichgesetzt werden. Man beachte aber, daß die Linsenmitte nicht mit der Reitermarkierung übereinstimmen muß. Die Annahmen bezüglich der Lage der Hauptebenen läßt sich überprüfen, indem die Messungen wiederholt werden, nachdem die Linse umgedreht wurde.

### 8.2.3. Versuch: Brennweite dünner Linsen, Bessel-Methode

**Aufgabe:** Die Brennweite dünner Linsen ist nach dem Bessel-Verfahren zu bestimmen.

**Grundlagen:** Das von Bessel angegebene Verfahren geht davon aus, daß es für den (hinreichend großen) festen Abstand

$$e = a + a' \qquad (8.12)$$

zwischen Gegenstand und Bild *zwei* Linsenstellungen gibt, die jeweils ein scharfes Bild liefern. Ist die eine Scharfeinstellung (vergrößertes Bild) durch die Gegenstandsweite $a$ und Bildweite $a'$ gegeben, dann ergibt sich die zweite Scharfeinstellung (verkleinertes Bild) durch Vertauschung von Bild- und Gegenstandsweite. Dazu muß die Linse um den Betrag

$$d = a' - a \qquad (8.13)$$

verschoben werden.

Aus den Gleichungen (8.12) und (8.13) folgt

$$a=\frac{e-d}{2} \quad \text{und} \quad a'=\frac{e+d}{2}.$$

Setzt man diese Werte in die Abbildungsgleichung (8.4) ein, so erhält man

$$f=\frac{e^2-d^2}{4e}=\frac{1}{4}\left(e-\frac{d^2}{e}\right). \tag{8.14}$$

Mißt man also die Größen $e$ und $d$, so kann man die Brennweite $f$ nach (8.14) berechnen. Der Vorteil dieses Verfahrens liegt darin, daß die Verschiebung $d$ als Differenz eines beliebigen Bezugspunktes an der Linse (z. B. Reitermarkierung) genauer zu messen ist als die Größen $a'$ und $a$, die ja jeweils von der (nicht genau bekannten) Hauptebene ab zu messen sind.

**Versuchsdurchführung:**

1. Gegenstand, Linse und Schirm werden auf einer optischen Bank aufgebaut und ausgerichtet.
2. Man überzeuge sich, daß bei festem Abstand Gegenstand–Schirm durch Verschieben der Linse zwei scharfe Bilder erhalten werden und daß zwischen den beiden Scharfstellungen eine deutliche Verschiebung der Linse erforderlich ist. (Der Abstand Gegenstand – Schirm muß größer sein als die vierfache Brennweite: $e>4f$.)
3. Der Abstand $e$ von Gegenstand und Schirm wird gemessen.
4. Man bestimmt die Verschiebung $d$ der Linse zwischen den beiden Scharfstellungen als Differenz der Lage der Reitermarkierungen zum Maßstab auf der optischen Bank.
5. Aus $e$ und $d$ wird die Brennweite gemäß Formel (8.14) berechnet.

### 8.2.4. Versuch: Sphärische und chromatische Aberration einer Sammellinse

**Aufgabe:** Unter Verwendung ringförmiger Blenden, die die Rand- bzw. Zentralbereiche einer Linse abdecken, sind die Brennweiten der Linse für Zentral- und Randstrahlen und die sphärische Aberration zu messen. Unter Verwendung eines Blau- bzw. Rotfilters sind die Brennweiten der Linsen für diese Farben und die chromatische Aberration zu bestimmen.

**Grundlagen:** Durch einfache Linsen lassen sich nicht gleichzeitig alle Forderungen erfüllen, die an eine einwandfreie Abbildung gestellt werden. Verläßt man den Abbildungsbereich, der durch sehr schmale und nur wenig gegen die Achse geneigte Strahlenbündel bestimmt wird, treten unterschiedliche Abbildungsfehler auf:

a) **Öffnungsfehler, sphärische Aberration:** Ein breites Bündel achsenparalleler Strahlen wird von den verschiedenen Zonen der Linse unterschiedlich stark gebrochen; der Schnittpunkt der Randstrahlen liegt für eine Sammellinse näher zur Linse als der Schnittpunkt der Zentralstrahlen. Als sphärische Aberration bezeichnet man die Differenz der Brennweiten der Randstrahlen gegenüber der Brennweite der Zentralstrahlen.
b) **Astigmatismus:** Für schräg zur optischen Achse einfallende Lichtbündel sind die Brennweiten für die durch Lichtbündel und optische Achse vorgegebene Ebene und die dazu senkrechte Ebene nicht gleich, statt eines Bildpunktes entstehen in unterschiedlicher Entfernung zwei Bildlinien.
c) **Bildfeldwölbung:** Das Bild einer zur Linsenachse senkrechten ebenen Fläche ist nicht eben, sondern liegt auf einer gewölbten Schale.

d) **Verzeichnung:** Sind die Abbildungsmaßstäbe für verschiedene Abstände von der Achse nicht konstant, so ändert sich der Bildwinkel sich schneidender Geraden abhängig vom Abstand zur Achse, je nach Richtung des Fehlers wird ein Quadrat kissen- oder tonnenförmig abgebildet.

e) **Chromatische Bildfehler:** Die Abhängigkeit des Brechungsindex des optischen Glases von der Lichtwellenlänge hat zur Folge, daß bei einer Abbildung für jede Wellenlänge andere Verhältnisse vorliegen; insbesondere wird die Brennweite $f$ einer einfachen Linse wellenlängenabhängig, man vergleiche Formel (8.5).

Als **chromatische Aberration** bezeichnet man die Differenz der Brennweite für die verschiedenen Wellenlängen (Farben) des Lichtes bei engen, achsennahen Bündeln. Wegen der unterschiedlichen Brennweiten ist die Lateralvergrößerung des Bildes für die verschiedenen Farben unterschiedlich, infolgedessen weisen die Bilder bei weißem Licht farbige Ränder auf.

Die Linsenfehler lassen sich *teilweise* durch optische Systeme beheben, bei denen Linsen aus verschiedenen Glassorten kombiniert werden. Bei *Achromaten* wird der Farbfehler durch Kombination zweier Gläser unterschiedlicher Brechung und Dispersion für zwei Wellenlängen beseitigt, während die noch höherwertigen *Apochromate* durch zusätzliche Linsen eine Achromasie für drei Farben erreichen.

**Versuchsdurchführung:**

1.–4. Man bestimme die Brennweite der Sammellinse nach dem Bessel-Verfahren (Versuch 8.3.3) für Zentralstrahlen, Randstrahlen, rotes und blaues Licht, wobei jeweils die entsprechenden Blenden bzw. Filter in den Strahlengang eingefügt werden.

5. Neben den einzelnen Brennweiten sind absolute und relative sphärische Aberration und absolute und relative chromatische Aberration der Linse anzugeben.

## 8.2.5. Versuch: Brennweite einer Zerstreuungslinse

**Aufgabe:** Die Wirkung einer Zerstreuungslinse läßt sich durch eine Sammellinse mit kleiner Brennweite so kompensieren, daß das Linsensystem insgesamt die Wirkung einer Sammellinse besitzt. Die Brennweiten des Linsensystems und der Sammellinse allein sind zu messen. Aus diesen Werten ist die Brennweite der Zerstreuungslinse zu berechnen.

**Grundlagen:** Die Brennweite eines Linsensystems, das aus 2 Linsen mit den Brennweiten $f_1$ und $f_2$ besteht, ist bei sehr kleinem Abstand der Hauptebenen durch Formel (8.8 bzw. 8.9) bestimmt. Die *negative* Brechkraft einer Zerstreuungslinse $D_2 = 1/f_2$ kann demnach überkompensiert werden, wenn

$$D_1 > |D_2| \quad \text{bzw.} \quad f_1 < |f_2|. \tag{8.15}$$

Die Brechkraft des Linsensystems ist kleiner als die der Sammellinse allein

$$D_S < D_1 \quad \text{bzw.} \quad f_S > f_1. \tag{8.16}$$

Die Brennweite der Zerstreuungslinse ergibt sich durch Auflösung der Formel (8.8) zu

$$f_2 = \frac{f_1 \cdot f_S}{f_1 - f_S}. \tag{8.17}$$

**Versuchsdurchführung:**

1. Die Zerstreuungslinse wird mit einer solchen Sammellinse kombiniert, daß mit dem Linsensystem ein reelles Bild eines Gegenstandes erzeugt werden kann.

2. Die Brennweiten $f_s$ bzw. $f_1$ des Linsensystems und der Sammellinse werden entsprechend Versuch 8.2.3. bzw. Versuch 8.2.2. bestimmt.

3. Die Brennweite $f_2$ der Zerstreuungslinse ist nach Formel (8.17) zu berechnen.

### 8.2.6. Augenmodell

**Aufgabe:** An einem dem menschlichen Auge analogen Modell sind die Brennweiten und Brechkräfte des optischen Gesamtsystems und der einzelnen Komponenten zu bestimmen. Die abbildenden Eigenschaften sind unter Bedingungen, die der Normalsichtigkeit und der Fehlsichtigkeit entsprechen, zu untersuchen.

**Grundlagen:** Das menschliche Auge stellt ein zweilinsiges optisches System dar, bestehend aus einer von zwei verschiedenen Medien begrenzten Kugelfläche, der Hornhaut (cornea), und einer beidseitig im gleichen Medium befindlichen Linse, der Augenlinse (lens cristallina). Bei Ruhestellung des normalsichtigen Auges werden unendlich ferne Gegenstände auf der Netzhaut (retina) scharf abgebildet. Die *Akkommodation* auf kürzere Entfernungen erfolgt durch Änderung der Krümmung der Augenlinse; dadurch wird deren Brechkraft und damit die Brechkraft des gesamten Systems verändert. Die größte bzw. die kürzeste Entfernung, in der Gegenstände scharf wahrgenommen werden, bezeichnet man als Fernpunkt bzw. Nahpunkt des Auges.

Das optische System des Auges wird im Prinzip in dem Modell gemäß Abb. 73 nachgebildet. In der Stirnseite einer Plexiglaswanne entspricht eine sphärische Glasfläche $L_1$ der Hornhaut des Auges. In das Wasser, welches Kammerwasser und Glaskörper simuliert, können anstelle der veränderlichen Augenlinse einzelne Linsen mit unterschiedlicher Krümmung eingehängt werden, dabei entsprechen die Linsen mit der schwächsten bzw. stärksten Krümmung $L_{2,F}$ bzw. $L_{2,N}$ der Einstellung des Auges auf Fern- bzw. Nahpunkt. Ein Schirm tritt anstelle des Augenhintergrundes.

**Versuchsdurchführung:**

*Teil a) Brennweiten und Brechkräfte:*

1. Die Brennweite $f_1$ der sphärischen Fläche in Luft wird durch Autokollimation (vgl. S. 206) bestimmt: Die vom Gegenstand ausgehenden Lichtstrahlen werden hinter der sphärischen Fläche von einem senk-

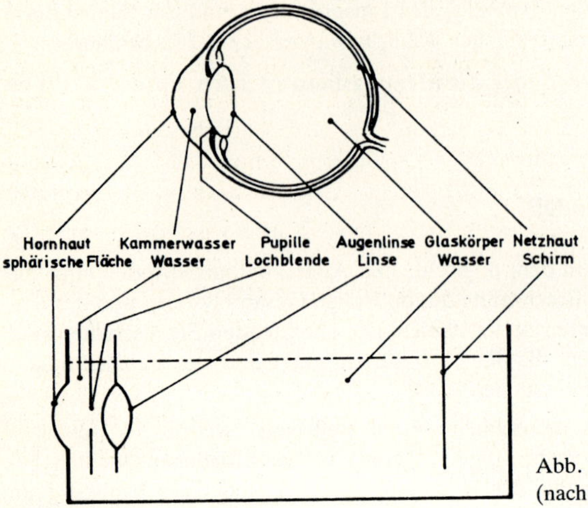


Abb. 73. Augenmodell (nach C. Ucke).

recht zur optischen Achse stehenden Planspiegel reflektiert. Der Gegenstand wird auf der optischen Bank verschoben, bis Bild- und Gegenstandsebene zusammenfallen (gegenstandsseitige Brennebene).

2. Die Brennweite $f'_1$ der sphärischen Fläche in Wasser wird durch Abbildung eines unendlich fernen Gegenstandes bestimmt. Der Gegenstand wird in die Brennebene einer Hilfslinse gebracht (Autokollimation!), und der Ort des dann durch die sphärische Fläche im Wasser erzeugten Bildes wird mit einem Schirm ermittelt (bildseitige Brennebene).

3. Das Verhältnis der Brennweiten $f_1/f'_1$ ist mit dem Verhältnis der Brechzahlen gemäß Formel (8.5) zu vergleichen.

4. Die gegenstandsseitige Gesamtbrennweite $f$ des Systems sphärische Fläche $L_1$ plus Linse $L_2$ wird analog zu 1. bestimmt.

5. Die bildseitige Gesamtbrennweite $f'$ des Systems sphärische Fläche $L_1$ plus Linse $L_2$ wird analog zu 2. bestimmt.

6. Man berechne aus der Gesamtbrechkraft des Linsensystems $D' = n/f'$ und der Brechkraft der sphärischen Fläche $D'_1 = n/f'_1$ mit Hilfe der Dioptrien-Formel (8.9) die Brechkraft $D'_2 = n/f'_2$ der Linse in Wasser.

*Teil b) Abbildung bei normalsichtigem und fehlsichtigem Auge:*

7. Der Schirm im Wasser wird in der Entfernung aufgestellt, die der Systembrennweite mit der Linse $L_{2,F}$ entspricht (Fernpunkt des Auges

im Unendlichen). Für diese Bildweite wird die Gegenstandsweite des Systems mit der Linse $L_{2,N}$ (Nahpunkt des Modells) experimentell bestimmt und mit der Berechnung gemäß Formel (8.6) verglichen.

8. Der Abstand des Schirmes vom Linsensystem wird gegenüber 7. vergrößert. Man bestimme experimentell und rechnerisch die Gegenstandsweiten für die verschiedenen Systeme. Man diskutiere die Veränderung bezüglich Fern- und Nahpunkt des Modells (Kurzsichtigkeit – Myopie).

9. Der Abstand des Schirmes vom Linsensystem wird kleiner als in 7. gewählt. Man bestimme experimentell und rechnerisch – soweit möglich – die Gegenstandsweite der verschiedenen Systeme. Man diskutiere die Lage von Fern- und Nahpunkt des Modells (Fernsichtigkeit – Hypermetropie).

10. Man bestimme die Brechkräfte zusätzlicher Hilfslinsen (Brillengläser), mit denen die Fehlsichtigkeit kompensiert werden kann, und untersuche die Auswirkung von Blenden analog zur Augenpupille auf den Schärfenbereich der Abbildung.

### 8.2.7. Versuch: Vergrößerung einer Lupe

**Aufgabe:** Durch Ausmessen des virtuellen Bildes einer ihrer Länge nach bekannten Strecke ist die Vergrößerung einer Lupe zu bestimmen.

**Grundlagen:** Befindet sich ein Gegenstand innerhalb der einfachen Brennweite einer Sammellinse, so sieht der Beobachter ein seitenrichtiges und aufrecht stehendes, vergrößertes, virtuelles Bild.

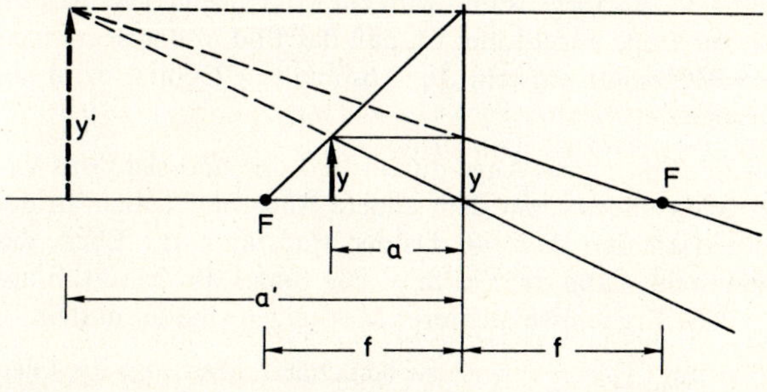


Abb. 74. Bildkonstruktion bei einer Lupe.

Das Verhältnis Bildgröße zu Gegenstandsgröße ergibt sich gemäß Abb. 74 durch den Vergleich ähnlicher Dreiecke zu

$$\frac{y'}{y} = \frac{a'}{a} = \frac{a' + f}{f} . \tag{8.18}$$

Die Vergrößerung des Sehwinkels, definiert gemäß Formel (8.10)

$$V = \frac{\operatorname{tg} \varepsilon_m}{\operatorname{tg} \varepsilon_o} \quad \text{mit} \quad \operatorname{tg} \varepsilon_o = \frac{y}{s} ,$$

ist noch abhängig von der Entfernung Auge–Lupe. Befindet sich das Auge dicht hinter der Lupe, so gilt $\operatorname{tg} \varepsilon_m = y'/a'$. Es ist dann

$$V = \frac{y' \cdot s}{y \cdot a'} = \frac{s}{a'} \cdot \frac{(a' + f)}{f} = \frac{s}{a} . \tag{8.19}$$

Wird die Lage des Gegenstandes so gewählt, daß das Bild sich in der deutlichen Sehweite befindet $(a' = s)$, so folgt

$$V_{a'=s} = \frac{y'}{y} = \frac{s}{f} + 1 . \tag{8.20}$$

Ist die Gegenstandsweite gleich der Brennweite, d. h. das Bild befindet sich im Unendlichen $(a = f, a' = \infty)$, so gilt

$$V_\infty = \frac{s}{f} . \tag{8.21}$$

**Versuchsdurchführung:**

1. Der Versuchsaufbau wird so gewählt, daß die Bedingungen der Formel (8.20) erfüllt sind. Als Gegenstand wird ein Mikrometer $(y = 10$ mm) benutzt, das so zur Lupe angeordnet ist, daß das Bild in der deutlichen Sehweite $(a' = s = 250$ mm) entsteht. Im Abstand $s = 250$ mm wird ein Maßstab aufgestellt.

2. Man schaut nun mit einem Auge durch die Lupe und sieht das virtuelle Bild des Mikrometers, mit dem andere Auge blickt man an der Lupe vorbei direkt auf den Maßstab. Da der Maßstab in der Ebene des virtuellen Bildes steht, kann die Größe $y'$ des Bildes am Maßstab abgelesen werden. Die Ergebnisse mehrerer Messungen sind zu mitteln.

3. Die Vergrößerung $V_{a'=s} = y'/y$ ist zu berechnen. Man löse die Gleichung (8.20) nach $f$ auf und bestimme die Brennweite der Lupe.

## 8.2.8. Versuch: Mikroskop

**Aufgabe:** Vergrößerung und Apertur eines Mikroskopes sind zu bestimmen.

**Grundlagen:** Den Strahlengang im Mikroskop zeigt Abb. 75. Der Beobachter sieht bei der Betrachtung durch das Okular ein virtuelles, vergrößertes Bild, dessen Gesamtvergrößerung bestimmt ist durch das Produkt aus Abbildungsmaßstab $L_{obj}$ des Objektives und Lupenvergrößerung $V_{ok}$ des Okulars

$$V = L_{obj} \cdot V_{ok} . \tag{8.22}$$

Zweckmäßigerweise beobachtet man das Zwischenbild durch das Okular mit entspanntem, d. h. auf unendlich akkommodiertem Auge. In diesem Fall entwirft das Objektiv das Zwischenbild in der Brennebene des Okulars. Die Lateralvergrößerung des Objektives ist dann

$$L_{obj} = \frac{y'}{y} = \frac{t}{f_1}, \tag{8.23}$$

wobei $t$ der Abstand der einander zugewandten Brennpunkte von Objektiv und Okular, also praktisch die Tubuslänge des Mikroskopes ist, und $f_1$ die Brennweite des Objektives. Die Lupenvergrößerung des Okulars ist bei unendlich fernem virtuellen Bild gemäß Formel (8.21)

$$V_{ok} = \frac{s}{f_2},$$

mit $s$ als deutliche Sehweite und $f_2$ als Okularbrennweite. Damit gilt

$$V = \frac{t \cdot s}{f_1 \cdot f_2} . \tag{8.24}$$

Die Gesamtvergrößerung eines Mikroskopes ist proportional der Tubuslänge $t$ und umgekehrt proportional den Brennweiten $f_1$ und $f_2$ von Objektiv und Okular.

Bei der praktischen Ausführung eines Mikroskopes sind einige zusätzliche Probleme zu beachten.

Das Objektiv bildet zugleich die Lichtquelle ab, die das Objekt beleuchtet. Obwohl das Bild der Lichtquelle vor der Brennebene des Okulars entsteht, liefert es bei der Beobachtung durch das Okular unscharfe, störende Strukturen. Durch eine **Kondensorlinse** unmittelbar vor dem Objekt wird deshalb die Lichtquelle in das Objektiv hinein abgebildet. Das Objekt und sein Bild wird dadurch unabhängig von Strukturen der Lichtquelle gleichmäßig ausgeleuchtet.

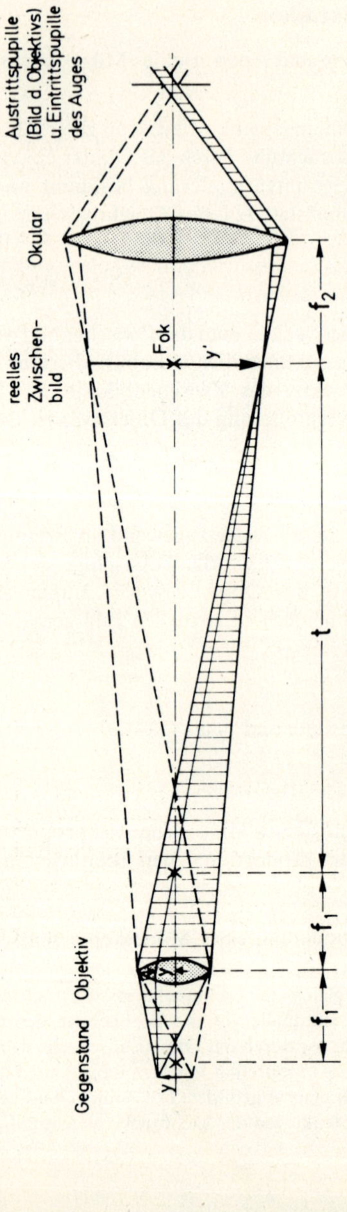


Abb. 75. Strahlengang im Mikroskop: Das kurzbrennweitige Objektiv entwirft von dem zu untersuchenden Gegenstand $y$ das vergrößerte Bild $y'$; dieses reelle Zwischenbild wird mit dem als Lupe wirkenden Okular betrachtet.

Das Gesichtsfeld eines Mikroskopes wird dadurch eingeengt, daß nicht alle Strahlen, die durch das Objektiv gehen und zum Zwischenbild beitragen, in das Okular gelangen (Vignettierung). Eine in die Ebene des Zwischenbildes gesetzte zusätzliche **Feldlinse**, deren Brennweite so bemessen wird, daß sie das Objektiv ins Okular abbildet, hat für das Zwischenbild selbst keine abbildenden Eigenschaften. Jetzt erreichen alle durch das Objektiv kommenden Strahlen das Okular, das Gesichtsfeld wird vergrößert und erscheint gleichmäßig hell.

Mit dem Mikroskop lassen sich nicht beliebige Vergrößerungen erzielen. Die technische Grenze wird dann erreicht, wenn die Wellennatur des Lichtes die Auflösung sehr kleiner Strukturen begrenzt. Eine Abbildung eines Objektes erfolgt nur dann, wenn durch den Öffnungswinkel $u$ des Objektivs außer dem Strahl 0-ter Ordnung zumindest noch ein weiteres der durch Beugung am Objekt entstehenden Interferenzmaxima erfaßt wird (Abbe). Ist $n$ der Brechungsindex des Mediums zwischen Objekt und Objektiv, folgt daraus für die Größe der kleinsten noch aufzulösenden Strukturen

$$a = \frac{\lambda}{n \cdot \sin u} = \frac{\lambda}{A}. \tag{8.25}$$

Der kleinste durch ein Mikroskop auflösbare Abstand $a$ ist proportional der Wellenlänge $\lambda$ der benutzten Strahlung und umgekehrt proportional der **numerischen Apertur** $A = n \cdot \sin u$.

Das Auflösungsvermögen eines Mikroskopes ist unabhängig von der Vergrößerung!

**Versuchsdurchführung:**

**Vorbemerkung:** Um das Zerdrücken des Objektes und Schäden am Objektiv zu vermeiden, verfährt man bei der Scharfstellung des Mikroskopes grundsätzlich wie folgt: Man schraubt den Tubus bis nahe über das Objekt herunter, wobei man Tubus und Objekt von der Seite beobachtet. Danach erst schaut man durch das Mikroskop und schraubt den Tubus unter ständigem Durchblicken hoch, bis das Objekt scharf erscheint.

**Bestimmung der Vergrößerung:**

1. Das Mikroskop wird auf ein Objektmikrometer (1 mm $\triangleq$ 100 Skt) scharf eingestellt.

2. Auf das Okular wird ein Mikroskopaufsatz mit einem schräggestellten teildurchlässigen Spiegel aufgesteckt (Abb. 76). ein Maßstab wird seitlich vom Mikroskop so aufgestellt, daß der Gesamtabstand von der Beobachtungsöffnung $a + b + c = 250$ mm beträgt.

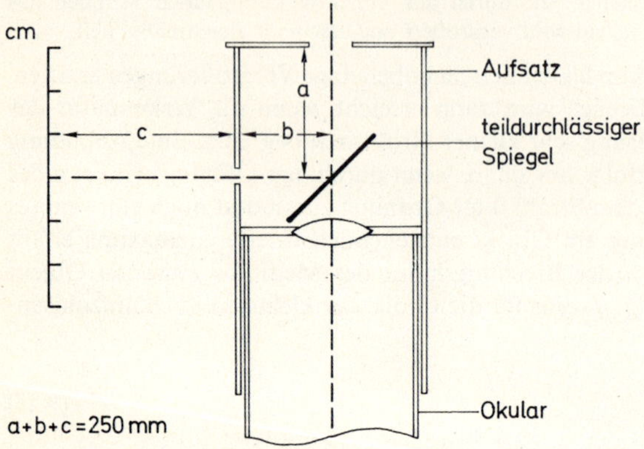


Abb. 76. Mikroskopaufsatz zur Bestimmung der Vergrößerung.

3. Man bringt das Bild des Objektmikrometers mit dem eingespiegelten Bild des Maßstabes zur Deckung und bestimmt so seine Größe. Indem man nach jeder Messung das Objektmikrometer leicht verschiebt, führt man mehrere unabhängige Messungen durch.

4. Aus dem Mittelwert der Messungen bestimme man die Gesamtvergrößerung des Mikroskopes und vergleiche diese mit den Daten des Mikroskopes.

**Bestimmung des Öffnungswinkels:**

5. Man entfernt die Beleuchtungseinrichtung einschließlich Kondensor und legt eine Lochblende auf den Objekttisch. Unterhalb der Lochblende bringt man im Abstand $d$ einen Maßstab an.

6. Das Mikroskop wird auf die Lochblende scharf eingestellt. Entfernt man nun das Okular, so sieht man das Bild einer Teilstrecke $y$ der Skala, das durch die Lochblende hindurch vom Objektiv entworfen wird.

7. Aus $\operatorname{tg} u = y/2d$ läßt sich der Öffnungswinkel $u$ bestimmen (vgl. Abb. 77).

8. Mit Hilfe des Öffnungswinkels berechne man die numerische Apertur $A = n \cdot \sin u$ und den kleinsten auflösbaren Abstand für Luft ($n = 1$) und Zedernöl als Immersionsflüssigkeit ($n = 1{,}52$) bei einer Wellenlänge $\lambda = 500$ nm.

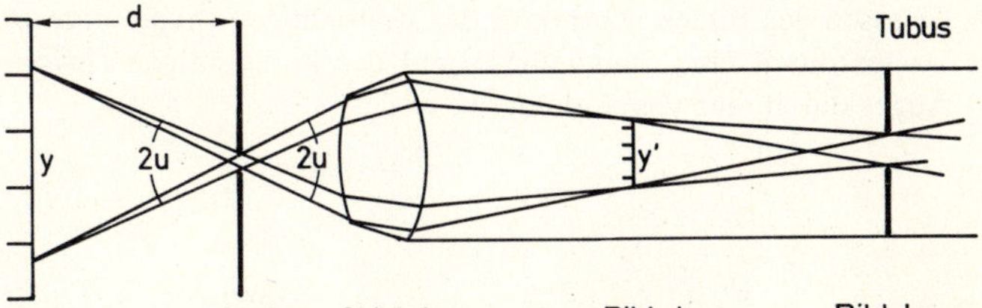


Abb. 77. Zur Bestimmung des Öffnungswinkels.

### 8.2.9. Anwendungsbeispiele zu den Versuchen und Anregungen zum Selbststudium

**Linsen und Linsensysteme** finden Anwendung in optischen Geräten aller Art, z. B.: Vergrößernde optische Geräte wie Lupe, Mikroskop, Fernrohr; Beleuchtungseinrichtungen zum Ausleuchten von Objekten und optischen Geräten (Kondensor, Kollimator); spezielle abbildende Systeme wie Endoskope zur Untersuchung von Körperhöhlen durch enge Öffnungen (z. B. Zystoskop für das Harnblaseninnere); Fotoapparat, Filmkamera zu Dokumentationszwecken; Reproduktionseinrichtungen; Projektionsgeräte für durchsichtige und undurchsichtige Bilder (Dia- bzw. Filmprojektor, Episkop).

Spezielle Fragen aus der **Theorie der Abbildungen** sind: Anwendungsbereiche der geometrischen Optik und der Wellenoptik; Beschreibung der Wirkungsweise optischer Geräte a) mit der Strahlenoptik, d. h. geometrischen Hilfskonstruktionen, und b) über reelle Lichtbündel; Ableitung von Reflexions- und Brechungsgesetz über Wellenfronten (Huygenssches Prinzip); Einfluß der endlichen Bündelöffnung und von Blenden auf Abbildungen: Ausleuchtung, Vignettierung, Auflösung von Strukturen.

Die optischen Gesetze finden auch Anwendung bei der Deutung von **Aufbau und Funktion des Auges:** Hornhaut, vordere Augenkammer,

Kristallinse, Glaskörper, Netzhaut (Retina); Entfernungsanpassung – Akkommodation über Krümmung der Kristallinse durch den Ziliarmuskel; Helligkeitsanpassung durch Steuerung der Pupille; Struktur der Netzhaut – Zäpfchen (Farbempfindung) und Stäbchen (Hell-Dunkel-Sehen); begrenztes Auflösungsvermögen (ca. 50 Bogensekunden) durch rasterartiges Erfassen des Bildes; Korrektur des weitsichtigen (hypermetropischen) Auges durch eine Sammellinse und des kurzsichtigen (myopischen) Auges durch eine Zerstreuungslinse.

# 9. Optische Strahlung, Wellenoptik

| Symbole | Größen | SI-Einheiten | |
|---|---|---|---|
| $c$ | Lichtgeschwindigkeit | m/s | |
| $\lambda$ | Wellenlänge | m | Meter |
| $\nu$ | Frequenz | 1/s | Hertz |
| $b, l$ | Länge | m | |
| $A, O$ | Fläche | $m^2$ | |
| $\alpha, \varphi, \varepsilon$ | Winkel | rad | Radiant |
| $\Omega$ | Raumwinkel | sr | Steradiant |
| $W$ | Energie | J | Joule |
| $S$ | Energiestromdichte (Intensität) | $W/m^2$ | |
| $E$ | Schwingungsamplitude (elektrische Feldstärke) | V/m | |
| $Z$ | Wellenwiderstand | $\Omega$ | Ohm |
| $\Phi, I, L, E$ | Strahlungsgrößen, lichttechnische Größen | (s. Tab. 10) | |
| $\varrho_\lambda, \alpha_\lambda, \tau_\lambda$ | Reflexions-, Absorptions-, Durchlaßgrad (Transparenz) | – | |
| $E_\lambda$ | Extinktion | – | |
| $\mu$ | Schwächungskoeffizient | 1/m | |
| $c$ | Konzentration | $kg/m^3$ | |
| $\vartheta$ | Temperatur | °C | |
| $[\alpha]_\lambda^\vartheta$ | Spezifische Drehung | $rad \cdot m^2/kg$ | |
| $c_0$ | Vakuumlichtgeschwindigkeit | $c_0 = 2{,}997 \cdot 10^8\,m/s$ | |
| $h$ | Plancksches Wirkungsquant | $h = 6{,}626 \cdot 10^{-34}\,J \cdot s$ | |

# 9.1. Theoretische Grundlagen

## 9.1.1. Optische Strahlungsgrößen

Bei der Ausbreitung des Lichtes erfolgt ein Energietransport in Form einer Welle: Elektrische und magnetische Felder, deren Amplituden sich periodisch ändern, sind wechselseitig miteinander verkoppelt und pflanzen sich in einem homogenen Medium mit konstanter Geschwindigkeit $c$ fort. Elektrische und magnetische Feldstärke stehen senkrecht zueinander und senkrecht zur Ausbreitungsrichtung der Strahlung: Licht ist eine *transversale elektromagnetische Welle.*

Als Schwingungsebene des Lichtes wird die durch den Vektor der elektrischen Feldstärke und die Ausbreitungsrichtung des Lichtes bestimmte Ebene bezeichnet.

Als Intensität einer Strahlung bezeichnet man den Energiestrom pro Flächeneinheit (vgl. Abschn. 7.1.3.; Formel 7.11). Die Intensität einer elektromagnetischen Welle ist gegeben durch das Vektorprodukt von elektrischer und magnetischer Feldstärke. Durch Umrechnung folgt

$$S = \hat{E}^2/2Z \,. \qquad (9.1)$$

Die Intensität einer elektromagnetischen Strahlung $S$ ist proportional dem Quadrat der Amplitude der elektrischen Feldstärke $\hat{E}$.

Der konstante Wellenwiderstand $Z$ der elektromagnetischen Welle hat die Einheit $\Omega$, z. B. gilt für das Vakuum $Z_{\text{vak}} = 377\ \Omega$.

Bei der Messung optischer Strahlungsgrößen – **Photometrie** – muß man unterscheiden zwischen den *strahlungsphysikalischen Größen*, denen die objektiv zu bestimmende Energie zugrunde liegt, und den *lichttechnischen Größen*, die den subjektiv empfundenen visuellen Eindruck beschreiben. Beide Größen sind über den spektralen Hellempfindlichkeitsgrad des Auges verknüpft, d. h., für monochromatische Strahlung sind sie zueinander proportional.

Die subjektiv empfundene Helligkeit ist als physiologische Größe natürlich bei den einzelnen Menschen unterschiedlich und außerdem abhängig von den verschiedenen Formen des Sehens (z. B. helladaptiert/photopisch bzw. dunkeladaptiert/skotopisch). Der spektrale Hellempfindlichkeitsgrad ist eine genormte Größe, die durch Mittelung über eine Vielzahl von Beobachtern gewonnen wurde und das Verhältnis von Helligkeitseindruck zur Strahlungsleistung in Abhängigkeit von der Wellenlänge beschreibt.

Für Strahlungsgrößen und Lichtgrößen werden in der Regel die gleichen Symbole verwendet. Sofern Verwechslungen vorkommen könnten, charakterisiert man sie durch die Indizes e für ‚energetisch' bzw. v für ‚visible'. Die Einführung eigener Bezeichnungen und eigener Einheiten (einschließlich einer neuen Basiseinheit cd = Candela) für die lichttechnischen Größen berücksichtigt die fundamentale Bedeutung der optischen Wahrnehmung für das menschliche Bewußtsein.

Bezeichnungen und Einheiten der strahlungsphysikalischen und lichttechnischen Größen sind in Tabelle 10 einander gegenübergestellt, die Definitionsgleichungen beziehen sich auf die Größen der Abb. 78. Die Größen $L$ und $E$ charakterisieren die Strahlungsgrößen bezogen auf den Sender bzw. Empfänger, während die restlichen Größen den Strahlungstransport beschreiben.

Tab. 10. Optische Strahlungsgrößen

| Größe und Definition | Energetische | | Lichttechnische | |
|---|---|---|---|---|
| | Größe | Einheit | Größe | Einheit |
| $\Phi$ | Strahlungsstrom | W | Lichtstrom | lm = cd · sr (Lumen) |
| $I = \dfrac{\Delta \Phi}{\Delta \Omega}$ | Strahlstärke | W/sr | Lichtstärke | cd (Candela) |
| $L = \dfrac{I}{A \cos \vartheta}$ | Strahldichte | W/(sr · m²) | Leuchtdichte | cd/m² |
| $E = \dfrac{\Phi}{A'}$ | Bestrahlungsstärke | W/m² | Beleuchtungsstärke | lx = lm/m² (Lux) |

**Raumwinkel:** Ein Kegel, dessen Scheitel sich im Mittelpunkt einer Kugel befindet, schneidet aus deren Oberfläche eine Teilfläche $\Delta$O aus, die ebenfalls wie die Gesamtoberfläche $O = 4\pi r^2$ proportional zu $r^2$ wächst. Der Raumwinkel wird definiert durch $\Omega = \Delta O / r^2$; die Einheit des Raumwinkels ist der Steradiant: $[\Omega]$ = sterad = sr.

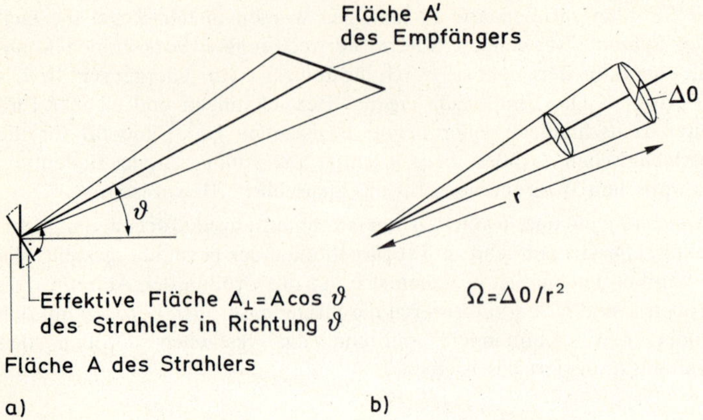


Abb. 78. a) Zur Definition der Strahlungsgrößen, b) zur Definition des Raumwinkels.

## 9.1.2. Phänomene der Wellen- und Quantenoptik

Die am Beispiel der mechanisch-akustischen Wellen diskutierten Phänomene zur Beugung und Interferenz (Kap. 7.1.4.) gelten sinngemäß auch für die optischen Wellen. Bei optischen Beugungs- und **Interferenzversuchen** muß jedoch einmal die kleine Wellenlänge des Lichtes und zum anderen die weitgehende Inkohärenz optischer Strahlung beachtet werden.

In einer Lichtquelle spielt sich eine Vielzahl einzelner Emissionsprozesse ab, die im allgemeinen unabhängig voneinander Wellenzüge endlicher Länge und unterschiedlicher Phasenbeziehung und Schwingungsrichtung abstrahlen. Deshalb sind verschiedene Lichtquellen zueinander inkohärent und die von ihnen ausgehende Strahlung kann nicht miteinander interferieren. Optische Interferenzen lassen sich beobachten, wenn das von *einer* Lichtquelle ausgehende Licht durch geeignete Maßnahmen wie Reflexion oder Beugung zur Überlagerung gebracht wird.

Da selbst die verschiedenen Wellenzüge einer Lichtquelle zueinander inkohärent sind, gelten dabei zusätzliche Bedingungen hinsichtlich Gangunterschied und Orientierung der sich überlagernden Teilbündel, die von der Art der Strahlung und der räumlichen Ausdehnung der Lichtquelle abhängen (Bedingungen der zeitlichen und räumlichen Kohärenz).

Moderne Lichtquellen besonders hoher Kohärenz sind **Laser,** deren Wirkungsweise auf den Effekt der *stimulierten Emission* beruht. Beim Laser ist ein höheres Energieniveau der Atome eines Materials durch geeignete Energiezufuhr stärker besetzt als das Grundniveau. Spontan entstandene Photonen (s. u.) können durch Wechselwirkung mit den angeregten Atomen deren Elektronen zu einem Übergang stimulieren. Die dabei ausgesandten Photonen verstärken die primäre Welle phasengerecht, so daß sich durch weitere stimulierte Emission letztendlich eine Welle hoher Intensität und Kohärenz aufbaut.

Die transversalen Eigenschaften des Lichtes werden durch **Polarisationsversuche** nachgewiesen: Natürliches Licht läßt sich polarisieren; der Polarisationszustand des Lichtes kann durch Wechselwirkung mit Materie verändert werden. Solche Effekte lassen sich allgemein darauf zurückführen, daß der Schwingungsvektor in zwei Komponenten aufgespalten wird, die beim Durchgang durch Materie unterschiedlich verzögert werden und dadurch eine Phasenverschiebung erfahren.

Die Aufspaltung einer linear polarisierten Welle kann dabei in zwei linear polarisierte oder in zwei zirkular polarisierte Komponenten erfolgen:

Die Wirkung **doppelbrechender Substanzen**, z. B. Kalkspat, läßt sich dadurch deuten, daß linear polarisiertes Licht in zwei lineare, zueinander senkrechte Schwingungskomponenten aufgespalten wird. Die Komponenten weisen infolge der unterschiedlichen Geschwindigkeit im doppelbrechenden Medium bei der erneuten Überlagerung eine Phasendifferenz bzw. einen Gangunterschied auf; die resultierende Schwingung ist im allgemeinen Fall elliptisch polarisiert (Grenzfälle: linear polarisiert, zirkular polarisiert). Die Doppelbrechung wird bei anisotropen Kristallen beobachtet. Substanzen, die an sich isotrop sind, können durch äußere Einflüsse eine erzwungene Doppelbrechung aufweisen, so unter dem Einfluß mechanischer Spannungen oder durch Ausrichten der Moleküle in elektrischen oder magnetischen Feldern.

Die Wirkung **optisch aktiver Substanzen**, z. B. Quarz oder Zuckerlösung, läßt sich dadurch deuten, daß die lineare Schwingung des polarisierten Lichtes in je eine rechts- und linkszirkular polarisierte Schwingung zerlegt wird, die sich mit unterschiedlicher Geschwindigkeit fortpflanzen. Bei der Überlagerung der beiden Komponenten entsteht wieder eine lineare Schwingung, deren Schwingungsebene jedoch infolge des Gangunterschiedes gedreht wurde.

Bei der Emission und Absorption optischer Strahlung können zahlreiche Prozesse nicht mehr mit der klassischen Wellentheorie beschrieben werden, vielmehr wird zu ihrer Deutung die **Quantentheorie** benötigt, nach der die Übertragung optischer Strahlung in Form von Energiequanten oder Photonen erfolgt. Danach ist die Energie eines Photons durch die Frequenz bzw. Wellenlänge der Strahlung bestimmt:

**Plancksche Gleichung:**

$$W = h \cdot \nu = h \cdot \frac{c}{\lambda}\,. \tag{9.2}$$

Die kleinste Energieeinheit $W$ einer Strahlung ist proportional der Frequenz $\nu$ der Strahlung; die Naturkonstante $h$ – Plancksches Wirkungsquantum – hat den Wert $h = 6{,}626 \cdot 10^{-34}\,\mathrm{J \cdot s}$.

Das in seine Wellenlängen zerlegte Licht – das **Spektrum** – liefert somit Aussagen über die quantenphysikalischen Prozesse, die sich bei der Emission und Absorption der Strahlung abspielen.

**Linienspektrum:** Die Emission einzelner monochromatischer Spektrallinien erfolgt bei Übergängen zwischen verschiedenen Energieniveaus des Atoms, anschaulich bei „Elektronensprüngen" innerhalb der Atomhülle. Die Lage und Schärfe der Energieniveaus, bezogen auf den Grundzustand, wird primär durch den Aufbau der Elektronenhülle, d.h. die Ordnungszahl des Elementes bestimmt; durch sekundäre Effekte wie Massenzahl (Isotopie) und Bahndrehimpuls und Spin der Elektronen und äußere Einflüsse wie Druck, magnetische und elektrische Felder können die Energieniveaus verbreitert und aufgespalten werden (Feinstruktur der Spektrallinien).

**Bandenspektren:** Bei mehratomigen Molekülen ist jeder Energieübergang in der Elektronenhülle mit einer Vielzahl möglicher Energieübergänge der Schwingung der Atome gegeneinander bzw. der Rotation der Atome umeinander verknüpft. Die große Anzahl der gekoppelten möglichen Energiezustände führt zu zahlreichen sehr dicht, „bandenartig" beieinanderliegenden Spektrallinien. Während Anordnung und Intensität diskreter Spektrallinien Aussagen über den Aufbau der Atomhüllen ermöglichen, erlauben die Strukturen der Banden Rückschlüsse auf den Aufbau von Molekülen.

**Kontinuierliche Spektren:** Echte kontinuierliche Spektren werden emittiert, wenn bei dem Strahlungsprozeß beliebige Energieübergänge möglich sind, z.B. können sich durch Wechselwirkung zwischen benachbarten Atomen die einzelnen Energieniveaus verbreitern und überlappen. Solche kontinuierlichen Spektren werden von glühenden Festkörpern und Schmelzen emittiert. Bei gasförmigen Lichtquellen treten kontinuierliche Spektren auf, wenn an den Strahlungsprozessen freie Elektronen mit beliebiger kinetischer Energie beteiligt sind. Neben dem Übergang des Elektrons von dem freien in den gebundenen Zustand sind auch Strahlungsprozesse bei der Abbremsung von Elektronen in elektrischen Feldern (Bremsstrahlung) möglich.

Während die **Emissionsspektren** durch unmittelbare Beobachtung der von den Lichtquellen ausgehenden Strahlung gewonnen werden, erhält man die **Absorptionsspektren** dadurch, daß eine Substanz mit Licht durchstrahlt wird. Je nach der durchstrahlten Substanz wird die Strahlung bestimmter Wellenlängen oder Wellenlängenbereiche unter Absorption eines Photons und gleichzeitiger Anregung der Atome bzw. Moleküle geschwächt. Da diese Energie anschließend in eine andere Richtung ausgestrahlt oder durch andere als Strahlungsprozesse abgegeben wird, wird die Intensität der entsprechenden Spektrallinien oder Banden im Vergleich zur Nachbarwellenlänge erniedrigt. Absorptionsspektren ermöglichen somit Rückschlüsse auf charakteristische Eigenschaften der durchstrahlten Materie.

## 9.2. Optische Meßgeräte

Zu den optischen Meßgeräten, die eine Vergrößerung des Sehwinkels bewirken und damit kleine Strukturen der Beobachtung zugänglich machen, zählen insbesondere **Lupe** und **Mikroskop** (vgl. Versuche 8.2.7. und 8.2.8.). Durch die verschiedensten Versuchstechniken und Hilfseinrichtungen (Auflicht-, Durchlicht-, Hellfeld-, Dunkelfeld-, Ölimmersions-, Polarisationsmikroskopie u. a.) hat das Mikroskop universelle Anwendungsmöglichkeiten gefunden.

Das **Fernrohr** ermöglicht entfernte Gegenstände unter einem vergrößerten Sehwinkel zu betrachten. Das astronomische (Keplersche) Fernrohr besteht aus einem langbrennweitigen Objektiv und einem kurzbrennweitigen Okular, deren einander zugewandten Brennpunkte zusammenfallen. Parallel einfallende Strahlen verlassen das Okular als Parallelstrahlen, wobei der Tangens des Sehwinkels entsprechend dem Verhältnis der Brennweiten vergrößert wird. Die telezentrischen Strahlengänge anderer Fernrohre benutzen eine Kombination von Sammel- und Zerstreuungslinse (Huygenssches Fernrohr) oder Prismensätze.

Geometrische Längenmessungen höchster Präzision lassen sich mit **Interferometern** durchführen: Das Strahlenbündel einer Lichtquelle wird, z. B. über einen halbdurchlässigen Spiegel, geteilt und liefert, nachdem es über verschiedene Wege wieder zusammengeführt wird, optische Interferenzen. Diese Interferenzen sind äußerst empfindlich gegen Veränderungen eines der Lichtwege und gestatten, geometrische Ortsverschiebungen der Größenordnung $\lambda/10$ ($\approx 50\,nm$) und weniger zu messen.

Da eine Veränderung des optischen Weges auch durch Veränderung des Brechungsindex bewirkt wird, werden Interferometer auch zur Messung dieser wichtigen Materialkonstante eingesetzt. Andere Meßeinrichtungen zur Bestimmung des Brechungsindex sind **Refraktometer,** mit denen diese Größe z. B. über den Grenzwinkel der Totalreflexion gemessen wird (Abbe-Refraktometer). Mit einem **Goniometer-Spektrometer** wird der Brechungsindex über die Ablenkung eines Lichtstrahles durch ein Prisma ermittelt.

**Photometer** dienen zur Helligkeitsmessung, insbesondere zum Vergleich verschiedener Lichtquellen und zur Durchführung von Absorptionsmessungen. Bei der subjektiven Messung wird die Helligkeit einer Bezugslichtquelle gegenüber der der zu vermessenden Lichtquelle meßbar abgeschwächt, bis visuell der Eindruck gleicher Helligkeit vorliegt. Die definierte Lichtabschwächung kann erfolgen durch Entfernungsänderung (Fettfleckphotometer nach Bunsen), durch Meßblenden (Pulfrich), durch Polarisationsfilter (vgl. Versuch 9.3.2.; Malussches Gesetz), durch rotierende Sektoren und Graukeile.

Die objektive **Messung strahlungsphysikalischer Größen** stützt sich auf lichtelektrische oder thermoelektrische Verfahren. Bei einer *Photozelle* wird der Strom der Elektronen gemessen, die durch Photonen hinreichend hoher Energie aus einer Metalloberfläche freigesetzt werden (äußerer lichtelektrischer Effekt). Die Zahl der primär gebildeten Elektronen kann im *Photovervielfacher* (SEV) durch Sekundärelektronenemission um Größenordnungen verstärkt werden. Beim *Photowiderstand* werden in einem Halbleitermaterial durch Absorption von Photonen Ladungsträger freigesetzt (innerer lichtelektrischer Effekt), was zu einer Vergrößerung der Eigenleitfähigkeit und damit zur Widerstandsabnahme führt. Die durch den lichtelektrischen Effekt in der Sperrschicht verschieden dotierter Halbleitermaterialien gebildeten Ladungsträger werden bei *Photodioden* mit Hilfe einer äußeren Spannung gemessen, während sie bei *Photoelementen* eine elektrische Leistung liefern. Bei thermoelektrischen Strahlungsmessern – *Bolometer* – wird die Temperaturerhöhung eines Empfängers durch die möglichst vollständige Absorption von Strahlungsenergie gemessen.

Der Einsatz objektiver Meßverfahren zur Photometrie ist bei monochromatischer Strahlung unproblematisch, da der Hellempfindlichkeitsgrad die photometrische Bewertung strahlungsphysikalischer Größen durch das menschliche Auge für jede Wellenlänge definiert. Man beachte jedoch, daß bei einem Strahlengemisch *verschiedener* Wellenlängen im allgemeinen wegen der unterschiedlichen spektralen Empfindlichkeitsverteilung von lichtelektrischem Empfänger und Auge keine eindeutige Beziehung zwischen der lichtelektrischen Meßgröße und der Helligkeitsempfindung des Auges besteht.

Die Zerlegung des Lichtes in seine Wellenlängen durch **Spektralapparate** ermöglicht durch die Untersuchung der Spektren wichtige Rückschlüsse auf atomphysikalische Vorgänge bei der Emission und der Absorption der optischen Strahlung und auf die chemische Zusammensetzung der Lichtquelle bzw. der durchstrahlten Materie (Spektralanalyse). Die Zerlegung des Lichtes in die verschiedenen spektralen Anteile erfolgt beim **Prismenspektralapparat** durch Dispersion im Prisma (vgl. Versuch 9.3.5.). Beim **Gitterspektralapparat** erfolgt die spektrale Zerlegung dadurch, daß die Richtung der Inteferenzmaxima bei der Überlagerung vieler Teilstrahlen von der Wellenlänge abhängt (vgl. Versuch 9.3.4.). Durch Interferenz von Teilstrahlen mit hohem Gangunterschied läßt sich eine extrem hohe Auflösung der Spektrallinien erreichen, wobei allerdings nur kleine Wellenlängenbereiche gleichzeitig untersucht werden können. Solche **Interferenz-Spektrometer** – Fabry-Perot; Lummer-Gehrke – werden zu Feinstrukturuntersuchungen von Spektrallinien benutzt. Die Beobachtung und Auswertung des Spektrums kann subjektiv über eine eingespiegelte Skala – *Spektroskop* – oder durch Vermessen der Wellenlängen über den Ablenkungswinkel – *Spektrometer* – erfolgen. Objektive Meßverfahren benutzen die photographische Aufnahme – *Spektrograph* – oder lichttechnische Empfänger – *Quantometer* – und ermöglichen über eine quantitative Intensitätsmessung hinaus die dem sichtbaren Licht benachbarten Teile des Spektrums, Infrarot und Ultraviolett, zu untersuchen.

**Polarisationsoptische Verfahren** untersuchen und verwenden Effekte, die durch die Transversalität des Lichtes bedingt sind. Als *Polarisatoren* bezeichnet man solche apparativen Einrichtungen, die aus natürlichem Licht mit willkürlich wechselnden Schwingungsebenen linear polarisiertes Licht mit nur einer wohldefinierten Schwingungsebene erzeugen. Jeder Polarisator kann auch zur Untersuchung von Polarisationsgrad und -richtung einer Strahlung benutzt werden, in diesem Fall wird er als *Analysator* bezeichnet. Polarisationsoptische *Kompensatoren* dienen dazu, den Polarisationszustand des Lichtes in definierter Weise (z. B. linearpolarisiert↔zirkularpolarisiert) zu verändern bzw. zu bestimmen. Die Wirkungsweise von **Polarimetern** beruht darauf, daß das Licht zunächst mit Hilfe von Polarisatoren linear polarisiert und mit Hilfe eines Analysators die Schwingungsebene bestimmt wird. Werden nun in den Strahlengang Substanzen eingebracht, die den Polarisationszustand des Lichtes beeinflussen, so kann dies durch eine erneute Messung mit dem Analysator bestimmt werden (vgl. auch die Versuche 9.3.2. und 9.3.3.).

## 9.3. Spezielle Untersuchungsmethoden

### 9.3.1. Zusammenfassung von Lernstoff und Lernzielen

**A. Polarisation:**

1. Polarisation als Phänomen einer transversalen Welle (Licht = transversale elektromagnetische Welle); Schwingungsrichtung bei natürlichem, linear und zirkular polarisiertem Licht.

2. Qualitative Beschreibung der Methoden zur Herstellung und zum Nachweis polarisierten Lichtes: Reflexion, Doppelbrechung, Dichroismus; Aufbau und Wirkungsweise eines Polarimeters.

3. Lichtelektrische Messungen; Nachweis des Malusschen Gesetzes; Zusammenhang zwischen Intensität der Strahlung und Größe der Schwingungsamplitude (elektrische Feldstärke).

4. Unterscheidung der Wirkung von doppelbrechenden und optisch aktiven Substanzen; Drehung der Polarisationsebene durch optisch aktive Substanzen; Anwendung des Polarimeters zur Saccharimetrie.

**B. Spektroskopie:**

5. Unterscheidung von weißem, farbigem und monochromatischem Licht; die Frequenzen bzw. die (Vakuum-) Wellenlängen als charakteristische Größen der optischen Strahlung; Dispersion des Lichtes.

6. Verständnis für den Strahlengang im Spektralapparat; Erklärung der Spektral„linien“ als Bilder des Spaltes für die optische Strahlung unterschiedlicher Wellenlängen.

7. Unterscheidung von Linien-, Banden- und kontinuierlichem Spektrum; qualitative theoretische Deutung der Spektren durch Energieübergänge in der Atomhülle, bei Molekülen und Temperaturstrahlern; Zusammenhang zwischen der Größe des Energiesprunges und der Frequenz der Strahlung: Plancksche Formel.

8. Anwendung der Spektroskopie als diagnostisches Verfahren für physikalische und chemische Untersuchungen; Interpretation des Emissionsspektrums als Eigenschaft der Lichtquelle und des Absorptionsspektrums als Wirkung der durchsetzten Materie.

## 9.3.2. Versuch: Polarimeter, Malussches Gesetz

**Aufgabe:** Die Intensität einer durch ein Polarimeter hindurchtretenden Strahlung ist als Funktion der Winkelstellung zwischen Polarisator und Analysator objektiv zu messen.

**Grundlagen:** Die transversale Eigenschaft des Lichtes wird bewiesen, indem das Licht zunächst mit einem Polarisator linear polarisiert und diese Eigenschaft mit einem zweiten Polarisator, dem Analysator, nachgewiesen wird.

Die Wirkung eines jeden Polarisators (bzw. Analysators) beruht auf zwei Tatsachen: Erstens wird ein Schwingungsvektor mit willkürlicher Richtung in zwei Schwingungsvektoren zerlegt, die in definierte, aufeinander senkrecht stehende Richtungen weisen, und zweitens wird eine dieser Schwingungsrichtungen ausgelöscht. Für die Erzeugung linear polarisierten Lichtes stehen verschiedene Verfahren zur Verfügung:

1. Bei der **Brechung und Reflexion** werden die Anteile der Strahlung, die in der Einfallsebene (Ebene durch einfallenden Strahl und Lot) schwingen, in einem anderen Intensitätsverhältnis aufgespalten, als die senkrecht zu Einfallsebene schwingenden Anteile. Insbesondere ist der reflektierte Strahl vollständig linear polarisiert, wenn reflektierter und gebrochener Strahl aufeinander senkrecht stehen (Gesetz von Brewster: $\alpha + \beta = \pi/2$ bzw. $\text{tg}\,\alpha = n$). Der gebrochene Strahl ist teilweise polarisiert, durch mehrfache Brechung mit Hilfe eines Plattensatzes kann auch der gebrochene Strahl weitgehend polarisiert werden.

2. Bei der **Doppelbrechung** sind ordentlicher und außerordentlicher Strahl senkrecht zueinander linear polarisiert. Bei Polarisatoren aus doppelbrechendem Material wird der für beide Strahlen unterschiedliche Brechungsindex zur Ausblendung eines Strahles ausgenutzt. Das für diese Zwecke häufig verwendete Nicolsche Prisma besteht aus einem Kalkspatkristall, der unter einem definierten Winkel gegen die optische Achse geschnitten wird. Zusätzlich wird das Prisma längs einer Diagonalfläche geteilt und mit Kanadabalsam wieder gekittet (Abb. 79). Während der außerordentliche Strahl die Kittschicht durchsetzt, wird der ordentliche Strahl vom optisch dünneren Kitt durch Totalreflexion vollständig zur geschwärzten Wand hin abgelenkt und dort absorbiert.

3. Gewisse doppelbrechende Substanzen besitzen ein unterschiedliches Absorptionsvermögen für die beiden Polarisationsrichtungen **(Dichroismus).** Mit solchen Substanzen (z. B. Herapathitkristalle) lassen sich großflächige Polarisationsfilter herstellen, die bei einer Dicke unter 1 mm das Licht nahezu vollständig linear polarisieren.

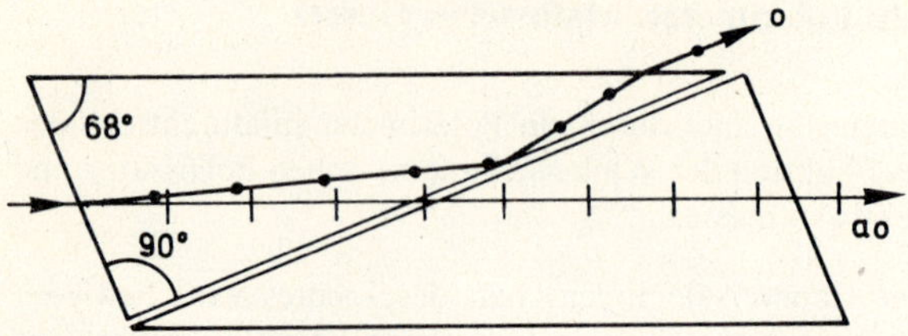


Abb. 79. Nicolsches Prisma.

Weist die Schwingungsebene eines linear polarisierten Lichtes einen beliebigen Winkel $\alpha$ zur Durchlaßrichtung des Analysators auf, so wird der Schwingungsvektor gemäß Abb. 80 in zwei Schwingungsvektoren in Durchlaßrichtung und senkrecht dazu aufgespalten.

Der vom Analysator durchgelassene Anteil ist $E_p = E_0 \cdot \cos\alpha$, der vom Analysator ausgelöschte Anteil $E_s = E_0 \cdot \sin\alpha$. Da die Intensität dem Quadrat der Amplitude proportional ist (Formel 9.1), gilt das

**Malussche Gesetz:**

$$\frac{S_p(\alpha)}{S_0} = \frac{E_p^2(\alpha)}{E_0^2} = \cos^2\alpha\,. \tag{9.3}$$

Die von zwei Polarisatoren durchgelassene Strahlungsintensität ist proportional dem Quadrat des Kosinus des von den beiden Polarisationsebenen eingeschlossenen Winkels $\alpha$.

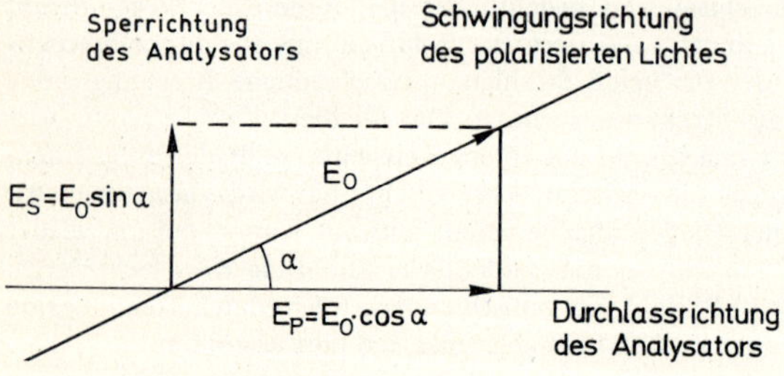


Abb. 80. Zur Ableitung des Malusschen -Gesetzes.

Befinden sich zwischen Polarisator und Analysator keine depolarisierenden Substanzen, so sind bei einer vollen Drehung des Analysators zweimal maximale Strahlungsintensität (Parallelstellung der Polarisationsebenen von Polarisator und Analysator) und zweimal völlige Auslöschung (gekreuzte Stellung) zu beobachten.

**Versuchsdurchführung:**

1. Das Polarimeter wird gemäß Abb. 81 aufgebaut.

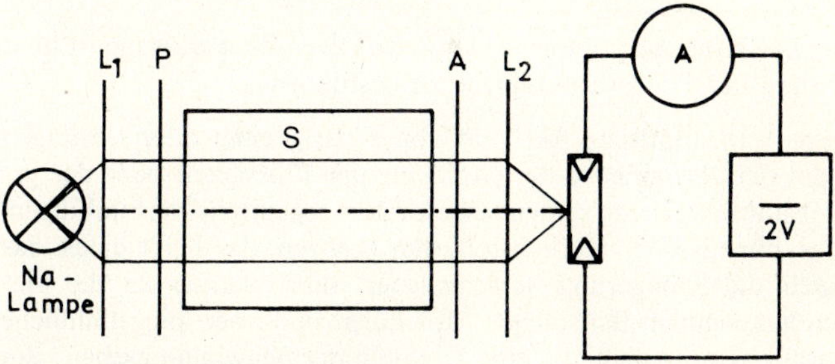


Abb. 81. Aufbau des Polarimeters.

Die Linse $L_1$ erzeugt von der Lichtquelle ein paralleles Strahlenbündel, das den Polarisator P, die zu untersuchende Substanz S und den Analysator A durchsetzt.

Zur objektiven Messung wird die Strahlung mit der Linse $L_2$ auf den photoelektrischen Empfänger, hier einen Photowiderstand, fokussiert. Als Polarisator bzw. Analysator finden Polarisationsfolien Anwendung; der Analysator kann stufenlos um 360° um die optische Achse gedreht werden.

2. Ohne die Probe S wird bei Parallelstellung der Polarisationsebenen von Polarisator und Analysator (maximale Helligkeit) die Strahlung so auf den Photowiderstand fokussiert, daß das Instrument einen möglichst großen Ausschlag anzeigt.

3. Die Winkeleinstellung des Analysators wird in Schritten von 10°, in der Umgebung von Intensitätsextrema um 5°, variiert. Die Intensität wird als Funktion des Winkels gemessen.

4. Das Verhältnis der Intensität zur Maximalintensität (Ausschlag des Meßinstrumentes zum Maximalausschlag) wird berechnet und als Funktion der Winkelstellung des Analysators graphisch aufgetragen.

5. Durch die Meßpunkte wird eine theoretische $\cos^2\alpha$-Kurve gezogen. Man diskutiere die Ursache leichter Abweichungen (Streulicht, Nicht-Linearität des Empfängers).

### 9.3.3. Versuch: Polarimeter, Saccharimetrie

**Aufgabe:** Die Konzentration einer optisch aktiven Zuckerlösung ist über die Drehung der Polarisationsebene zu bestimmen.

**Grundlagen:** Die optische Aktivität von Flüssigkeiten oder Lösungen beruht auf der Asymmetrie der Moleküle der Flüssigkeit oder der gelösten Substanzen. Hierzu zählen insbesondere organische Verbindungen, die ein asymmetrisches Kohlenstoffatom besitzen, das heißt eines, das sich durch die Anlagerung verschiedener Substituenten an die vier Valenzen auszeichnet. Bei solchen Molekülen sind zwei spiegelbildliche Konfigurationen möglich, die eine Drehung der Schwingungsebene des Lichtes um jeweils den gleichen Winkel, aber in entgegengesetzter Richtung, bewirken. Sind beide Konfigurationen in gleicher Konzentration vorhanden, so hebt sich das Drehvermögen der beiden Komponenten auf, die Lösung ist optisch inaktiv (Racemat). Im allgemeinen bilden in lebenden Organismen ablaufende Reaktionen ausschließlich eine der beiden Konfigurationen, so daß aus der Drehung der Schwingungsebene des Lichtes auf die Konzentration der betreffenden Substanz geschlossen werden kann. Es gilt:

$$\alpha = [\alpha]_\lambda^\vartheta \cdot c \cdot l. \tag{9.4}$$

Der Drehwinkel $\alpha$ optisch aktiver Substanzen ist der Konzentration $c$ der Substanz und der Dicke $l$ der durchstrahlten Schicht proportional.

Der Proportionalitätsfaktor $[\alpha]_\lambda^\vartheta$ heißt spezifische Drehung; die Indizes $\lambda$ bzw. $\vartheta$ bedeuten die Abhängigkeit der spezifischen Drehung von der Wellenlänge $\lambda$ des Lichtes und der Temperatur $\vartheta$ der optisch aktiven Substanz an. Man bezeichnet eine Substanz als rechtsdrehend, wenn die Schwingungsebene *gegen* die Lichtquelle betrachtet nach rechts (im Uhrzeigersinn) gedreht wird, und bei entgegengesetzter Drehrichtung als linksdrehend.

Im chemisch-medizinischen Bereich werden für die Auswertung der Gleichung (8.27) spezielle Größeneinheiten benutzt. Die spezifische Drehung wird angegeben für eine Lösung der Konzentration von 1 g/cm$^3$

bei einer Länge der durchstrahlten Schicht von 1 dm. Die so definierte spezifische Drehung beträgt z.B. für eine Rohrzuckerlösung bei 20 °C und der Verwendung von Na-Licht ($\lambda_D = 589$ nm)

$$[\alpha]_D^{20°} = 66{,}5° \frac{\text{cm}^3}{\text{g} \cdot \text{dm}}. \tag{9.4a}$$

Für eine Zuckerlösung unbekannter Konzentration $c$ bestimmt sich diese in g/cm³ aus dem Drehwinkel $\alpha$ gemessen in Grad und der Küvettenlänge $l$ in dm mit Hilfe der Zahlenwertgleichung:

$$\frac{c}{\text{g/cm}^3} = \frac{\alpha}{66{,}5°} \bigg/ \frac{l}{\text{dm}}. \tag{9.5}$$

**Subjektive Messung, Halbschattenverfahren:** Wird die Lage der Polarisationsebene mit Hilfe der Helligkeitsempfindung des Auges gemessen, so sind die physiologischen Gegebenheiten der subjektiven Messung zu beachten, die durch das Weber-Fechnersche Gesetz (vgl. Abschnitt 7.2., Formel (7.17)) beschrieben werden.

Beim Polarimeter ist der Reiz $x$ durch die Intensität gegeben, die durch Polarisator und Analysator durchgelassen wird, und deren Abhängigkeit von der Winkelstellung $\alpha$ durch das Malussche Gesetz – Formel (9.3) – bestimmt wird

$$x \sim \cos^2 \alpha.$$

Die Anwendung des Weber-Fechnerschen Gesetzes liefert dann für den Zusammenhang zwischen Reizempfindung $y$ und Winkelstellung bis auf eine additive Konstante

$$y \approx \ln(\cos^2 \alpha). \tag{9.6}$$

Der Zusammenhang zwischen der Größe des Reizes $x$ bzw. der Empfindung $y$ und der Winkelstellung $\alpha$ ist in Abb. 82 dargestellt.

Das punktiert gezeichnete Minimum berücksichtigt, daß auch bei gekreuzten Polarisatoren nicht ideale Auslöschung erreicht wird, bzw. daß durch den Übergang zu den Rezeptoren des Dunkelsehens die absolute Empfindlichkeit des Auges erhöht wird.

Die Abbildung macht verständlich, warum bei einer subjektiven Messung die Einstellung auf minimale Helligkeit B – gekreuzte Polarisatoren – mit einer höheren Genauigkeit durchgeführt werden kann, als die Ein-

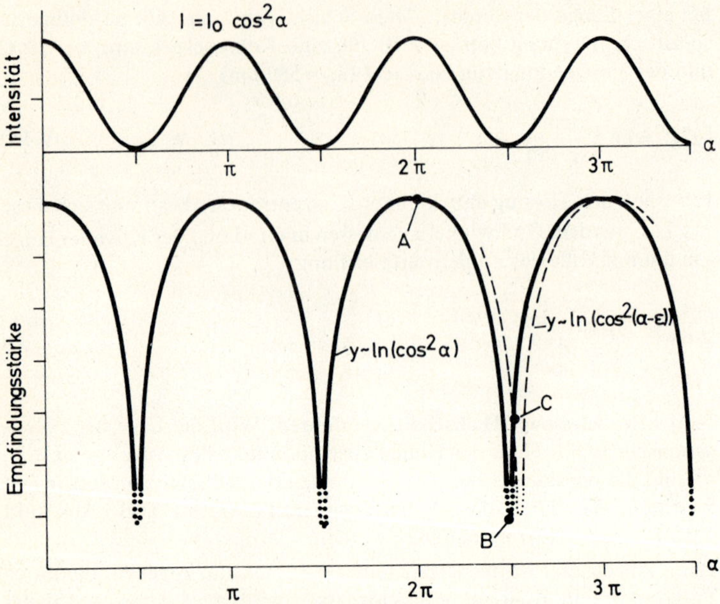


Abb. 82. Subjektiv empfundene Beleuchtungsstärke bei Drehung des Analysators.

stellung auf maximale Helligkeit A – Parallelstellung der Polarisatoren. – Aber auch bei der Einstellung auf minimale Helligkeit besteht die prinzipielle Schwierigkeit, daß beim Durchdrehen des Analysators zeitlich aufeinanderfolgende Helligkeitsempfindungen beurteilt werden müssen. Eine Steigerung der Meßgenauigkeit erreicht man durch das **Halbschattenverfahren:** In einer Hälfte des Gesichtsfeldes wird die Schwingungsrichtung des polarisierten Lichtes durch ein geeignet geschnittenes, hinter dem Polarisator befindliches Quarzplättchen zusätzlich um einen geringen Winkel ($\varepsilon$ ca. 2 bis 10°) gedreht. Die Einstellung der beiden Hälften des Gesichtsfeldes auf gleiche Helligkeit (Punkt C der Abbildung) erfolgt im Bereich sehr hoher Kontrastempfindlichkeit des Auges und ist wegen der gegenläufigen Änderung der Intensitäten sehr empfindlich gegen die Drehung des Analysators. Mit dem Halbschattenverfahren lassen sich Meßgenauigkeiten unter einer Winkelminute erreichen.

**Versuchsdurchführung:**

1. Das Polarimeter wird mit einer Na-Lampe beleuchtet, und die Lage der Polarisationsebene bei leerem bzw. mit destilliertem Wasser gefülltem Probenrohr bestimmt.

Bei einem Polarimeter ohne Halbschattenvorrichtung wird dazu der Analysator auf die Winkelstellung minimaler Intensität (gekreuzte Stellung der Polarisatoren) gedreht; bei einem Polarimeter mit Halbschattenvorrichtung wird der Analysator im Bereich schwacher Intensitäten auf gleiche Helligkeit der beiden Gesichtsfeldhälften eingestellt.

2. Die zu untersuchende Lösung, deren Temperatur auf 20 °C eingestellt wurde, wird in das Probenrohr gefüllt und die Lage der Polarisationsebene analog zu (1) erneut bestimmt. Die Differenz der beiden Meßwerte liefert den Winkel, um den die Polarisationsebene gedreht wurde.

3. Die Länge der optisch aktiven Schicht wird aus der Länge des Probenrohres unter Berücksichtigung der Dicke der Abschlußfenster bestimmt.

4. Die Meßergebnisse werden in Formel (9.5) eingesetzt und die Konzentration der Lösung bestimmt.

5. Die unterschiedliche Wirkung der Doppelbrechung gegenüber den optisch aktiven Substanzen untersuche man an Plexiglasmodellen, die anstelle der Zuckerlösung in den Strahlengang des Polarimeters gebracht werden. Man belaste die Modelle, betrachte die aufhellende Wirkung der Spannungsdoppelbrechung und überzeuge sich, daß bei keiner Stellung des Analysators vollständige Auslöschung erreicht werden kann.

### 9.3.4. Versuch: Gitterspektrometer, Messung optischer Wellenlängen

**Aufgabe:** Mit einem Gitterspektrometer sind die Wellenlängen der Spektrallinien einer Lichtquelle zu vermessen.

**Grundlagen:** Ein Gitter besteht aus einer großen Zahl von Spalten in äquidistanten Abständen $b$. Trifft ein Parallelstrahlbündel monochromatischen Lichtes auf ein Gitter mit der Gitterkonstante $b$ auf, so ist gemäß Abb. 83a der Gangunterschied benachbarter, unter dem gleichen Winkel gebeugter Strahlen

$$\Delta = b \cdot \sin\alpha \,. \tag{9.7}$$

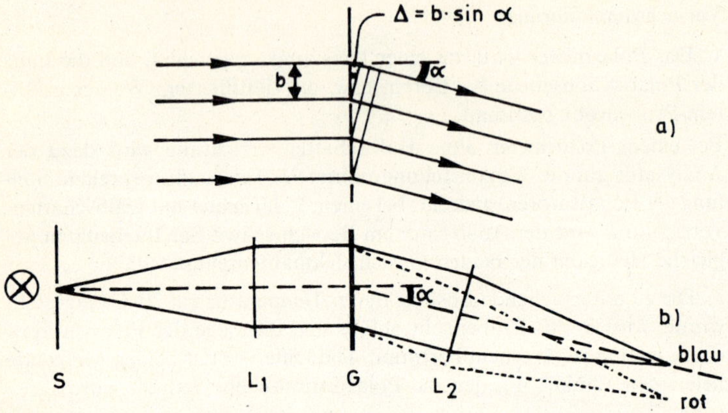


Abb. 83. a) Gangunterschied bei einem Gitter.
b) Aufbau eines Gitterspektrometers.

Die Interferenz dieser Strahlen führt für die Beugungswinkel $\alpha_m$ zu einer Verstärkung, für die gilt

$$\sin \alpha_m = m \cdot \frac{\lambda}{b}. \tag{9.8}$$

Dabei wird die ganze Zahl $m = 0, 1, 2, \ldots$ als Ordnung der Interferenz bezeichnet. Für alle anderen Winkel führt die Interferenz bei einer großen Zahl von Gitterstrichen praktisch zu einer Auslöschung.

Die Ablenkwinkel werden mit einem Spektrometer gemessen; den Strahlengang im Spektrometer zeigt Abb. 83b. Mit der zu untersuchenden Lichtquelle wird der (senkrecht zur Zeichenebene stehende) Spalt S ausgeleuchtet. Der Spalt S steht in der Brennebene einer Kollimatorlinse $L_1$, somit verlassen die vom Spalt divergent ausgehenden Strahlen die Kollimatorlinse in der Zeichenebene als Parallelbündel. Hinter dem Gitter G werden die in Richtung eines Intensitätsmaximums gebeugten parallelen Strahlen in der Brennebene der Linse $L_2$ zu einem optischen Bild des Spaltes – einer Spektrallinie – vereinigt.

Der Ablenkungswinkel für ein Interferenzmaximum hängt gemäß Formel (9.8) sowohl von der Wellenlänge als auch der Ordnung der Interferenz ab. Ein auf das Gitter fallendes Parallelbündel mit verschiedenen Farbanteilen, d.h. verschiedenen Wellenlängen, wird innerhalb einer Ordnung in verschiedene, gegeneinander geneigte Parallelbündel aufgespalten. Jedes der Parallelbündel wird in einem Punkt der Brennebene vereinigt; die Gesamtheit der entstehenden Spektrallinien bildet das Spektrum.

Beim Spektrometer ist die Linse $L_2$ das Objektiv eines Fernrohres. Die in der Brennebene des Objektivs entstehenden Spektrallinien können mit dem Okular des Fernrohres subjektiv beobachtet werden. Das Fernrohr ist um das Gitter drehbar. Es wird so justiert, daß sich jeweils eine Spektrallinie genau im Fadenkreuz des Okulars befindet; der zugehörige Ablenkungswinkel kann auf einer Winkelskala abgelesen werden.

**Versuchsdurchführung:**

1. Vor Beginn des Versuches kontrolliere man die richtige Justierung des Spektrometers: Kollimatorrohr und Fernrohr sind in einer Ebene und senkrecht zur Drehachse des Spektrometers sowie zum Gitter ausgerichtet; der Eintrittsspalt steht in der Brennebene des Kollimatorobjektivs; das Fernrohr ist auf Unendlich eingestellt. Gegebenenfalls ist die Anweisung des Assistenten zu beachten.
2. Das Fernrohr wird nacheinander auf die verschiedenen Interferenzmaxima der zu bestimmenden Spektrallinie einjustiert und die den Ordnungen $m$ zugehörigen Winkelstellungen $\alpha_m$ abgelesen. (Noniusteilung richtig interpretieren!)
3. Die Größe $\sin \alpha_m$ wird als Funktion der Ordnung $m$ aufgetragen; aus der Steigung der Ausgleichsgeraden wird bei bekannter Gitterkonstante $b$ über Formel (9.8) die Wellenlänge bestimmt.

### 9.3.5. Versuch Prismenspektrometer, Spektralanalyse

**Aufgabe:** Ein Prismenspektrometer ist mit Hilfe eines bekannten Spektrums zu kalibrieren. Über die Winkeldispersionskurve sind die Wellenlängen der Spektrallinien einer unbekannten Lichtquelle zu bestimmen; durch Vergleich mit den Daten von Spektrallinientabellen ist die Zusammensetzung der Lichtquelle zu analysieren.

**Grundlagen:** Ein Prismenspektrometer entspricht im mechanisch-optischen Aufbau Abb. 83b, zur Zerlegung des Lichtes wird dabei anstelle des Gitters ein Prisma verwendet: Ein auf das Prisma fallendes Parallelbündel mit verschiedenen Farbanteilen wird, da der Ablenkungswinkel beim Prisma vom Brechungsindex und damit von der Wellenlänge des

Lichtes abhängt, in verschiedene, gegeneinander geneigte Parallelbündel aufgespalten.

Ein wesentlicher Vorteil der spektralen Zerlegung mit einem Prisma ist die eindeutige Zuordnung von Ablenkungswinkel und Wellenlänge, die beim Gitter wegen der Überlagerung verschiedener Ordnungen nur für Teilbereiche gegeben ist. Nachteilig beim Prisma ist, daß der Zusammenhang zwischen Ablenkungswinkel und Wellenlänge nicht linear ist und nicht elementar berechnet werden kann; dies erfordert eine Kalibrierung mit einem bekannten Spektrum.

**Versuchsdurchführung am Spektrometer:**

1. Vor Beginn des Versuches kontrolliere man die richtige Justierung des Spektrometers: Kollimatorrohr und Fernrohr sind in einer Ebene und senkrecht zur brechenden Kante des Prismas ausgerichtet; der Eintrittsspalt steht in der Brennebene des Kollimatorobjektives; das Fernrohr ist auf Unendlich gestellt; die mittlere Spektralfarbe des beobachteten Spektralbereiches durchläuft das Prisma im symmetrischen Strahlengang (minimale Ablenkung). Gegebenenfalls ist die Anweisung des Assistenten zu beachten!

2. Zur Kalibrierung wird als Lichtquelle eine Helium-Spektrallampe verwendet, die über eine Vorschaltdrossel am Wechselstromnetz 220 V betrieben wird. Man läßt die Spektrallampe ca. 5–10 min einbrennen und justiert sie dann so, daß das Spektrum optimal ausgeleuchtet wird.

3. Die Spektrallinien werden aufgrund ihrer Farbe und der in der Tabelle angegebenen relativen Intensitäten identifiziert. Das Fernrohr wird auf die so bestimmten Linien einjustiert und die Winkeleinstellung abgelesen. (Noniusteilung richtig interpretieren!)

4. In einem Diagramm trage man die zueinandergehörenden Werte der Wellenlänge und der Winkeleinstellung ein. Man zeichne die Winkeldispersionskurve als ausgleichende Kurve durch die Meßpunkte. Man beginne mit den folgenden Versuchsschritten erst dann, wenn eine einwandfreie, glatte Kurve vorliegt: Wesentliche Abweichungen einzelner Meßpunkte oder Sprünge im Kurvenverlauf deuten auf Meßfehler oder Fehlinterpretation der Spektrallinien hin!

5. Das Spektrometer wird nun mit der unbekannten Lichtquelle ausgeleuchtet; die Justierung des Spektrometers selbst darf nicht verändert werden.

6. Das Fernrohr wird auf die wichtigsten Linien des unbekannten Spektrums einjustiert und die zugehörigen Winkelstellungen werden abgelesen. Zugleich wird die relative Intensität der Spektrallinien zueinander abgeschätzt und notiert.

7. Über die Winkeldispersionkurve bestimmt man die Wellenlängen der Spektrallinien. Durch Vergleich der Wellenlängen und relativen Intensitäten mit den Daten der Spektraltabellen erhält man die chemische Zusammensetzung der unbekannten Lichtquelle.

### 9.3.6. Versuch: Photometer, Lambert-Beersches Gesetz

**Aufgabe:** Die Extinktion monochromatischen Lichtes ist als Funktion der unterschiedlichen Konzentration eines Stoffes in einer Lösung zu messen. Eine unbekannte Konzentration ist zu bestimmen.

**Grundlagen:** Der auf eine Substanz auftreffende Lichtstrom $\Phi_0$ der Wellenlänge $\lambda$ spaltet in drei Anteile auf, den reflektierten Lichtstrom $\Phi_r$, den absorbierten Lichtstrom $\Phi_a$ und den durchgelassenen Lichtstrom $\Phi_d$. Indem diese Größen auf den einfallenden Lichtstrom bezogen werden, erhält man die Größen **Reflexionsgrad** $\rho_\lambda = \Phi_r/\Phi_0$, **Durchlaßgrad (Transparenz)** $\tau_\lambda = \Phi_d/\Phi_0$ und **Absorptionsgrad** $\alpha_\lambda = \Phi_a/\Phi_0$. Es gilt

$$\rho_\lambda + \tau_\lambda + \alpha_\lambda = 1. \tag{9.9}$$

Bei der Untersuchung der Absorption monoenergetischer Strahlung durch einen homogenen Stoff erweist es sich als zweckmäßig, die Schwächung des Lichtstromes auf den bereits in den Stoff *eingedrungenen* Lichtstrom $\Phi_e$ zu beziehen. Es gilt, daß die relative Abnahme des Lichtstromes $-\mathrm{d}\Phi/\Phi$ bei geringen Schichtdicken $\mathrm{d}x$ der Schichtdicke proportional ist:

$$\frac{\mathrm{d}\Phi}{\Phi} = -\mu \cdot \mathrm{d}x. \tag{9.10}$$

Der Schwächungskoeffizient $\mu$ ist abhängig von der durchstrahlten Substanz und der Wellenlänge des Lichtes.

Die Integration dieser Gleichung (s. Abschnitt 11.1.) ergibt für die Abhängigkeit des Lichtstromes $\Phi_x$ von der Schichtdicke $x$ des Absorbers:

$$\Phi_x = \Phi_e \cdot \exp(-\mu \cdot x). \tag{9.11}$$

**Lambertsches Gesetz:** In einem homogenen Stoff wird der Lichtstrom $\Phi$ längs des Weges $x$ exponentiell geschwächt.

Der Schwächungskoeffizient $\mu$ ist bei vielen Lösungen der Konzentration $c$ des gelösten Stoffes proportional (Beersches Gesetz)

$$\mu = k \cdot c. \tag{9.12}$$

Kann bei einer Versuchsdurchführung der reflektierte Anteil des Lichtstromes $\Phi_0$ vernachlässigt werden, so kann das Verhältnis $\Phi_l/\Phi_e$ hinter der Schichtdicke $x = l$ durch die experimentell einfacher zu bestimmende Größe Transparenz $\tau_\lambda = \Phi_d/\Phi_0$ ersetzt werden; es gilt

$$\tau_\lambda = \frac{\Phi_d}{\Phi_0} \approx \frac{\Phi_l}{\Phi_e} = \exp(-k \cdot c \cdot l). \tag{9.13}$$

Daraus folgt durch Logarithmieren zur Basis 10:

$$\log(\tau_\lambda) = -k \cdot c \cdot l \cdot \log \mathrm{e} = -k' \cdot c \cdot l.$$

Führt man als **Extinktion** $E_\lambda$ den dekadischen Logarithmus des reziproken Wertes der Transparenz $\tau_\lambda$ ein

$$E_\lambda = \log\left(\frac{1}{\tau_\lambda}\right) = -\log(\tau_\lambda) = \log\left(\frac{\Phi_0}{\Phi_d}\right), \tag{9.14}$$

so erhält man das

**Lambert-Beersche Gesetz:**

$$E_\lambda = k' \cdot c \cdot l. \tag{9.15}$$

Die Extinktion $E_\lambda$ einer monochromatischen Strahlung ist dem Produkt aus der Konzentration $c$ und Schichtdicke $l$ proportional.

**Versuchsdurchführung:**

1. Das Spektralphotometer wird auf die zu untersuchende Wellenlänge eingestellt.
2. Mit Hilfe eines Graukeiles wird der Lichtstrom $\Phi_0$ so fest-

gelegt, daß das Meßinstrument Vollausschlag $\varphi_0$ anzeigt. Die Reflexionsverluste werden dabei denen der folgenden Messungen angenähert, indem die Küvette mit reinem Wasser in den Strahlengang gesetzt wird.

3. Die Küvette wird nacheinander mit Lösungen der zu untersuchenden Substanz in geometrisch abgestufter Konzentration gefüllt und der durchgehende Lichtstrom $\Phi_d$ gemessen (Ausschlag $\varphi_d$).

4. Aus den Meßgrößen $\varphi_0$ und $\varphi_d$ berechne man die Transparenz $\tau_\lambda = \varphi_d/\varphi_0$ und die Extinktion $E_\lambda = \log(\varphi_0/\varphi_d)$. In zwei Diagrammen trage man die Konzentration $c$ gegen diese Größen auf. Man diskutiere den Verlauf der ausgleichenden Kurven.

5. Die Küvette wird mit der Lösung unbekannter Konzentration gefüllt, und der durchgehende Lichtstrom gemessen. Mit Hilfe der aufgestellten Eichkurven bestimme man die unbekannte Konzentration.

### 9.3.7. Anwendungsbeispiele zu den Versuchen und Anregungen zum Selbststudium

**Polarisationsoptische Methoden** und praktische Anwendungsgebiete sind: Kontraststeigerung in der Polarisationsmikroskopie; Reflexminderung bei photographischen Aufnahmen; Projektion stereoskopischer Bilder; Saccharimetrie in der Zuckerindustrie; im medizinischen Labor (Zuckerbestimmung im Harn); Untersuchungen von Kristallen in der Mineralogie; Nachweis mechanischer Spannungen durch Spannungsdoppelbrechung; Doppelbrechung isotroper Substanzen durch elektrische und magnetische Felder (Kerr-Effekt bzw. Cotton-Mouton-Effekt), Anwendung beim Lichttonspurverfahren.

**Spektroskopische Untersuchungsmethoden** sind eine wichtige Grundlage für unsere Kenntnisse über den Aufbau der Atomhülle und der Molekülestrukturen. Praktische Anwendung finden sie u. a. bei der qualitativen und quantitativen Bestimmung chemischer Substanzen:

Nachweis von Elementen in der **Spektralanalyse:** Allgemeine Materialanalyse (z. B. Legierungsanalysen im Hüttenwesen zur Steuerung und Kontrolle der Produktion); Spurenanalysen (z. B. in der Chemie, Gerichtsmedizin, Toxikologie); Untersuchung der Sonne und anderer Gestirne.

Nachweis von Verbindungen in der **Spektralphotometrie:** Konzentrationsbestimmungen in Lösungen (z. B. Untersuchung des Blutserums auf

Bilirubin); Bestimmung chemischer Reaktionen (z. B. CO-Hämoglobingehalt bei Kohlenmonoxidvergiftungen); Bestimmung von Schadstoffen in Luft und Gewässer (Umweltschutz).

Die Messung **lichttechnischer Größen** ist von Bedeutung für die Arbeitsphysiologie: Probleme der Arbeitsplatzbeleuchtung, Fragen der Bildhelligkeit bei Projektionen aller Art.

# 10. Ionisierende Strahlen

| Symbole | Größen | SI-Einheiten | |
|---|---|---|---|
| $n$ | Anzahl zerfallfähiger Atome | – | |
| $\lambda$ | Zerfallskonstante | 1/s | |
| $A$ | Aktivität | Bq = 1/s | Becquerel |
| $N$ | Anzahl von Teilchen oder Impulsen | – | |
| $\Phi$ | Teilchenflußdichte | $1/(s \cdot m^2)$ | |
| $Z$ | Zählrate | 1/s | |
| $Z_P$ | Ordnungszahl eines Elementes | – | |
| $I$ | Strahlungsintensität | $W/m^2$ | |
| $\mu$ | Schwächungskoeffizient | 1/m | |
| $\Delta$ | Ionendosis | C/kg | |
| $D$ | Energiedosis | Gy=J/kg | Gray |
| $D_Q$ | Äquivalentdosis | Sv =J/kg | Sievert |
| $Q$ | Qualitätsfaktor | – | |
| $x, s, r, R$ | Weg, Länge, Radius | m | Meter |
| $B, O$ | Fläche | $m^2$ | |
| $t$ | Zeit | s | Sekunde |
| $m$ | Masse | kg | Kilogramm |
| $\rho$ | Dichte | $kg/m^3$ | |
| $v$ | Geschwindigkeit | m/s | |
| $q$ | elektr. Ladung | $A \cdot s$ | |
| $W$ | Energie | J bzw.<br>eV | Joule bzw.<br>Elektronenvolt |
| $\nu$ | Frequenz | 1/s | |
| $\lambda$ | Wellenlänge | m | |
| $c$ | Lichtgeschwindigkeit | $c = 2{,}997 \cdot 10^8$ m/s | |
| $k$ | Plancksches Wirkungsquant | $h = 6{,}626 \cdot 10^{-34}$ J · s | |
| $e$ | Elementarladung | $e = 1{,}602 \cdot 10^{-19}$ A · s | |

# 10.1. Theoretische Grundlagen

## 10.1.1. Einführung

Als Ionisation eines Atoms wird ein Vorgang bezeichnet, bei dem ein Elektron aus der Atomhülle abgelöst wird und das Restatom als positives Ion zurück bleibt. Zur Ionisation einzelner Atome reicht bereits die Photonenenergie des sichtbaren Lichtes aus. Unter ionisierender Strahlung im engeren Sinne versteht man jedoch eine Strahlung so energiereicher Partikel oder Quanten, daß sie direkt oder mittelbar zahlreiche Ionisationsprozesse auslösen können. Entsprechend energiereiche Strahlung beobachtet man beim Zerfall radioaktiver Atome. Zunächst wurden drei natürliche Strahlungsarten ($\alpha$, $\beta$, $\gamma$) entdeckt. Die Zahl der bekannten Strahlungsarten hat sich in der Folgezeit, insbesondere durch künstliche Kernumwandlungen, beträchtlich erhöht. Zu den ionisierenden Strahlen zählen jedoch auch die mit technischen Mitteln erzeugten energiereichen Strahlungen wie Röntgenstrahlung und die Partikelstrahlung der Hochenergiebeschleuniger.

Die im Bereich der energiereichen Strahlen beobachteten Prozesse lassen sich nicht allein durch die klassische Mechanik beschreiben. Diese muß bei Partikelgeschwindigkeiten, die nicht klein sind gegenüber der Lichtgeschwindigkeit, durch die relativistische Mechanik und im Bereich der Atom- und Elementarteilchenphysik zusätzlich durch die Quantenmechanik erweitert werden. Spezielle Folgerungen betreffen auch die Definition von Energieformen. Nach der Relativitätstheorie gilt die

**Einsteinsche Gleichung:**

$$W = m \cdot c^2 . \qquad (10.1)$$

Masse und Energie sind einander proportional, der Proportionalitätsfaktor ist das Quadrat der Lichtgeschwindigkeit $c = 3 \cdot 10^8$ m/s.

Nach der Quantentheorie gilt die

**Plancksche Gleichung:**

$$W = h \cdot \nu . \qquad (10.2)$$

Die kleinste Energieeinheit einer Strahlung ist proportional der Frequenz $\nu$ der Strahlung; die Naturkonstante $h$ – Plancksches Elementarquantum – hat den Wert $h = 6{,}626 \cdot 10^{-34}$ J·s.

Für die Angabe der Energiewerte wird im Bereich der Atom- und Kernphysik als gesonderte Einheit das Elektronenvolt eV benutzt:

$1\ \text{eV} = 1{,}602 \cdot 10^{-19}\ \text{As} \cdot 1\ \text{V} = 1{,}602 \cdot 10^{-19}\ \text{J}.$

Ein **Elektronenvolt** ist die Energie, die ein Teilchen mit der Elementarladung $1{,}602 \cdot 10^{-19}$ Coulomb beim Durchlaufen einer Potentialdifferenz von 1 Volt gewinnt.

Die Versuche dieses Abschnitts beschränken sich auf solche Strahlenarten, die infolge ihrer häufigen meßtechnischen Anwendung auch für Studenten mit Physik als Nebenfach relevant sind; dies sind insbesondere die Strahlung radioaktiver Präparate und die Röntgenstrahlung. Einige Versuche können nur demonstriert werden; die Strahlenschutzbestimmungen und der finanzielle Aufwand lassen nicht zu, daß z. B. jeder Teilnehmer am physikalischen Anfängerpraktikum an einem Röntgengerät experimentieren kann. Wegen der Bedeutung dieser Strahlungsarten und der von ihnen ausgehenden Gefahren sollte sich trotzdem jeder einzelne die wesentlichen Grundlagen unbedingt aneignen.

### 10.1.2. Wechselwirkung von Korpuskularstrahlung mit Materie

Wichtige Korpuskularstrahlen werden bei der Umwandlung radioaktiver Substanzen oder bei Kernreaktionen beobachtet.

**Alpha-Teilchen** ($\alpha$), die beim radioaktiven $\alpha$-Zerfall emittiert werden, bestehen aus zweifach positiv geladenen Heliumkernen ${}^4_2\text{He}^{++}$. Sie haben eine definierte kinetische Energie, die für die betreffende radioaktive Substanz charakteristisch ist.

**Beta-Teilchen** ($\beta$) sind Elektronen, die beim radioaktiven $\beta$-Zerfall aus dem *Kern* des Atomes ausgestoßen werden. Ihre Energie weist eine kontinuierliche Verteilung auf, deren obere Grenze gleich der Energie des Zerfallsprozesses ist. Die positiv geladenen **Positronen** ($\beta^+$) mit gleicher Ruhemasse wie die Elektronen sind relativ selten. Sie werden bei künstlich radioaktiven Substanzen (${}^{30}_{15}\text{P}$) beobachtet und treten bei der Paarbildung auf.

**Protonen** (p) und **Neutronen** (n) sind die grundlegenden Bausteine der Atomkerne, ihre Masse ist annähernd gleich; das Proton ist einfach positiv geladen, während das Neutron keine Ladung besitzt. Diese Teilchen werden bei verschiedenen Kernreaktionen emittiert.

Die Tab. 11 enthält einige Angaben zu den Eigenschaften dieser Korpuskelstrahlen. Die Massen sind relativ angegeben und bezogen auf die Protonenmasse $m_p \approx 1{,}67 \cdot 10^{-24}$ g, die Ladung ist bezogen auf die Elementarladung $e = 1{,}602 \cdot 10^{-19}$ A · s.

Tab. 11.

| Symbol | Ruhemasse | Ladung |
|---|---|---|
| $\alpha$; ${}^4_2He^{++}$ | 4 | +2 |
| p; ${}^1_1H^+$ | 1 | +1 |
| n | 1 | 0 |
| $\beta^-$; e | 1/1840 | −1 |
| $\beta^+$ | 1/1840 | +1 |

Die Korpuskularstrahlen treten in Wechselwirkung mit der Materie und verlieren dabei ihre kinetische Energie. Bei **geladenen Teilchen** erfolgt die Absorption der Energie im wesentlichen durch drei Prozesse:

1. **Anregung und Ionisation:** Die geladenen Teilchen treten in Wechselwirkung mit den Elektronen in der Hülle des Absorberatoms und heben diese auf ein höheres Energieniveau bzw. lösen es aus dem Anziehungsbereich des Kernes. Dabei gibt das stoßende Teilchen den entsprechenden Anteil seiner ursprünglichen Energie ab.

2. **Bremsstrahlung:** Die geladenen Teilchen werden im Feld eines Atomes abgebremst, wobei sie einen entsprechenden Anteil ihrer kinetischen Energie in Form einer elektromagnetischen Strahlung abgeben.

3. **Kerntreffer:** Die geladenen Teilchen treten in Wechselwirkung mit dem Kern. Im allgemeinen erfolgt die Energieübertragung durch einen rein elastischen Stoß; das stoßende Teilchen wird in eine andere Richtung gestreut; nur gelegentlich kommt es zu echten Kernreaktionen, bei denen Sekundärteilchen oder $\gamma$-Quanten auftreten.

Die Häufigkeit und Bedeutung dieser Energieübertragungsprozesse, bei denen Energie- und Impulssatz in jedem Fall erfüllt sind, werden wesentlich durch die Masse der Partikel mitbestimmt. Bei gleicher kinetischer Energie besitzen $\alpha$-Teilchen wegen ihrer höheren Masse eine niedrigere Geschwindigkeit als die $\beta$-Teilchen. Da für die Ionisationsprozesse die Verweilzeit im Bereich der Elektronenhülle von Bedeutung ist, bilden die $\alpha$-Teilchen auf gleicher Wegstrecke wesentlich mehr Ionenpaare als $\beta$-Teilchen gleicher Energie. Da die Energieverluste zugleich eine Geschwindigkeitsabnahme der Partikel bedeuten, nimmt die Ionisierungshäufigkeit zum Bahnende hin zu. Wegen der großen Masse der α-Teilchen wird ihre Richtung durch den Ionisationsvorgang (Stoß mit einem Hüllenelektron) praktisch kaum beeinflußt, während bei β-Teilchen große Streuwinkel auftreten können. Die Bremsstrahlungsverluste sind bei α-Teilchen unerheblich, während diese Energieverluste bei der β-Strahlung durchaus zu beachten sind. Die Kerntreffer sind für die Absorption der Energie von geladenen Teilchen von untergeordneter Bedeutung; das Auftreten von Kernreaktionen ist ein verhältnismäßig seltener Prozeß.

**Ungeladene Teilchen** (Neutronen) können nicht direkt ionisieren und werden auch nicht durch Kernfelder abgebremst. Für diese Teilchen besteht nur die Möglichkeit der Energieabgabe durch Stoß. Hierbei erfolgen in erster Linie elastische Stoßprozesse mit den Atomkernen des Absorbers; wegen der fehlenden Beeinflussung durch die Kernladung ist auch die Wahrscheinlichkeit für Kernreaktionen wesentlich größer als bei α-Teilchen.

### 10.1.3. Wechselwirkung energiereicher elektromagnetischer Strahlung mit Materie

Mit zunehmender Frequenz der elektromagnetischen Wellen tritt die quantenhafte Natur der Strahlung immer stärker hervor. Entsprechend energiereiche Strahlungen sind die Röntgenstrahlung und die Gammastrahlung.

Die **Röntgenstrahlung** entsteht bei der Wechselwirkung sehr schneller Elektronen mit Materie. Bei den technischen Röntgenanlagen werden die aus einer Glühkathode austretenden Elektronen in einem elektrischen Feld beschleunigt und treffen mit hoher Geschwindigkeit auf eine metallische Anode (veraltet Antikathode). Die dabei emittierte Röntgenstrahlung besteht aus zwei Anteilen, der kontinuierlichen Bremsstrahlung und der diskreten charakteristischen Strahlung des Anodenmaterials.

1. *Röntgenbremsstrahlung:* Die Elektronen werden im Feld der Atome abgebremst, dabei entsteht die Bremsstrahlung. Da bis zur maximalen kinetischen Energie beliebige Energiewerte abgegeben werden, besitzt die Bremsstrahlung ein kontinuierliches Spektrum oberhalb einer kurzwelligen Grenze, die bestimmt ist durch das

**Duane-Huntsche Gesetz**

$$h \cdot \nu_{max} = h \cdot \frac{c}{\lambda_{min}} = \frac{m}{2} v^2 = e\,U. \qquad (10.3)$$

Die kurzwellige Grenze $\lambda_{min}$ der Röntgenbremsstrahlung ist bestimmt durch die maximale kinetische Energie der Elektronen und damit umgekehrt proportional der Beschleunigungsspannung $U$.

2. *Charakteristische Röntgenstrahlung:* Die stoßenden Elektronen können infolge ihrer großen Energie auch Elektronen aus kernnahen Schalen der Atomhülle herausschlagen. Beim Auffüllen dieser Leerstellen durch Elektronen äußerer Schalen werden die charakteristischen Linien des Röntgenspektrums emittiert.

Die **Gammastrahlung ($\gamma$-Strahlung)** wird als Folgestrahlung solcher Kernprozesse emittiert, bei denen die Kerne zunächst einen angeregten Zustand bilden. Dabei findet ein Übergang zwischen diskreten Energiestufen des Atomkernes statt; entsprechend werden $\gamma$-Strahlen definierter Energie (Frequenz) ausgesandt. Auch die außerhalb eines Atomkernes emittierte elektromagnetische Strahlung wird bei bestimmten Prozessen als $\gamma$-Strahlung bezeichnet, so die bei der Rekombination eines Elektron-Positron-Paares frei werdenden $\gamma$-Quanten (Vernichtungsstrahlung) oder die Bremsstrahlung sehr energiereicher Elektronen (hier ist die Grenze zur Röntgenstrahlung fließend).

**Schwächung von $\gamma$- und Röntgenstrahlen:** Wie jede elektromagnetische Welle können auch Röntgen- und $\gamma$-Strahlen in bezug auf ihre Fortpflanzungsrichtung durch Streuung unter Beibehaltung der Energie (Frequenz) geschwächt werden. Im allgemeinen überwiegen jedoch eigentliche *Absorptionsprozesse,* die dadurch charakterisiert sind, daß die Quanten oder Photonen der Wellenstrahlung ihre Energie in *wenigen* diskreten Prozessen auf geladene Partikel übertragen, die die überschüssige kinetische Energie durch sekundäre Ionisations- und Streuprozesse abgeben. Die wesentlichen Wechselwirkungsprozesse sind dabei:

1. *Photoeffekt:* Das Photon löst ein gebundenes Elektron aus einer Atomhülle und gibt bei diesem Prozeß seine gesamte Energie ab in Form von Ionisationsenergie und kinetischer Energie des Elektrons.

2. *Compton-Effekt:* Das Photon tritt in Wechselwirkung mit einem freien oder nur lose gebundenen Elektron. Entsprechend einem elastischen Stoß gibt das Photon einen Teil seines Impulses und seiner Energie an das

Elektron ab und wird selbst gestreut. Der Energieverlust ist nach der Planckschen Formel (10.2) gleichbedeutend damit, daß das Photon nach dem Stoß eine kleinere Frequenz bzw. größere Wellenlänge besitzt.

3. *Paarbildung:* In der Nähe eines Kernfeldes wandelt sich ein $\gamma$-Quant in ein Elektron-Positron-Paar um. Die dazu minimal erforderliche Energie beträgt gemäß der Einsteinschen Formel

$$h \cdot \nu = 2 m_0 c^2 \approx 1{,}02 \text{ MeV}. \tag{10.4}$$

Der Prozeß gewinnt eine höhere Wahrscheinlichkeit mit zunehmender Quantenenergie; die überschüssige Energie wird den Partikeln als kinetische Energie mitgeteilt.

Die Gesamtschwächung eines parallelen Strahlenbündels setzt sich additiv aus der Streuung $\mu_S$ und der echten Absorption durch Photoeffekt $\mu_A$, Compton-Effekt $\mu_C$ und Paarbildung $\mu_P$ zusammen:

$$\mu = \mu_S + \mu_A + \mu_C + \mu_P. \tag{10.5}$$

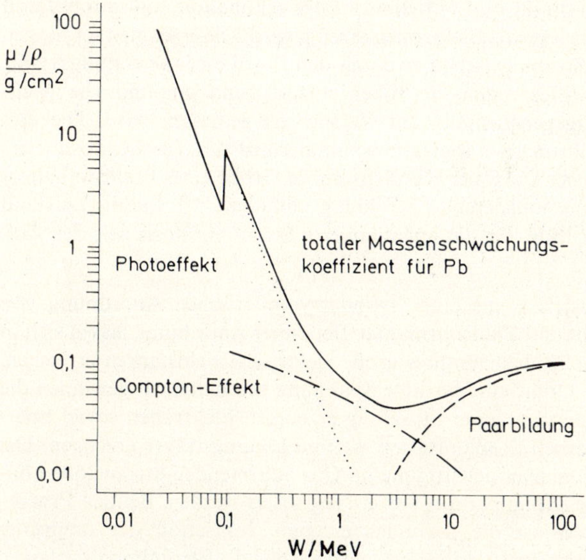


Abb. 84. Partielle und totale Massenschwächungskoeffizienten für elektromagnetische Strahlung in Abhängigkeit von der Photonenenergie.

Da die Schwächungskoeffizienten proportional zur durchstrahlten Masse sind, bezieht man sie häufig auf die Masseneinheit. Das Verhältnis $\mu/\rho$ bezeichnet man als totalen Massenschwächungskoeffizienten, entsprechend $\mu_A/\rho$ als Massenabsorptionskoeffizienten usw. Diese Größen sind abhängig von der Energie der Photonen und gegebenenfalls von der Ordnungszahl des absorbierenden Elementes, dagegen unabhängig vom physikalischen Zustand und insbesondere von der chemischen Bindung. Ein Beispiel für Abhängigkeit der Absorptionskoeffizienten von der Photonenenergie zeigt Abb. 84; bei niedrigen Energien überwiegt die Photoabsorption, bei sehr hohen Energien die Absorption durch Paarbildung.

## 10.2. Messen ionisierender Strahlung

### 10.2.1. Meßgeräte

**Ionisationskammern** messen die Ionisation eines Gasvolumens, die durch die Strahlung direkt und mittelbar infolge sekundärer Ionisation durch abgelöste energiereiche Elektronen erzeugt wird. Die erzeugten Ladungen liefern einen Strom zwischen zwei mit den Polen einer Spannungsquelle verbundenen Elektroden, der über entsprechend empfindliche Meßinstrumente (gegebenenfalls mit Verstärker) gemessen wird. Die einfachste Ausführung der Ionisationskammern ist das Taschendosimeter: Ein aufgeladener koaxialer Kondensator in Größe eines Füllfederhalters wird durch die ionisierende Strahlung entladen; der Ladungszustand ist damit ein Maß für die aufsummierte Strahlungsdosis seit der Aufladung.

**Zählrohre** bestehen aus einer zylindersymmetrischen Anordnung von Zählrohrdraht und Zählrohrmantel. Bei dieser Anordnung lassen sich in der Nähe des Zählrohrdrahtes große elektrische Feldstärken erreichen. Wird an den Draht eine positive Spannung geschaltet, so gewinnen die durch die Ionisation einer Strahlung erzeugten Elektronen soviel Energie, daß sie durch Stoßionisation weitere Ladungsträger erzeugen. Die durch diese Ionenvervielfältigung im Gas auftretenden Stromstöße können mit einer Zählapparatur einzeln registriert werden. Bei den **Proportionalzählrohren** ist die sekundär erzeugte Ionisation der ursprünglichen Ionisation proportional; aus der Größe des Stromimpulses lassen sich Art und Energie der ionisierenden Strahlung bestimmen. **Auslöse-Zählrohre** oder **Geiger-Müller-Zählrohre** liefern unabhängig von der primär erzeugten Ionisation, d. h. unabhängig von der Art und der Energie des ionisierenden Teilchens oder Quants den gleichen elektrischen Impuls (Versuch 10.3.2.).

Die **Szintillationszähler** nutzen die Eigenschaft bestimmter Stoffe (Phosphore, organische Kristalle) aus, bei der Absorption eines radioaktiven Teilchens oder $\gamma$-Quants die auf das Kristallgitter übertragene Energie zum Teil in Form von Lichtblitzen (Szintillationen) auszusenden. Diese Lichtblitze können mit lichtempfindlichen Detektoren gezählt werden. Die Intensität der einzelnen Lichtblitze ist der absorbierten Energie proportional. Beim $\gamma$-Szintillationsspektrometer werden deshalb die $\gamma$-Quanten in großen transparenten Szintillationskristallen möglichst vollständig absorbiert; die Intensität der emittierten Lichtblitze wird mit lichtelektrischen Empfängern gemessen und die verstärkten elektrischen Impulse hinsichtlich Zahl und Impulshöhe analysiert. Die Impulshöhe ist proportional der Energie des primären Quants (und damit auch für seine Frequenz), die Anzahl gleichartiger Impulse ist proportional der Aktivität der Strahlung bei der entsprechenden Frequenz.

**Halbleiter-Strahlungsdetektoren** besitzen als strahlungsempfindliches Element einen einkristallinen Halbleiterkristall. An dem Kristall sind einander gegenüber zwei Metallelektroden angebracht; der Halbleiter bildet also das Dielektrikum eines Kondensators. Legt man an die Elektroden eine Gleichspannung, so fließt ein (unerwünschter) Ruhestrom, der hauptsächlich auf die thermische Erzeugung freier Ladungsträger zurückzuführen ist. Bei Bestrahlung des Detektors wird Strahlungsenergie im Kristall absorbiert, wodurch zusätzlich freie Ladungsträger, und zwar Elektronen und Defektelektronen in gleicher Anzahl, erzeugt werden. Da die Größe des gemessenen elektrischen Impulses der absorbierten Energie proportional ist, lassen sich Halbleiter-Strahlungsdetektoren als Empfänger für Energiespektrometer verwenden.

Für den Nachweis der ionisierenden Strahlung lassen sich ferner solche Effekte ausnutzen, bei denen die erzeugten Ionen als Keime für anschließende physikalische oder chemische Prozesse dienen. Solche Methoden finden insbesondere Anwendung, um die *Bahn einzelner ionisierender Teilchen* zu verfolgen. In der **photographischen Emulsion** erzeugen die Ionen Keime für die anschließende photographische Entwicklung. In der **Wilsonschen Nebelkammer** bilden die Ionen als Kondensationskeime die Ansatzpunkte für die Kondensation des übersättigten Dampfes; bei der **Blasenkammer** setzt innerhalb einer Flüssigkeit unter Siedeverzug an den Ionen die Dampfbildung ein.

### 10.2.2. Dosimetrie

Im biologischen Bereich können ionisierende Strahlen eine Schädigung der Körperzellen (somatische Strahlenschäden) und eine Schädigung der Erbträger (genetische Strahlenschäden) bewirken. Diese gefährlichen Effekte führten zu gesetzlichen Vorschriften über den Umgang mit radioaktiven Stoffen und sonstigen Einrichtungen, die ionisierende Strahlen emittieren*). Die Meßgrößen zur Beschreibung der ionisierenden Strahlen und deren Wirkung sind im folgenden zusammengestellt.

Beim Zerfall radioaktiver Substanzen gilt das

**Zerfallsgesetz:**

$$n = n_0 \cdot \exp(-\lambda \cdot t). \tag{10.6}$$

Die Anzahl $n$ der noch nicht zerfallenen Atome eines radioaktiven Präparates nimmt exponentiell ab. Die **Zerfallskonstante** $\lambda$ ist eine charakteristische Konstante für das betreffende Isotop.

Als **Aktivität** $A$ eines radioaktiven Präparates bezeichnet man die Meßgröße „Anzahl der Zerfälle pro Zeiteinheit". Die Aktivität ist dem Betrage nach gleich der Abnahme der vorhandenen Atome, für die aus dem Zerfallsgesetz folgt:

$$\frac{\mathrm{d}n}{\mathrm{d}t} = -\lambda n_0 \cdot \exp(-\lambda \cdot t) = -\lambda n, \tag{10.6a}$$

$$A = \left|\frac{\mathrm{d}n}{\mathrm{d}t}\right| = \lambda n. \tag{10.7}$$

Die **Aktivität** $A$ eines radioaktiven Präparates ist gleich dem Produkt aus der Zerfallskonstanten $\lambda$ und der Anzahl $n$ der noch nicht zerfallenen Atome.

Die radioaktive Kontaminierung eines Stoffes charakterisiert man durch die spezifische Aktivität, d.h., die Aktivität bezogen auf die Masseneinheit des Stoffes: $A_S = A/m$ (Einheit Bq/kg).

Die Strahlenbelastung eines Körpers durch ionisierende Strahlen kann hinsichtlich dreier Wirkungen beschrieben werden: der Ionisation, der

*) Strahlenschutzverordnung vom 13. 10. 1976, Bundesgesetzbl. I, S. 2905.
Röntgenverordnung vom 8. 1. 1987, Bundesgesetzbl. I, S. 114

vom Körper absorbierten Energie und der biologischen Gefährdung, für die die drei Meßgrößen **Ionendosis** $\Delta$, **Energiedosis** $D$ und **Äquivalentdosis** $D_Q$ eingeführt werden. Im Gegensatz zu den unter (10.6) und (10.7) definierten Meßgrößen sind die Dosismaße mitbestimmt durch die Eigenschaften des absorbierenden Mediums.

Die Ionendosis $\Delta$ bezieht sich auf die Ionisation der Luft; ihre Bedeutung ist dadurch begründet, daß es sich um eine einfach zu messende Größe handelt. Es ist

$$\Delta = \frac{q}{m_L}. \qquad (10.8)$$

Die **Ionendosis** $\Delta$ ist das Verhältnis der Ladung $q$ *eines* Vorzeichens der von der Strahlung in Luft erzeugten Ionen und der Masse $m_L$ der Luft.

Im gesetzlichen Maßsystem (SI) ist die Einheit der Ionendosis C/kg (Coulomb durch Kilogramm); für die ältere Einheit R (Röntgen) gilt

$$1\,\mathrm{R} = 2{,}58 \cdot 10^{-4}\,\mathrm{C/kg},$$

Wesentlich für die Strahlenbelastung eines beliebigen Körpers ist die Energiedosis $D$:

$$D = \frac{W}{m}. \qquad (10.9)$$

Die von einem durchstrahlten Körper aufgenommene **Energiedosis** $D$ ist das Verhältnis aus absorbierter Energie $W$ und Masse $m$ des Körpers.

Im gesetzlichen Maßsystem (SI) ist die Einheit der Energiedosis [D] = Gy = J/kg (Gray); für die ältere Einheit rd (Rad = *r*adiation *a*bsorbed *d*ose) gilt

$$1\,\mathrm{rd} = 0{,}01\,\mathrm{Gy}.$$

Das Verhältnis aus Energiedosis und Ionendosis ist abhängig von den Eigenschaften des Absorbers und den Eigenschaften der Strahlung, wie in Abb. 85 für Röntgen- und Gammastrahlung und für verschiedene Absorber dargestellt. Für den praktischen Strahlenschutz kann für organisches Gewebe 1 R $\triangleq$ 1 rd gesetzt werden.

Aus tierexperimentellen Untersuchungen weiß man, daß bei gleicher Energiedosis im Gewebe das Ausmaß der erzeugten biologischen Schäden von der Strahlungsart und ihrer Energie abhängt. Man vergleicht verschiedene Strahlungsarten hinsichtlich ihrer biologischen Wirkung ge-

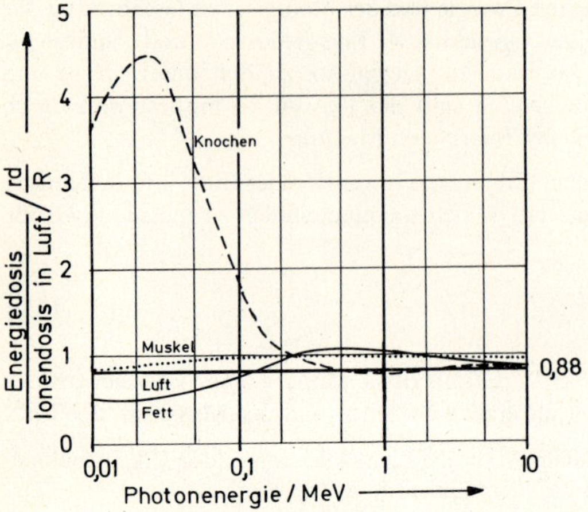


Abb. 85. Das Verhältnis Energiedosis zu Ionendosis der Photoenergie für verschiedene Absorber (nach Otzenhoff).

gegenüber einer Röntgenstrahlung von 200 kV und bezeichnet dieses Verhältnis als **Qualitätsfaktor** $Q$, auch RBW-Faktor genannt (RBW = *r*elative *b*iologische *W*irksamkeit). Richtwerte für die Größe des Qualitätsfaktors $Q$ bei verschiedenen ionisierenden Strahlen zeigt Abb. 86.

Die „biologische Gefährlichkeit" einer Strahlung beschreibt man durch die Äquivalentdosis $D_Q$

$$D_Q = Q \cdot D \,. \tag{10.10}$$

Die **Äquivalentdosis** $D_Q$ ist gleich der Energiedosis $D$ multipliziert mit dem Qualitätsfaktor $Q$.

Im gesetzlichen Maßsystem ist die Einheit der Äquivalentdosis $[D_Q] = \mathrm{Sv} = \mathrm{J/kg}$ (Sievert); für die ältere Einheit rem (*r*oentgen *e*quivalent for *m*en) gilt

$$1\ \mathrm{rem} = 0{,}01\ \mathrm{Sv}\,.$$

Um die Gefährlichkeit eines Ortes hinsichtlich ionisierender Strahlung zu charakterisieren, bezieht man die Dosismaße auf die Zeit (Ortsdosisleistung). Die diesbezüglichen Größen sind

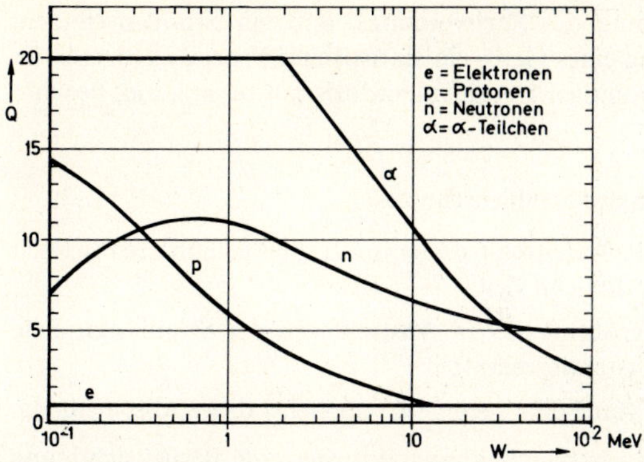


Abb. 86. Abhängigkeit des Qualitätsfaktors $Q$ von der kinetischen Energie $W$ für verschiedene Teilchenstrahlen.

Ionendosisleistung $\dot{\Delta} = \frac{d\Delta}{dt}$, (10.8 a)

Energiedosisleistung $\dot{D} = \frac{dD}{dt}$, (10.9 a)

Äquivalentdosisleistung $\dot{D}_Q = \frac{dD_Q}{dt}$. (10.10 a)

In Mitteleuropa beträgt die natürliche Strahlenbelastung etwa 1 m Sv/Jahr, eine kurzzeitig aufgenommene Dosis über 1 Sv kann zum Tode führen. Beim Umgang mit strahlengefährlichen Einrichtungen gelten die Richtwerte der Tab. 12.

Tab. 12. Maximal zulässige Strahlenbelastung.

| Alter | Äquivalentdosisleistung | Bemerkungen |
|---|---|---|
| > 18 Jahre | 50 m Sv/Jahr (bei Verteilung über das ganze Jahr, jedoch nicht mehr als 25 m Sv/3 Monate) | Nur beruflich strahlenexponierte Personen |
| < 18 Jahre | 5 m Sv/Jahr | Nur, falls zur Ausbildung erforderlich; beruflicher Umgang nicht zulässig |

Unter Berücksichtigung des Sachverhaltes, daß ein Strahlenschaden, z. B. die Beschädigung eines Gens, ein statistischer Prozeß ist, der schon bei geringster aufgenommener Äquivalentdosis auftreten kann, beachte man allgemein:

**Drei Grundprinzipien des Strahlenschutzes:**

1. Man beschränke die Aufenthaltsdauer im strahlengefährdeten Bereich auf die minimal erforderliche Zeit.
2. Man halte einen größtmöglichen Abstand von der Strahlungsquelle ein (quadratisches Abstandsgesetz!).
3. Man schütze sich durch eine geeignete, möglichst dicke Abschirmung.

Notwendige Strahlenschutzmaßnahmen erfordern die Berücksichtigung der unterschiedlichsten Gegebenheiten. Die Abschirmung von $\alpha$-Strahlen ist z. B. kein wesentliches Problem, da ihre Reichweite in Luft unter 10 cm liegt; die Abschirmung von Neutronen erfordert andere Maßnahmen – Abbremsung der Neutronen durch Atome niedriger Ordnungszahl – als die Abschirmung von hochenergetischen $\gamma$-Quanten, für deren Absorption eine hohe Massendichte zweckmäßig ist.

## 10.3 Versuche mit dem Geiger-Müller-Zählrohr; Grundprobleme des Strahlenschutzes

### 10.3.1. Zusammenfassung von Lernstoff und Lernzielen

1. Verständnis für die prinzipielle Wirkungsweise gasgefüllter Strahlungsdetektoren; Unterscheidung zwischen spezifischer Ionisation und Stoßionisation im elektrischen Feld; Arbeitsbereiche der Ionisationskammer, des Proportionalzählrohres und des Geiger-Müller-Zählrohres.

2. Erfahrungen im Umgang mit einer einfachen Zählapparatur; Ursache und Berücksichtigung von Meßfehlern: Statistischer Fehler, Untergrundzählrate, Zählverluste.

3. Kenntnis der Grundprinzipien des Strahlenschutzes und der Definition und Bedeutung der Größen Ionendosis, Energiedosis, Äquivalentdosis und der entsprechenden Leistungsgrößen.

4. Wechselwirkungsprozesse bei der Absorption von Gamma- und Röntgenstrahlung; Gültigkeit des Absorptionsgesetzes für monoenergetische $\gamma$-Strahlung; Frequenzabhängigkeit der Absorption polychromatischer Röntgen-Strahlung; Bedeutung des Absorptionskoeffizienten und der Halbwertsdicke; Homogenisierung und Aufhärtung der Röntgenstrahlung durch Absorber.

5. Wechselwirkungsprozesse bei der Absorption von Partikelstrahlung; Zusammenhang zwischen Reichweite und Energie der Partikelstrahlung; experimentelle Bestimmung der endlichen Reichweite.

6. Gültigkeit des quadratischen Abstandsgesetzes (punktförmige Quelle, schwache Absorption); Gefahren durch Streustrahlung und sekundär erzeugte Strahlen.

### 10.3.2. Versuch: Geiger-Müller-Zählrohr

**Aufgabe:**

a) Die Zählrate eines Geiger-Müller-Zählrohres ist als Funktion der Zählrohrspannung zu messen. Man bestimme den Arbeitsbereich (Länge und relative Steigung des Plateaus).

b) Impulsform, Totzeit des Zählrohres und Auftreten von Mehrfachimpulsen sind oszillographisch zu beobachten.

c) Die Totzeit des Geiger-Müller-Zählrohres ist nach der Zwei-Präparate-Methode zu bestimmen.

**Grundlagen:**

1. **Entladungscharakteristik eines Zählrohres:** Ein Zählrohr besteht aus einer koaxialen Anordnung von Zählrohrmantel und Zähldraht, die gegeneinander isoliert sind. Der Draht erhält eine positive Spannung gegenüber dem Zählrohrmantel. Durch das elektrische Feld werden die im Zählrohrvolumen erzeugte Ladungen getrennt und auf die beiden Elektroden hin beschleunigt. Die beim Durchgang einzelner radioaktiver Teilchen durch das Zählrohr gemessene Ladung ist abhängig von der Art und Energie des Teilchens sowie von der am Zählrohr liegenden Spannung; Abb. 87 zeigt diese Ladung als Funktion der Spannung schematisch für zwei verschiedene Teilchen.

Man bezeichnet als spezifische Ionisation die Ionisation, die ein radioaktives Teilchen in einem abgeschlossenen Volumen erzeugt. Diese umfaßt neben der primären Ionisation durch das Teilchen direkt auch die sekundäre Ionisation durch abgelöste energiereiche Elektronen. Bei sehr niedrigen Spannungen **(Bereich I der**

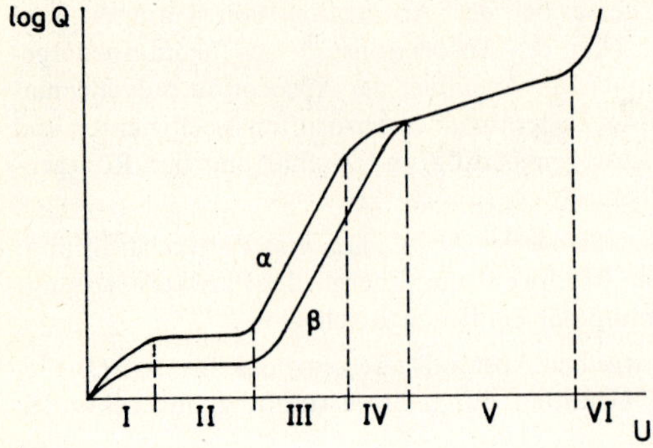


Abb. 87. Durch einzelne radioaktive Teilchen im Zählrohr erzeugte Ladung als Funktion der Spannung (Ladung logarithmisch aufgetragen).

**Charakteristik)** kann ein Teil der erzeugten Ionen-Elektronen-Paare wieder rekombinieren, nur ein Bruchteil der erzeugten Ladung wird gemessen.

Im **Sättigungsbereich II** gelangen praktisch alle bei der Bestrahlung gebildeten Ladungen zu den Elektroden des Zählrohres; der Strom wird unabhängig von der Spannung. Dies ist der Arbeitsbereich der **Ionisationskammer**: Die gemessene Ladung (Ionendosis) ist gleich dem Produkt aus spezifischer Ionisation und Anzahl der ionisierenden Teilchen und damit ein Maß für die Intensität der Strahlung.

Im **Proportionalbereich III** tritt infolge der in der Nähe des Zählrohrdrahtes erhöhten Feldstärke [$E(r) \sim 1/r$ in unmittelbarer Nähe des Drahtes (ca. 4–5facher Durchmesser)] durch Stoßionisation eine räumlich begrenzte Lawine auf. Infolge der räumlichen Begrenzung der Lawinen erzeugt jedes primäre Elektron im Mittel eine gleichgroße Anzahl von sekundären Ladungsträgern. Die Verstärkung ist damit proportional der Ausgangsladung. In diesem Bereich arbeiten **Proportionalzählrohre**, bei denen Teilchenart und -energie über die Größe des elektrischen Impulses gemessen werden.

In dem **Bereich IV** tritt eine Abweichung von der Proportionalität auf. Infolge vielfacher Stoßionisation tritt eine starke elektrische Raumladung in Nähe der Anode auf, die Feldstärke bricht zusammen und eine vollständige Ausbildung der Elektronenlawinen wird verhindert. Dieser Bereich wird meßtechnisch nicht angewandt.

Im **Auslösebereich V** wird die Zahl der sekundär erzeugten Ladungen unabhängig von der spezifischen Ionisation; jedes in das Zählrohr einfallende Teilchen liefert unabhängig von der Art und Energie den gleichen elektrischen Impuls. Der wesentliche Effekt im Auslösebereich ist dadurch gegeben, daß mit zunehmender Spannung die Zahl der durch die beschleunigten Elektronen erzeugten Photonen zunimmt. Diese können ihrerseits eine Photoionisation vornehmen, wodurch eine seitliche Ausbreitung der Entladung längs des gesamten Zähldrahtes erfolgt. Die technische Anwendung dieses Effektes in den **Geiger-Müller-Zählrohren**, bei denen jedes einfallende Teilchen unabhängig von der Art und Energie den gleichen elektrischen Impuls erzeugt, setzt jedoch voraus, daß die Entladung in angemessener Zeit wieder zum Erlöschen gebracht wird. Dies erfolgt durch elektronische Schaltungen und kann durch geeignete Gaszusätze zum Zählrohrgas (selbstlöschende Zähler) verbessert werden.

Bei sehr hoher Spannung erzeugt die Entladung selbst neue Ladungsträger und geht in die kontinuierlich brennende Koronaentladung über **(Bereich VI).**

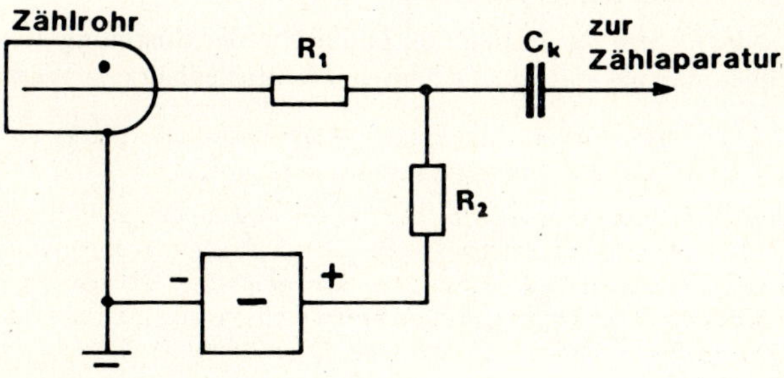


Abb. 88. Prinzipschaltung eines Zählrohres.

**2. Impulsformen und Zählcharakteristik:** Abb. 88 zeigt die Schaltung des Zählrohres. Jede Stoßentladung innerhalb des Zählrohres erzeugt am Arbeitswiderstand $R_2$ einen impulsförmigen Spannungsabfall, der über den Koppelkondensator $C_K$ abgegriffen werden kann. Der Spannungsimpuls wird einer Zählapparatur zugeführt, die alle Impulse oberhalb eines vorgegebenen Schwellwertes registriert.

Wird die Impulsform oszillographisch aufgezeichnet und mit den registrierten Impulsen verglichen, so lassen sich folgende Effekte beobachten:

1. Bei zu niedriger Zählrohrspannung besitzen die Impulse eine unterschiedliche Höhe und nur ein Teil der Impulse wird gezählt. Erst oberhalb eines Schwellwertes der Zählrohrspannung werden alle Impulse von der Zählapparatur erfaßt.

2. Bei dicht aufeinanderfolgenden Impulsen ist die Größe des zweiten Impulses abhängig von der Zeitdifferenz zwischen den beiden Impulsen. Das Zählrohr besitzt nach jedem gezählten Impuls eine Totzeit $\tau$, innerhalb der ein weiteres einfallendes Teilchen nicht registriert wird. Die Totzeit ist dadurch gegeben, daß nach jedem Impuls die Spannung am Zähldraht nur mit der durch die Widerstände $R_1$ und $R_2$ und die Kapazität des Zählrohres plus Streukapazität der Zuleitung bestimmten Zeitkonstanten ansteigen kann.

3. Bei steigender Zählrohrspannung treten immer häufiger Doppelimpulse auf, die beide registriert werden und die Zählrate erhöhen. Bei diesen Spannungen gelangt man in den Bereich der metastabilen Koronaentladung, das Zählrohr zündet mehrfach durch.

Mißt man die Zählrate $Z$ als Funktion der Spannung, so ergibt sich schematisch ein Verlauf gemäß Abb. 89.

Den Bereich $\Delta U$, in dem die Impulszahl kaum von der Spannung abhängt, bezeichnet man als Plateau, als relative Plateausteilheit den Wert $\Delta Z/(Z \cdot \Delta U)$.

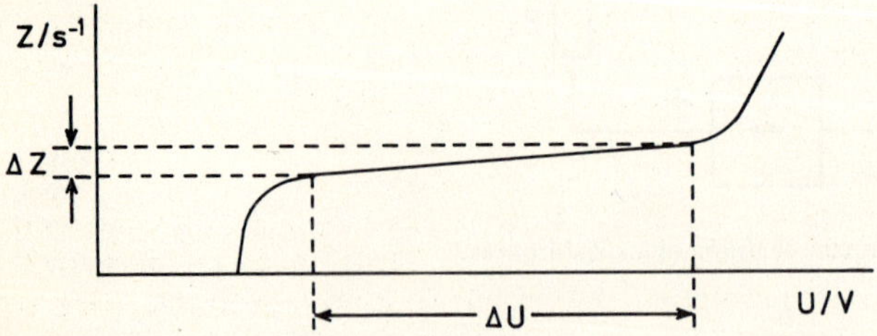


Abb. 89. Charakteristik eines Zählrohres.

**3. Meßabweichungen:** Bei der Messung radioaktiver Strahlung mit Hilfe von Zählapparaturen sind die folgenden Fehlermöglichkeiten zu berücksichtigen.

1. Aufgrund der *statistischen Schwankungen* der Zerfallsprozesse weisen die Meßergebnisse zufällige Abweichungen auf, die durch die Poisson-Verteilung bestimmt werden (vgl. Abschnitt 1.1.2.).

2. Die Zählapparatur registriert auch bei Abwesenheit der zu untersuchenden Strahlung eine gewisse Anzahl von Impulsen. Diese *Untergrundstrahlung* kommt aus der Umgebung der Zählapparatur (z. B. Höhenstrahlung) und muß bei Zählversuchen vom Ergebnis subtrahiert werden.

3. Infolge der zeitlichen Überlagerung von Impulsen können sowohl im Detektor als auch in den nachgeschalteten Verstärker- und Registrierstufen *Zählverluste* auftreten. Bei elektronischen Zähleinrichtungen mit hinreichend hoher Auflösung sind die Zählverluste dadurch bedingt, daß die Apparatur nach jedem registrierten Impuls während einer gewissen Totzeit $\tau$ nicht auf ein neues Teilchen anspricht.

Die zufällige, **statistische Meßunsicherheit** läßt sich aufgrund der Poisson-Verteilung berechnen (Versuch 1.2.5.); die relative Meßunsicherheit der Zählrate ist bestimmt durch die Gesamtzahl $N$ der gezählten Impulse.

$$\frac{u_Z}{Z} = \frac{1}{\sqrt{N}}. \qquad \text{(Formel 1.26)}$$

Durch die **Untergrundstrahlung** wird die zu messende Zählrate $Z_0$ systematisch zu größeren Werten $Z$ verfälscht. Die Untergrundstrahlung ist eine Eigenschaft der Umgebung und kann durch geeignete Abschirmung des Detektors reduziert werden. Bei einer gegebenen Anordnung mißt man die Untergrundzählrate $Z_U$ ohne das zu untersuchende Präparat über einen längeren Zeitraum (Berücksichtigung der statistischen Meßunsicherheit). Die gesuchte Zählrate ist dann

$$Z_0 = Z - Z_U. \qquad (10.11)$$

Die **Zählverluste** verfälschen die zu messende Zählrate $Z_0$ systematisch zu kleineren Werten. Diese systematische Meßabweichung kann rechnerisch berücksichtigt werden, wenn die Totzeit $\tau$ der Zählapparatur einschließlich des Detektors bekannt ist. Werden im Zeitintervall $t$ insgesamt $N$ Impulse gezählt, so ist die Gesamttotzeit $N \cdot \tau$. Waren $N_0$ Impulse tatsächlich vorhanden, so sind die verloren gegangenen Impulse $N_0 - N$ bestimmt durch

$$\frac{N_0 - N}{N_0} = \frac{N\tau}{t}.$$

Zwischen der tatsächlichen Zählrate $Z_0 = N_0/t$ und der gemessenen Zählrate $Z = N/t$ gilt dann die Beziehung

$$Z_0 - Z = Z_0 \cdot Z \cdot \tau$$

und daraus folgend

$$Z_0 = \frac{Z}{1 - \tau \cdot Z} \quad \text{bzw.} \quad Z = \frac{Z_0}{1 + \tau \cdot Z_0}. \qquad (10.12)$$

Den Zusammenhang zwischen der tatsächlichen und der gemessenen Zählrate für verschiedene Totzeiten zeigt Abb. 90. Für $Z_0 \to \infty$ ist die

Maximalzählrate $Z_\infty = \frac{1}{\tau}$ .

Schlechte Zählapparaturen mit großen Totzeiten können eine viel zu niedrige Gefährdung vortäuschen!

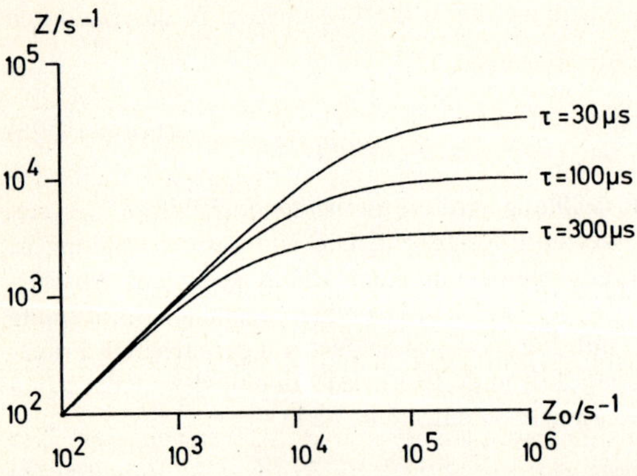


Abb. 90. Einfluß der Totzeit $\tau$ auf die gemsssene Zählrate $Z$.

**Zwei-Präparate-Verfahren:** Werden die tatsächlichen Zählraten für zwei Präparate einzeln ($Z_{1,0}$ bzw. $Z_{2,0}$) und gemeinsam ($Z_{3,0}$) bestimmt, so muß gelten

$$Z_{3,0} = Z_{1,0} + Z_{2,0}\,. \tag{10.13}$$

Bei Berücksichtigung von Formel (10.12) ergibt sich

$$\frac{Z_3}{1 - Z_3 \cdot \tau} = \frac{Z_1}{1 - Z_1 \cdot \tau} + \frac{Z_2}{1 - Z_2 \cdot \tau}\,, \tag{10.13 a}$$

Dies führt zu einer quadratischen Gleichung in $\tau$, deren Auflösung als physikalisch sinnvolle Lösung

$$\tau = \frac{1}{Z_3} \cdot \left(1 - \sqrt{1 - (Z_1 + Z_2 - Z_3) \cdot \frac{Z_3}{Z_1 \cdot Z_2}}\right) \tag{10.14}$$

ergibt. Unter der Bedingung, daß der zweite Term in der Wurzel klein ist gegen 1, dies ist gültig für $\tau \ll 1/Z_{3,0}$, gilt die einfacher zu berechnende Näherung

$$\tau = \frac{Z_1 + Z_2 - Z_3}{2 \cdot Z_1 \cdot Z_2} \tag{10.14 a}$$

**Versuchsdurchführung:**

*Teil a):*

1. Das Zählrohr, die Hochspannungsversorgung und die Meßapparaturen werden gemäß Abb. 88 geschaltet.

2. Bei einer vorgegebenen Anordnung des Zählrohrs zum radioaktiven Präparat bestimme man zunächst die Zählrate (Impulse/Zeiteinheit) bei einer Spannung, die ca. 50 V oberhalb des Schwellwertes liegt. Um Zählverluste möglichst zu vermeiden, reduziert man die Zählrate durch zusätzliche Absorber auf ca. 100 Imp./s.

3. Bei dieser Anordnung wird die Spannung variiert und die Zählrate als Funktion der Spannung gemessen. Dabei sollte die Zählrate des Plateaus nur kurzfristig und maximal um 30% überschritten werden, da sonst das Zählrohr Schaden leidet!

4. Die Zählrate ist als Funktion der Spannung aufzutragen; dem Diagramm sind Länge und relative Steilheit des Plateaus zu entnehmen.

*Teil b):*

5. Man beobachte die Form der Zählimpulse oszillographisch in Nähe der Zählschwelle, im Plateau und am Plateauende. Die zur Zählung minimal erforderliche Größe der Zählimpulse — Zählschranke — ist oszillographisch zu messen.

6. Bei *sehr* hoher Zählrate beobachte man bei der mittleren Arbeitsspannung die Impulsgröße als Funktion des Abstandes vom vorhergehenden Impuls. Mit Hilfe der unter (5) gemessenen Zählschranke ist die Totzeit des Zählrohres zu bestimmen.

*Teil c):*

7. Bei definierter und reproduzierbarer Zuordnung zweier radioaktiver Präparate zum Zählrohr werden die Zählraten für die beiden Präparate einzeln und gemeinsam gemessen.

8. Die Totzeit der Zählapparatur wird gemäß Formel (10.14 bzw. 10.14 a) berechnet.

### 10.3.3. Versuch: Absorption monoenergetischer $\gamma$-Strahlung

**Aufgabe:** Für eine monoenergetische Strahlung und verschiedene Absorber ist der exponentielle Zusammenhang zwischen Strahlungsintensität und Absorberdicke zu überprüfen. Schwächungskoeffizient $\mu$ und Halbwertsdicke $s$ der Absorber sind zu bestimmen.

**Grundlagen:** Für ein paralleles Bündel monoenergetischer Röntgen- oder $\gamma$-Strahlung gilt wie für jede elektromagnetische Wellenstrahlung, daß bei geringen Schichtdicken $\mathrm{d}x$ die relative Intensitätsabnahme $-\mathrm{d}I/I$ der Strahlung der Schichtdicke proportional ist; den Proportionalitätsfaktor bezeichnet man als *Schwächungskoeffizient* $\mu$*).

$$\frac{-\mathrm{d}I}{I} = \mu \mathrm{d}x\,. \qquad (10.15)$$

Die Integration dieser Gleichung liefert das
**Absorptionsgesetz für monoenergetische Wellenstrahlung:**

$$I = I_0 \cdot \exp(-\mu \cdot x)\,. \qquad (10.16)$$

Die Strahlungsintensität $I$ nimmt längs des Weges $x$ exponentiell ab.

Der Schwächungskoeffizient $\mu$ ist abhängig von der Frequenz bzw. der Photonenenergie der Strahlung, für eine Strahlung aus einem Frequenzgemisch gilt das Absorptionsgesetz im allgemeinen nicht!

In der Praxis charakterisiert man einen Absorber durch den anschaulichen Begriff *Halbwertsschichtdicke* (kurz: *Halbwertsdicke*) $s$. Man versteht darunter die Schichtdicke, die ein enges, paralleles Bündel auffallender Strahlung zur Hälfte absorbiert. Bei Gültigkeit des Absorptionsgesetzes ergibt sich der Zusammenhang zwischen Halbwertsdicke $s$ und Schwächungskoeffizient $\mu$ daraus, daß in Gleichung (10.16) für $I = I_0/2$ der Weg $x = s$ ist:

$$\frac{I_0}{2} = I_0 \cdot \exp(-\mu \cdot s), \qquad (10.16\,\mathrm{a})$$

$$s = \frac{\ln 2}{\mu} = \frac{0{,}693}{\mu}\,. \qquad (10.17)$$

Bei Gültigkeit des Absorptionsgesetzes sind Halbwertsdicke $s$ und Schwächungskoeffizient $\mu$ einander umgekehrt proportional.

*) Vgl. hierzu die Ausführungen zu den Versuchen 9.3.6. und 10.3.4.!

Bei der Versuchsdurchführung dient zur Messung der Intensitäten $I$ ein Geiger-Müller-Zählrohr. Die mit dem Zählrohr gemessene Zählrate $Z$ (Impulse/Zeiteinheit) ist der Intensität der Strahlung $I$ direkt proportional; (gegebenenfalls sind systematische Meßabweichungen wie Untergrundstrahlung und Zählverluste zu berücksichtigen, vgl. Versuch 10.3.2.). Die Gleichung (10.16) erhält damit die Form

$$Z = Z_0 \cdot \exp(-\mu \cdot x)\,. \tag{10.18}$$

Nachweis und Auswertung des exponentiellen Zusammenhanges erfolgt über eine logarithmische Auftragung, am zweckmäßigsten unter Verwendung von Koordinatenpapier, dessen eine Achse logarithmisch geteilt ist (Einfach-Logarithmenpapier) (vgl. Versuch 1.2.8.). Wird für die Zählrate die logarithmische Teilung und für die Absorberdicke die lineare Teilung verwendet, so ergibt sich ein linearer Zusammenhang. Entnimmt man der ausgleichenden Geraden zwei Wertepaare $(Z_1; x_1)$ und $(Z_2; x_2)$, dann gilt

$$\ln \frac{Z_1}{Z_2} = -\mu \cdot (x_1 - x_2)\,. \tag{10.19}$$

Für $Z_2 = Z_1/2$ ist die Differenz $x_2 - x_1$ gleich der Halbwertsdicke $s$ des Absorbers.

**Versuchsdurchführung:**

1. Den Versuchsaufbau zeigt Abb. 91. Das Präparat befindet sich in einer Bleiabschirmung, durch eine Blendenöffnung wird ein schmales Strahlenbündel in Richtung des Zählrohres ausgeblendet, die Absorberbleche können durch eine Öffnung innerhalb der Bleiabschirmung zwischen Präparat und Zählrohr geschoben werden.

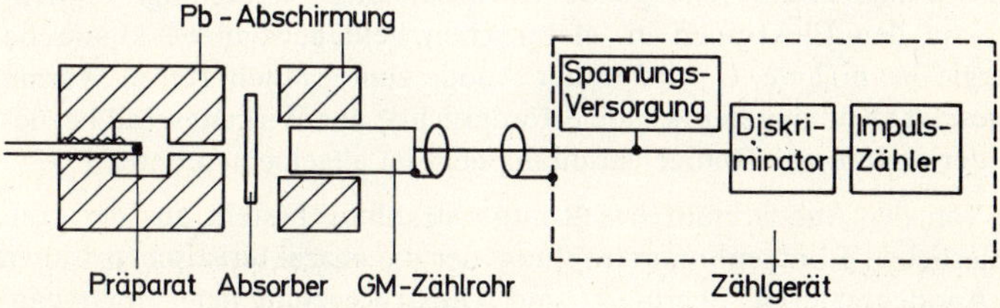


Abb. 91. Versuchsanordnung zur Messung der Absorption radioaktiver Strahlen mit dem Geiger-Müller Zählrohr.

2. Am Zählgerät werden die Betriebsspannung des Zählrohres, die Ansprechschwelle und das Zeitintervall für die Impulszählung eingestellt.

3. Bei bekannter Untergrundzählrate und bekannter Totzeit des Zählrohrs ist abzuschätzen, inwieweit Untergrundzählrate und Zählverluste bei den folgenden Messungen vernachlässigt werden können bzw. zu berücksichtigen sind.

4. Bei einem Absorbermaterial wird bei verschiedenen Dicken $x$ des Absorbers die Anzahl $N$ der Impulse für das vorgegebene Zählintervall $\Delta t$ gemessen. Man berechne die Zählrate $Z$ (ggf. unter Berücksichtigung der systematischen Fehler) und die Meßunsicherheit der Zählrate.

5. Auf Einfach-Logarithmenpapier wird die Zählrate mit Fehlergrenzen als Funktion der Absorberdicke $x$ aufgetragen. Man zeichne die ausgleichende Gerade und entnehme ihr die Halbwertsdicke $s$. Aus der Halbwertsdicke ist der Schwächungskoeffizient $\mu$ zu berechnen.

### 10.3.4. Versuch: Absorption polychromatischer Röntgenstrahlung

**Aufgabe:**

a) Die Absorption einer heterogenen, polychromatischen Röntgenstrahlung wird in Abhängigkeit von der Dicke des Absorbers gemessen. Homogenitätsgrad und Aushärtung der Röntgenstrahlung sind durch die Bestimmung verschiedener Halbwertsdicken zu überprüfen.

b) Über den Homogenitätsgrad bestimme man qualitativ den Einfluß von Anodenspannung und Emissionsstrom auf die Zusammensetzung der Röntgenstrahlung.

**Grundlagen:** Die Schaltung einer Röntgenröhre zeigt Abb. 92. Aus der geheizten Glühkathode treten Elektronen aus, die durch die zwischen Kathode und Anode anliegende Hochspannung beschleunigt werden. Die von den Elektronen im elektrischen Feld gewonnene kinetische Energie $m \cdot v^2/2 = e \cdot U$ wird in der Anode zum größten Teil in Wärme umgesetzt (Kühlung der Anode erforderlich!); der Wirkungsgrad bezüglich der emittierten Röntgenstrahlung liegt im allgemeinen unter 1%.

Die von der Anode emittierte Röntgenstrahlung besteht aus der kontinuierlichen Röntgenbremsstrahlung, der die charakteristischen Linien des Anodenmaterials überlagert sind. Durch Regelung der Primärspannungen des Heiztransformators bzw. des Hochspannungstransformators können Emissionsstrom $I$ bzw. Anodenspannung $U$ und damit die um-

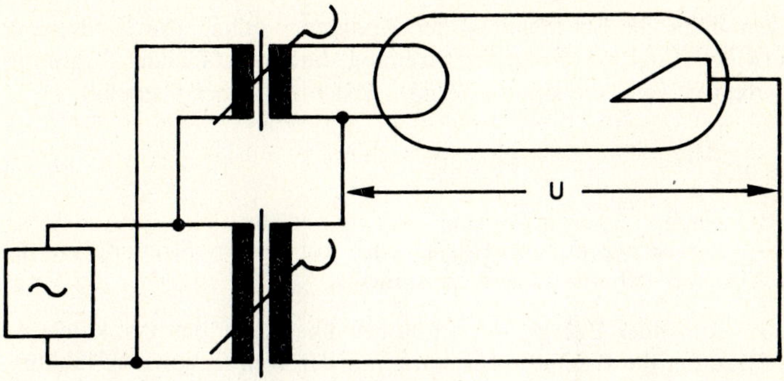


Abb. 92. Schaltung einer Röntgenröhre.

gesetzte Leistung $U \cdot I$ variiert werden. Während eine Änderung des Stromes nur die Intensität der Röntgenstrahlung beeinflußt, wird durch eine Änderung der Anodenspannung auch die spektrale Verteilung der Röntgenstrahlung verändert.

Die Schwächung der Röntgenstrahlung durch Absorber ist abhängig von der Energie (Wellenlänge) der Strahlung und der Ordnungszahl des Absorbers; man vergleiche Abschnitt 10.1.3., Abb. 84. Im medizinischen Anwendungsbereich der Röntgenstrahlung (20−100 keV) setzt sich die Gesamtschwächung im wesentlichen aus der eigentlichen Photoabsorption und der Streuung ohne Änderung der Wellenlänge zusammen.

Bei niedrigen Energien (großen Wellenlängen) überwiegt zunächst die **Photoabsorption**. Jeweils nach Überschreiten einer Absorptionsgrenze, d.h. bei Erreichen der Ionisierungsenergie für ein an einer inneren Schale gebundenes Elektron, steigt der Massenabsorptionskoeffizient sprunghaft an, um mit zunehmender Energie wieder rasch abzufallen. Es gilt mit guter Näherung

$$\frac{\mu_a}{\rho} = c \cdot \lambda^3 \cdot Z_p^3. \qquad (10.20)$$

Der Massenabsorptionskoeffizient $\mu_a/\rho$ steigt zwischen zwei Absorptionskanten proportional zur dritten Potenz der Wellenlänge $\lambda$ an. Er ist proportional der dritten Potenz der Ordnungszahl $Z_p$ des Absorbers.

Die starke Wellenlängenabhängigkeit der Photoabsorption führt bei Elementen mit niedriger Ordnungszahl $Z_p$ dazu, daß bei kleineren Wellenlängen dann die Schwächung der Röntgenstrahlung durch **Streuung** überwiegt. Zunächst erfolgt eine Streuung, die zur einfallenden Strahlung kohärent ist, und die keine Energie auf den Absorber überträgt:

$$\frac{\mu_s}{\rho} \approx 0{,}2 \frac{\mathrm{cm}^2}{\mathrm{g}}. \tag{10.21}$$

Der Massenschwächungskoeffizient der kohärenten Streuung ist für alle Absorber näherungsweise konstant.

Bei zunehmender Energie der Photonen überlagert sich der kohärenten Streuung die Compton-Streuung mit der vom Streuwinkel abhängigen Energieübertragung auf den Absorber.

Wegen des wellenlängenabhängigen Absorptionskoeffizienten schwächt ein Absorber in einem Strahlengemisch die langwelligen, „weichen" Komponenten im allgemeinen stärker als die kurzwelligen, „harten" Komponenten. Durch diesen Vorgang verschiebt sich der Schwerpunkt der Strahlung zu kürzeren Wellenlängen, der mittlere Absorptionskoeffizient $\mu$ für das Strahlengemisch wird kleiner. Die Strahlung wird durchdringungsfähiger oder „aufgehärtet", bis letztlich ein schmales Spektralband vor der kurzwelligen Grenze übrig bleibt. Dieser als „Homogenisierung" bezeichnete Vorgang führt dazu, daß der Abfall der relativen Intensität als Funktion der Absorberdicke in der logarithmischen Darstellung keineswegs durch eine Gerade, d.h. eine Exponentialfunktion, dargestellt wird (Abb. 93).

Unabhängig von der Form der Absorptionskurve definiert man als Halbwertsschichtdicke (abgekürzt: *Halbwertsdicke*) $s$ diejenige Schichtdicke, durch die ein enges Strahlenbündel einheitlicher Richtung auf die Hälfte herabgesetzt wird. Im allgemeinen Fall ist die Halbwertsdicke also von der bereits durchsetzten Schichtdicke abhängig. Um die Homogenität einer Strahlung zu beurteilen, bestimmt man eine erste Halbwertsdicke $s_1$ und eine zweite Halbwertsdicke $s_2$ die direkt aneinander anschließen; und definiert als *Homogenitätsgrad* $H$ das Verhältnis

$$H = \frac{s_1}{s_2}. \tag{10.22}$$

Im Beispiel der Abb. 93 ist der Homogenitätsgrad der ursprünglichen Strahlung $H = 0{,}8/2{,}4 = 0{,}33$, nach Filterung durch 4 mm Al beträgt der Homogenitätsgrad $H \approx 1$.

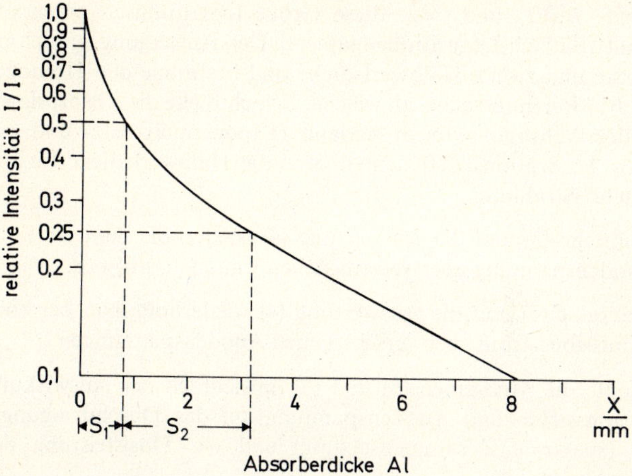


Abb. 93. Absorption einer heterogenen Röntgenstrahlung; Definition der verschiedenen Halbwertsdicken.

**Versuchsdurchführung:**

1. Der Versuchsaufbau besteht aus der Röntgenröhre sowie Bleiblenden, die ein schmales paralleles Bündel der Röntgenstrahlen ausblenden, ferner aus einer Vorrichtung, durch die Absorber in den Strahlengang gebracht werden können, und einen Detektor (Ionisationskammer, Zählrohr, Szintillationszähler) mit einer Anzeige, die zur Dosisleistung der Röntgenstrahlung proportional ist. Während der Versuchsdurchführung befinden sich Röntgenröhre, Blenden, Absorber und Detektor in einem Gehäuse, das die Umgebung gegenüber der Röntgenstrahlung abschirmt (Strahlenschutzverordnung).

2. Das Schutzgehäuse wird geschlossen und die Röntgenröhre in Betrieb genommen, indem die Betriebsspannungen eingeschaltet, der Emissionsstrom und die Anodenspannung gemessen und eingeregelt werden.

3. Die zur Dosisleistung proportionale Meßgröße $I_0$ wird gemessen. Bei einem Absorbermaterial werden verschiedene Dicken $x$ des Absorbers in den Strahlengang geschoben und die zugehörigen Meßwerte $I(x)$ bestimmt.

4. Man bilde $I(x)/I_0$ und trage diese Größe logarithmisch gegen die Dicke $x$ auf (Einfach-Logarithmenpapier!) Der Auftragung entnehme man die erste und zweite Halbwertsdicke und bestimme den Homogenitätsgrad $H$. Man untersuche, ab welcher Schichtdicke die Absorptionskurve in der Auftragung linear verläuft (Exponentialgesetz) und bestimme den Absorptionskoeffizienten bzw. die Halbwertsdicke für die „ausgehärtete" Strahlung.

5. Die Meßreihe (3) und die Auswertung (4) wiederhole man bei konstanter Anodenspannung aber verschiedenen Emissionsströmen.

6. Die Meßreihe (3) und die Auswertung (4) wiederhole man bei konstantem Emissionsstrom aber verschiedenen Anodenspannungen.

7. Man deute die Meßreihen (5) und (6) hinsichtlich der Auswirkung von Emissionsstrom und Anodenspannung auf das Durchdringungsvermögen (spektrale Zusammensetzung) und der Dosisleistung der Röntgenstrahlung.

8. Man untersuche qualitativ die Abhängigkeit des Massenabsorptionskoeffizienten von der Ordnungszahl des Absorbers und diskutiere die Anwendungsbereiche „weicher" und „harter" Röntgenstrahlung.

### 10.3.5. Versuch: Absorption von β-Strahlung

**Aufgabe:** Die Absorption einer β-Strahlung ($^{90}_{38}Sr$) durch Al-Folien ist zu untersuchen. Über die maximale Reichweite der β-Strahlung ist mit Hilfe der Reichweiten-Energiebeziehung die maximale Energie der β-Strahlung zu bestimmen.

**Grundlagen:** Die Vielzahl der Effekte, die bei der Absorption einer β-Strahlung mit einem kontinuierlichen Energiespektrum auftreten, soll im folgenden mit denen bei der Absorption einer monoenergetischen α-Strahlung verglichen werden.

α-Teilchen werden hauptsächlich durch die elektrostatische Wechselwirkung mit den Hüllelektronen des Absorbers, d. h. durch Stoßionisation abgebremst. Bei dieser Energieabgabe ist die Impulsänderung für die stoßenden α-Teilchen sehr klein; sie werden praktisch nicht abgelenkt.

Monoenergetische α-Strahlen besitzen deshalb eine einheitliche Reichweite. Ist die Absorberdicke kleiner als die Reichweite, so durchdringen alle α-Strahlen den Absorber; ist die Absorberdicke größer als die Reichweite, so werden alle α-Teilchen abgebremst und bilden unter Einfang von freien Elektronen He-Atome. Die Zahl der längs einer differentiellen Wegstrecke gebildeten Ionen — die spezifische Ionisation $dE/dx$ — ist sehr groß, daher geben α-Teilchen ihre Energie auf kurze Entfernungen ab, z. B. beträgt die Reichweite in Luft wenige Zentimeter und im Körpergewebe einige $\mu$.

Im Vergleich zu α-Strahlen haben die β-Strahlen eine um den Faktor 100 bis 1000 geringere spezifische Ionisation und damit eine wesentlich größere Reichweite. Für niedrige Energien der β-Strahlen werden die Energieverluste in der Hauptsache durch Ionisationsprozesse bestimmt. Bei höheren Energien muß die Gefährdung durch die sekundär erzeugte Bremsstrahlung beachtet werden.

Die zur Emission der Bremsstrahlung notwendigen Abbremsungseffekte im Feld der Absorberatome steigen mit zunehmender Energie der β-Strahlen und zunehmender Ordnungszahl des absorbierenden Elementes. Für das Verhältnis der spezifischen Energieverluste $\mathrm{d}W/\mathrm{d}x$ gilt bei dicken Absorberschichten für Absorber der Ordnungszahl $Z_\mathrm{p}$ und für Energien $W > 3$ MeV näherungsweise

$$\frac{(\mathrm{d}W/\mathrm{d}x)_\mathrm{brems}}{(\mathrm{d}W/\mathrm{d}x)_\mathrm{ionis}} = \frac{Z_\mathrm{p} \cdot W/\mathrm{MeV}}{800}. \qquad (10.23)$$

Als Abschirmung für β-Strahlen werden deshalb zur Vermeidung der harten, durchdringungsfähigen Bremsstrahlung zweckmäßigerweise Elemente mit niedriger Ordnungszahl, z. B. Al, verwendet.

Auch wenn die „harte“ Bremsstrahlung vermieden wird, bedingen weitere Effekte, daß die quantitative Erfassung der Absorption von β-Strahlen Schwierigkeiten bereitet. Wird die Schwächung eines *eng ausgeblendeten* Bündels einer β-Strahlung untersucht, so ergibt sich eine effektive Schwächung durch eine Richtungsänderung — Streuung — der β-Partikel; es können dabei Streuwinkel bis 180°, d.h. Rückwärtsstreuung beobachtet werden. Deshalb zeigt die Transmissionskurve für monoenergetische Elektronen einen wesentlich flacheren Abfall, als für α-Teilchen gleicher Energie (Abb. 94); gleichzeitig ergibt sich, daß die energieärmere Strahlung wesentlich stärker geschwächt wird.

Bei einem natürlichen radioaktiven β-Strahler mit einem kontinuierlichen Energiespektrum überlagern sich die Absorptionseffekte derart, daß zu-

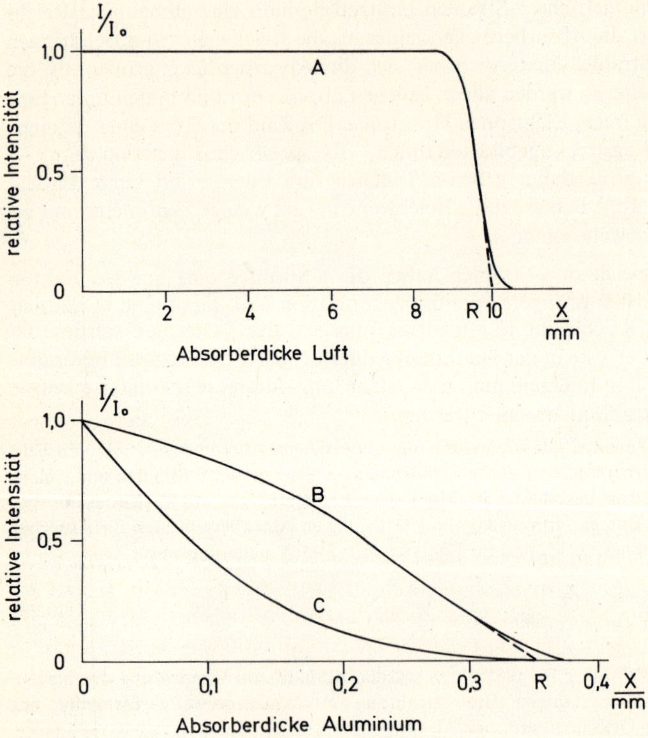


Abb. 94. Absorption von Partikelstrahlung in Abhängigkeit von der Schichtdicke des Absorbers:
A) monoenergetische $\alpha$-Strahlung 1,9 MeV in Luft,
B) monoenergetische $\beta$-Strahlung 1,9 MeV in Al,
C) $\beta$-Strahlung kontinuierlicher Energie beim radioaktiven Zerfall mit $W_0 = 1{,}9$ MeV in Al.

nächst die langsameren, niederenergetischen Elektronen stark absorbiert werden, zugleich werden aber die schnellen, höherenergetischen Elektronen abgebremst. Dabei wird unter Umständen eine Annäherung an einen exponentiellen Zusammenhang erreicht.

Wegen der verschiedenen Effekte legt man bei β-Strahlen das Hauptgewicht auf einen empirischen Zusammenhang zwischen Energie und Reichweite der Elektronen, der den praktischen Strahlenschutzmaßnahmen zugrunde gelegt werden kann. Da die Schwächung der Strahlung der Masse des Absorbers proportional ist, erweist es sich als zweckmäßig, den Abschirmmaßnahmen die Masse pro Flächeneinheit des Absorbers zugrunde zu legen. Diese Größe, die sich als Produkt der Schichtdicke $x$ mit der Dichte $\rho$ berechnet, wird als Flächendichte $x_M = x \cdot \rho$ bezeichnet.

Im Bereich von 0,5 bis 3 MeV gilt für natürliche (inhomogene) Strahlen die

**Energie-Reichweiten-Beziehung:**

$$R_M = K_1 W_0 + K_2. \tag{10.24}$$

Die maximale Flächendichte $R_M$, d. h. das Produkt aus maximaler geometrischer Reichweite $R$ und Dichte $\rho$ des Absorbers steht in einem linearen Zusammenhang zur maximalen Energie $W_0$ der $\beta$-Strahlung. Für die Einheiten $[W_0]$ = MeV und $[R_M]$ = mg/cm$^2$ besitzen die Konstanten den Wert $K_1$ = 527 mg/(cm$^2$MeV) und $K_2$ = 112 mg/cm$^2$.

Zur experimentellen Bestimmung der Höchstreichweite wird die durchgelassene Intensität zweckmäßigerweise logarithmisch gegen die Schichtdicke aufgetragen. In dieser Darstellung nähert sich die Kurve mit wachsender Absorberdicke einer Geraden, die parallel zur Ordinate verläuft und deren Schnittpunkt mit der Abszisse die Höchstreichweite liefert. Die Absorptionskurve kann verfälscht werden, wenn bei dem radioaktiven Zerfall gleichzeitig Gammaquanten auftreten, die ebenfalls vom Zählrohr, wenn auch mit geringerer Ansprechwahrscheinlichkeit, registriert werden. Da der Absorptionskoeffizient von Aluminium für Gammastrahlung sehr gering ist, bleibt deren Zählrate nahezu konstant. Sie bewirkt eine Anhebung der Untergrundintensität; ihr Anteil läßt sich bei größerer Schichtdicke ermitteln und bei der Auftragung der Zählrate für die β-Strahlung berücksichtigen.

**Versuchsdurchführung:**

1. Der Versuchsaufbau entspricht Versuch 10.3.3. (Abb. 91).

2. Am Zählgerät werden die Betriebsspannung des Zählrohres, die Ansprechschwelle und das Zeitintervall für die Impulszählung eingestellt.

3. Die Anzahl $N$ der Impulse für das vorgegebene Zeitintervall wird für verschiedene Dicken $x$ des Absorbermaterials Aluminium gemessen und hinsichtlich systematischer Meßfehler korrigiert. Gegebenenfalls ist die

Messung über mehrere Zeitintervalle auszudehnen, bis der statistische Fehler unter einer vorgegebenen Größe liegt (vgl. Versuch 1.2.5).

4. Man trage die Zählrate $Z$ logarithmisch als Funktion der Absorberdicke $x$ auf. Dem Verlauf bei großen Schichtdicken entnehme man die Zählrate für die Untergrundstrahlung (einschließlich $\gamma$-Strahlung). Man extrapoliere diesen Verlauf auf kleine Schichtdicken und bestimmt die auf reine $\beta$-Strahlung korrigierte Zählrate.

5. Die korrigierte Zählrate wird ebenfalls logarithmisch gegen die Absorberdicke $x$ aufgetragen. Man bestimme die Reichweite $R$ der $\beta$-Strahlung über den Schnittpunkt der vertikalen Asymptote mit der Abszisse, aus der Reichweite der Strahlung und der Dichte von Aluminium bestimme man über die Formel (10.24) die Maximalenergie $W_0$.

## 10.3.6. Versuch: Geometrisches Abstandsgesetz für ionisierende Strahlung

**Aufgabe:** Für einen $\gamma$-Strahler ($^{60}$Co) ist das Abstandsgesetz nachzuweisen. Mit Hilfe der bekannten Aktivität der radioaktiven Quelle ist die Photonenempfindlichkeit des Empfängers zu bestimmen.

**Grundlagen:** Den von einer Quelle ausgehenden Fluß an ionisierenden Partikeln in der Zeiteinheit $\Delta t$ bezeichnen wir mit $\Delta N/\Delta t$. Der Teilchenfluß ist proportional der Aktivität $A$ der Quelle; werden bei dem radioaktiven Zerfall eines Atoms $m$ Teilchen emittiert, so gilt

$$\frac{\Delta N}{\Delta t} = m \cdot A\,. \tag{10.25}$$

Beeinflußt das durchstrahlte Medium die Strahlung *nicht* durch Absorption, Streuung oder auch Bildung von Sekundärteilchen, so bleibt der gesamte Teilchenfluß konstant. Die Strahlung breitet sich geradlinig aus, und zwar, sofern die Abmessung der Quelle klein ist gegen die Entfernung des Empfängers, praktisch radial. Der Teilchenfluß durchsetzt mit zunehmenden Abstand $r$ von der Quelle immer größere Kugelflächen $O = 4\pi r^2$.

Die auf die Flächeneinheit bezogene Teilchenflußdichte $\Phi(r)$ nimmt somit proportional zu $1/r^2$ ab:

$$\Phi(r) = \frac{\Delta N/\Delta t}{4\pi r^2} = \frac{m \cdot A}{4\pi r^2}\,. \tag{10.26}$$

Das quadratische Abstandsgesetz läßt sich nachweisen für ionisierende Strahlung, die nur schwach absorbiert wird, so für Röntgen- oder γ-Quanten mittlerer Energien in Luft.

Besitzt der Detektor die Fläche $\Delta B$, so wird er in der Zeiteinheit von

$$\Phi(r) \cdot \Delta B = \frac{m \cdot A \cdot \Delta B}{4\pi r^2}$$

Teilchen durchsetzt. Werden in der Zeiteinheit aber nur $Z$ Impulse registriert ($Z$ = Zählrate), so beträgt die relative Teilchenausbeute des Detektors

$$\alpha = \frac{Z(r)}{\Phi(r) \cdot \Delta B} = \frac{4\pi r^2 \cdot Z(r)}{m \cdot A \cdot \Delta B}. \tag{10.27}$$

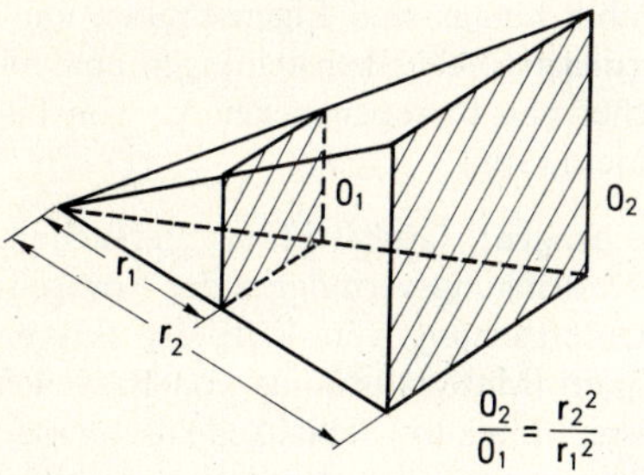


Abb. 95. Zum geometrischen Abstandsgesetz.

**Versuchsdurchführung:**

1. Hinter einer geeigneten Abschirmung werden die in einem Stift befindliche γ-Quelle (∅ = 2 mm) und der Detektor (Fläche ca. 1 cm$^2$) auf einer optischen Bank aufgebaut. (Die Abschirmung soll Experimentator und Beobachter schützen, aber keine Streustrahlung in Richtung des Detektors abgeben!)

2. Die Zählrate $Z$ ist für verschiedene Abstände $r$ vom Detektor und Quelle zu bestimmen und ggf. hinsichtlich systematischer Meßfehler zu korrigieren.

3. Man trage die Zählrate $Z$ gegen $1/r^2$ auf und diskutiere den Verlauf der ausgleichenden Kurve (evtl. Abweichungen vom linearen Zusammenhang für zu kleine $r$).

4. Mit Hilfe der Meßgrößen $Z$ und $r$ und den bekannten Größen Querschnittsfläche $\Delta B$ des Detektors und Gesamt-Teilchenfluß $m \cdot A$ des radioaktiven Strahlers berechne man die relative Teilchenausbeute des Detektors.

## 10.3.7. Anwendungsbeispiele zu den Versuchen und Anregungen zum Selbststudium

Die Untersuchungen der Eigenschaften ionisierender Strahlen liefern Aussagen über die Struktur der Atomkerne und den Aufbau der Materie im atomaren Bereich und bilden damit u.a. den Ausgangspunkt für die gesamte Kernenergietechnik. Darüber hinaus sind Eigenschaften ionisierender Strahlen für die verschiedensten Aufgabenstellungen analytischer, meßtechnischer, diagnostischer und therapeutischer Art von Bedeutung. Beispiele und Probleme hierzu sind:

**Materialkundliche Röntgenuntersuchungen:** Grobstrukturuntersuchungen — Ausnutzung des hohen Durchdringungsvermögens der Röntgenstrahlung zur zerstörungsfreien Untersuchung von Körperstrukturen und Lokalisierung von Fremdkörpern (Materialprüfung von Bauteilen auf voluminöse Fehler wie Risse, Lunker, Schlackeneinschlüsse); Feinstrukturuntersuchungen — Anwendung von Röntgenstrahlinterferenzen zur Untersuchung kristalliner Substanzen in Mineralogie und Metallurgie; Röntgenspektralanalyse — Nachweis der in der zu untersuchenden Substanz enthaltenen Elemente durch Anregung der charakteristischen Röntgenstrahlung (Röntgenfluoreszenz).

**Medizinische Röntgendiagnostik:** Anpassung der Härte der Röntgenstrahlung an das zu untersuchende Objekt (Gewebe bzw. Knochengerüst); Kontraststeigerung durch stark absorbierende Substanzen — Kontrastmittel (z. B. für Magen-Darm-Trakt $BaSO_4$, für Gefäßuntersuchungen jodhaltige organische Substanzen); Subjektive Beobachtung des Röntgenbildes mit einem Fluoreszenzschirm; Verminderung der Strahlenbelastung für Arzt und Patient durch Anwendung elektronischer Bildverstärker; Photographische Aufnahme des Röntgenbildes durch beidseitig beschichtete Filme; Verkürzung der Belichtungszeit durch fluoreszierende Verstärkerfolien in Kontakt mit der photographischen Emulsion.

**Kernreaktionen:** Meßtechnische Anwendung von Kernreaktionen im Labor bei der Erzeugung und dem Nachweis bestimmter Isotope bzw. Kernteilchen, z. B.: Neutronenaktivierungsanalyse (Nachweis bestimmter Elemente über künstliche Kernreaktionen); Radium-Beryllium-Gemisch als Neutronenquelle (Reaktion ${}^{9}_{4}Be(\alpha; n){}^{12}_{6}C$); Auskleidung von Zählrohren mit Bor zum Nachweis von Neutronen (Neutronen-Zählrohre; Reaktion ${}^{10}_{5}B(n; \alpha){}^{7}_{3}Li$).

**Anwendung des Zerfallsgesetzes:** Altersbestimmung über archäologische Zeiträume durch die Karbonmethode: Bestimmung der Restkonzentration des radioaktiven ${}^{14}_{6}C$-Isotops bei organisch gebildeten Substanzen (Holz, Knochen).

**Anwendung radioaktiver Isotope — Indikatormethode:** Markierung einer chemischen Verbindung durch Ersatz eines Elements durch ein (künstliches) radioaktives Isotop; Verteilung des markierten Stoffes durch physikalische, chemische oder biologische Vorgänge wird durch Strahlungsdetektoren nachgewiesen (Szintigramm, Autoradiographie); Anwendung der Indikatormethode für medizinische Diagnostik: Kreislaufdiagnostik, Funktionsprüfung (z. B. Niere, Leber, Schilddrüse) und insbesondere Tumorlokalisation.

**Gefahren radioaktiver Strahlung:** Fehlen eines definierten Schwellwertes für eine kritische Strahlendosis; Akkumulation der Strahlung über längere Zeiträume; große Latenzzeit zwischen Bestrahlung und Auftreten von Symptomen; mögliche Auswirkungen je nach Dosis u. a. „Röntgenkater“; infektiöse Anfälligkeit, Knochenerkrankungen, Erkrankung des Blutes (Leukämie), Strahlentod; karzinogene Spätschäden, u. U. erst nach mehreren Jahren; Schädigung der Erbmasse — Erhöhung der Mutationsrate; im allgemeinen stärkere Schädigung von in Teilung befindlichen Zellen (Keimdrüse, Knochenmark), so auch von wucherndem Gewebe (Grundlage der Strahlentherapie).

**Strahlentherapie:** Grundprinzip möglichst gezielte Bestrahlung des zu behandelnden Herdes; Nahbestrahlung oder Kontaktbestrahlung bei Oberflächentumoren (Einführen von Nadeln mit Radium); Hohlraumbestrahlung (z. B. von Speiseröhrenkrebs) durch Kobaltkugeln, die an einem Faden aufgereiht sind und wieder entfernt werden können; Fernbehandlung bei Herden im Körperinneren: Schwenken der Quelle (im allgemeinen $\gamma$-Strahler ${}^{60}_{22}Co$) um den Herd, um die Strahlenbelastung des gesunden Gewebes niedrig zu halten.

# 11. Anhang: Elementare Differentialgleichungen und ihre Lösungsfunktionen

Zahlreiche physikalische Probleme werden durch Gleichungen beschrieben, bei denen eine Funktion mit einer oder mehreren ihrer Ableitungen verknüpft wird; solche Gleichungen bezeichnet man als Differentialgleichungen.

Gewisse Typen von Differentialgleichungen tauchen in den verschiedensten Gebieten der Physik und unter Umständen auch in anderen Wissensgebieten auf. Hier ermöglicht die mathematische Formulierung Analogieschlüsse zwischen Problemen, die aus völlig verschiedenen Gebieten kommen. Haben wir den Sachverhalt, der durch eine bestimmte Gleichung beschrieben wird, einmal vollständig untersucht, so kennen wir zugleich die Lösung aller weiteren Probleme, für die derselbe Gleichungstyp gilt.

Die Lösungsfunktionen – kurz Lösungen – einer Differentialgleichung bezeichnet man als partikuläre Lösungen, wenn sie für ein ganz bestimmtes, spezielles Problem gelten. Demgegenüber enthält die allgemeine Lösung einer Differentialgleichung n-ter Ordnung $n$ willkürliche, zunächst unbestimmte Konstanten (die Ordnung kennzeichnet die höchste vorkommende Ableitung $\mathrm{d}^n y/\mathrm{d}x^n$). Diese allgemeine Lösung umfaßt alle partikulären Lösungen, die dadurch bestimmt sind, daß die Konstanten den Anfangs- oder Randbedingungen des speziellen Problems angepaßt werden. Im folgenden sollen die Lösungen zweier elementarer Differentialgleichungen untersucht werden, die im Rahmen dieses Kurses mehrfach auftreten. Es handelt sich dabei um lineare Differentialgleichungen, d. h. um solche Differentialgleichungen, bei denen die Variable $y$ durch eine lineare Gleichung mit ihren Ableitungen verknüpft ist.

## 11.1. Die Exponentialfunktion

Gegeben ist die lineare Differentialgleichung 1. Ordnung

$$\frac{\mathrm{d}y}{\mathrm{d}x} \pm k \cdot y = 0 \,. \tag{11.1}$$

Die spezielle Eigenschaft der gesuchten Funktion $y(x)$ wird häufig auf verschiedene Arten verbal ausgedrückt, formal handelt es sich um ein Umschreiben der obigen Differentialgleichung:

1. Die Ableitung $\mathrm{d}y/\mathrm{d}x$ der gesuchten Funktion (graphisch die Steigung der Tangente) ist dem Funktionswert selbst proportional:

$$\frac{\mathrm{d}y}{\mathrm{d}x} = \pm k \cdot y . \tag{11.1a}$$

2. Die Änderung des Funktionswertes $\mathrm{d}y$ ist proportional der Größe des Funktionswertes $y$ und der Änderung der Variablen $\mathrm{d}x$:

$$\mathrm{d}y = \pm k \cdot y \cdot \mathrm{d}x . \tag{11.1b}$$

3. Die *relative* Änderung $\mathrm{d}y/y$ der gesuchten Funktion ist der Änderung der Variablen $\mathrm{d}x$ proportional:

$$\frac{\mathrm{d}y}{y} = \pm k \,\mathrm{d}x . \tag{11.1c}$$

Entsprechende Gleichungen erhalten wir im Rahmen dieses Kurses bei folgenden Zusammenhängen: Ausflußviskosimeter Gl. (2.32), Temperaturausgleich Gl. (3.13), Aufladung eines Kondensators Gl. (6.3), Weber-Fechnersches Gesetz Gl. (7.17a), Absorption monochromatischer Strahlung Gl. (9.10) und Gl. (10.15), radioaktiver Zerfall Gl. (10.6a).

**Definition und Eigenschaften der Funktion exp($x$):**

Für eine spezielle Form der Differentialgleichung, für

$$\frac{\mathrm{d}y}{\mathrm{d}x} = y \tag{11.2}$$

ist eine partikuläre Lösung die Exponentialfunktion $y = \exp(x)$, die durch eine unendliche Potenzreihe definiert werden kann:

$$y = \exp(x) = \sum_{n=0}^{\infty} \frac{x^n}{n!} = 1 + \frac{x}{1} + \frac{x^2}{1 \cdot 2} + \frac{x^3}{1 \cdot 2 \cdot 3} + \cdots \tag{11.3}$$

Man überzeugt sich leicht, daß bei der Differentiation eines jeden Summanden die Funktion sich selbst reproduziert und somit der Gleichung (11.2) genügt.

Der Funktionswert für jedes $x$ kann über eine entsprechende Anzahl von Summanden der Reihe (11.3) mit beliebiger Genauigkeit berechnet werden. Man erhält für den speziellen Wert $x=1$ die transzendente *Eulersche Zahl*

$$e = \exp(1) = 2{,}71828\ \ldots$$

Die Bezeichnung „Exponentialfunktion" für die Lösung (11.3) erklärt sich daraus, daß die Funktion als Potenz geschrieben werden kann, wobei die Variable $x$ als Exponent der Eulerschen Zahl erscheint:

$$y = \exp(x) \equiv e^x\ . \tag{11.4}$$

Die Exponentialfunktion nimmt für alle $x$ nur positive Werte an, für $x=0$ ist $e^0=1$, für $x\to+\infty$ wächst $y=e^x$ monoton über alle Grenzen. Da nach den Potenzgesetzen $e^{-a}=1/e^a$ ist, nähert sich die Exponentialfunktion für $x\to-\infty$ asymptotisch der $x$-Achse.

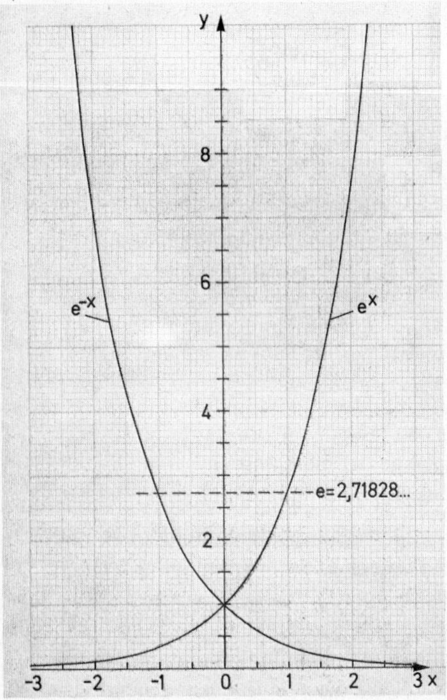


Abb. 96. Graphische Darstellung der Funktionen $\exp(x)$ und $\exp(-x)$.

Aus dem gleichen Grund ergibt sich die Funktion

$$y = \exp(-x) = \mathrm{e}^{-x} \tag{11.5}$$

aus Gleichung (11.4) durch Spiegelung an der $y$-Achse (Abb. 94).

**Allgemeine Lösung der linearen Differentialgleichung 1. Ordnung**

Die allgemeine Lösung der Differentialgleichung (11.1a)

$$\frac{\mathrm{d}y}{\mathrm{d}x} = \pm k \cdot y$$

ist gegeben durch

$$y = y_0 \cdot \exp(\pm k \cdot x)\,. \tag{11.6}$$

**Beweis:** Die Anwendung der Kettenregel für die Differentiation liefert mit der Substitution $z = \pm k \cdot x$

$$\frac{\mathrm{d}y}{\mathrm{d}x} = \frac{\mathrm{d}y}{\mathrm{d}z} \cdot \frac{\mathrm{d}z}{\mathrm{d}x} = (y_0 \exp(z)) \cdot (\pm k) = \pm k \cdot y\,.$$

$y_0$ ist die Integrationskonstante der allgemeinen Lösung, sie wird durch die Anfangsbedingung $x = 0 \rightarrow y = y_0$ festgelegt. Diese Konstante bewirkt eine Streckung bzw. Stauchung der Ordinatenwerte, während die Proportionalitätsgröße $k$ eine Streckung bzw. Stauchung der Abszissenwerte der elementaren Exponentialfunktion bewirkt.

**Auswertung der Exponentialfunktion**

Tritt die Exponentialfunktion bei der Auswertung experimenteller Daten auf, so zielt die Aufgabenstellung im allgemeinen auf zwei Probleme:

1. Nachweis des exponentiellen Zusammenhangs zwischen den betreffenden Größen,

2. Bestimmung der Konstanten $k$, ggf. als Grundlage für die Berechnung physikalischer Größen.

Zum Nachweis und zur Auswertung eines funktionalen Zusammenhanges trägt man zweckmäßigerweise solche Größen auf, deren Abhängigkeit durch eine lineare Funktion (Gerade) gegeben ist. Ein Beispiel für die Auswertung einer Exponentialfunktion wird in Versuch 1.2.8. diskutiert (Abb. 5).

## 11.2. Die harmonische Schwingung

Gesucht wird die Lösung der linearen Differentialgleichung 2. Ordnung

$$\frac{d^2 y}{dx^2} + k y = 0 \tag{11.11}$$

mit $k > 0$. Diese Differentialgleichung erhält man insbesondere bei Bewegungsvorgängen, bei denen die Beschleunigung durch eine rücktreibende Kraft bestimmt wird, die der Auslenkung aus der Ruhelage proportional ist, s. Abschnitt 7.1.2. Beispiele sind hierfür das Federpendel Vers. 7.3.2., das mathematische Pendel Vers. 7.3.3. und die Schwingung einer Wassersäule Vers. 7.3.4.

**Definition und Eigenschaften der Funktionen sin** $x$ **und cos** $x$:
Für die spezielle Form der Differentialgleichung mit $k = 1$

$$\frac{d^2 y}{dx^2} + y = 0 \tag{11.12}$$

sind partikuläre Lösungen die Funktionen $\sin x$ und $\cos x$. Deren Darstellung durch eine unendliche Potenzreihe enthält beim Sinus alle ungeraden Potenzen von $x$ und beim Cosinus alle geraden Potenzen von $x$ mit jeweils alternierenden Vorzeichen.

$$y = \sin x = \frac{x}{1!} - \frac{x^3}{3!} + \frac{x^5}{5!} - \frac{x^7}{7!} \pm \cdots,$$

$$y = \cos x = 1 - \frac{x^2}{2!} + \frac{x^4}{4!} - \frac{x^6}{6!} \pm \cdots. \tag{11.13}$$

Man überzeugt sich leicht, daß die beiden Funktionen sich – bedingt durch die alternierenden Vorzeichen – bei zweimaliger Differentiation mit entgegengesetztem Vorzeichen reproduzieren und somit der Gleichung (11.12) genügen.

Eine anschauliche allgemeine Definition der Winkelfunktionen $\sin \varphi$ $\cos \varphi$ erfolgt am Einheitskreis um den Ursprung des kartesischen Koordinatensystems (Abb. 97).

Der Einheitsradius $r$ schließt mit der positiven $x$-Richtung den Winkel $\varphi$ ein, bei Drehung entgegengesetzt dem Uhrzeigersinn wird er positiv und im Uhrzeigersinn negativ gerechnet. Unter Einbeziehung beliebig vieler Drehungen um den Ursprung sind beliebige Werte für positive oder negative Winkel definiert. Die Winkel selbst können in Grad oder über das Verhältnis Bogenlänge/Radius in Radiant (1 rad = 1 m/m) gemessen werden. Es gilt

$$\frac{\varphi \text{ in rad}}{\varphi \text{ in Grad}} = \frac{\pi}{180°} \; . \tag{11.14}$$

Am Einheitskreis ist der Sinus des Winkels $\varphi$ gemäß Abb. 97 definiert als die senkrechte Projektion des Einheitsradius $r$ auf die Ordinate, der Cosinus als senkrechte Projektion des Einheitsradius auf die Abszisse.

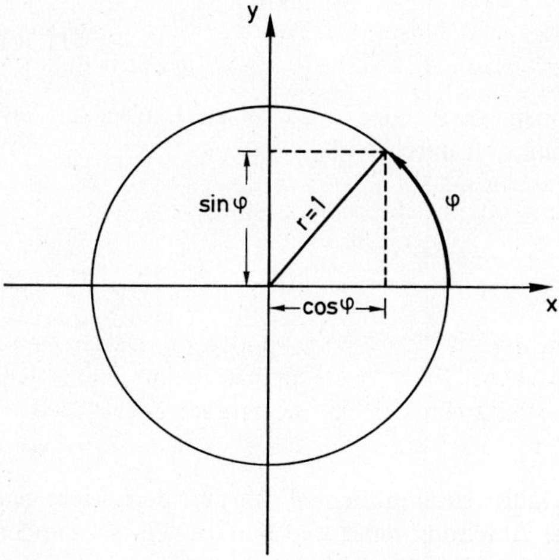


Abb. 97. Definition der Winkelfunktionen sin $\varphi$ und cos $\varphi$ am Einheitskreis.

Die Abb. 98 zeigt die Graphen $y = \sin x$ und $y = \cos x$, die auf Grund der obigen Definition gewonnen werden. Beide Funktionen besitzen Funktionswerte zwischen −1 und 1, sie sind bezüglich ihres Argumentes

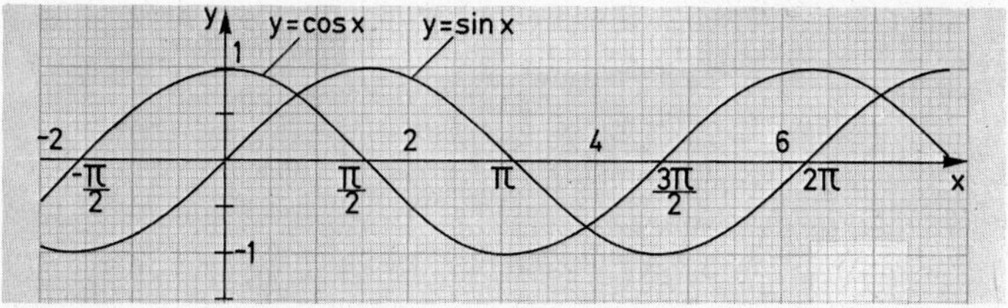


Abb. 98. Graphische Darstellung der Funktionen sin $x$ und cos $x$.

$x$ periodisch mit der Periode $2\pi$. Die Funktion $\sin x$ ist symmetrisch zum Koordinatenursprung (ungerade Funktion), die Funktion $\cos x$ symmetrisch zur Ordinate (gerade Funktion):

$$-1 \leq \sin x \leq 1; \qquad -1 \leq \cos x \leq 1;$$

$$\sin(x \pm 2n\pi) = \sin x; \qquad \cos(x \pm 2n\pi) = \cos x; \tag{11.15}$$

$$\sin(-x) = -\sin x; \qquad \cos(-x) = \cos x.$$

Cosinus und Sinus sind um $\pi/2$ gegeneinander verschoben.

$$\cos x = \sin\left(x + \frac{\pi}{2}\right). \tag{11.16}$$

Wenn eine der Funktionen $\sin x$ oder $\cos x$ einen Extremwert erreicht geht die andere Funktion durch Null.

| $x$ | $\sin x$ | $\cos x$ |
|---|---|---|
| 0 | 0 | 1 |
| $\pi/2$ | 1 | 0 |
| $\pi$ | 0 | $-1$ |
| $3\pi/2$ | $-1$ | 0 |
| $2\pi$ | 0 | 1 |

Eine Untersuchung des Differentialquotienten führt zu dem wichtigen Zusammenhang, daß die Ableitung einer der Funktionen $\sin x$ oder $\cos x$ jeweils durch die andere Funktion bestimmt ist:

$$y = \sin x \rightarrow \frac{dy}{dx} = \cos x \tag{11.17}$$

$$y = \cos x \rightarrow \frac{dy}{dx} = -\sin x.$$

Man vergleiche hierzu die Reihenentwicklungen (11.13) von $\sin x$ und $\cos x$ und deren Ableitungen!

**Allgemeine Lösung der linearen Differentialgleichung 2. Ordnung:**

Da die Differentialgleichung (11.11)

$$\frac{d^2 y}{dx^2} = -kx \qquad (k > 0)$$

von zweiter Ordnung ist, muß die allgemeine Lösung zwei Konstanten besitzen. Eine solche allgemeine Lösung ist

$$y = \hat{y} \sin(\omega_0 x + \varphi) \,. \tag{11.18}$$

**Beweis:** Die Anwendung der Kettenregel für die Differentiation liefert mit der Substitution $z = (\omega_0 x + \varphi)$

$$\frac{\mathrm{d}y}{\mathrm{d}x} = \frac{\mathrm{d}y}{\mathrm{d}z} \cdot \frac{\mathrm{d}z}{\mathrm{d}x} = \hat{y} \cdot (\cos z) \cdot \omega_0 \,,$$

$$\frac{\mathrm{d}^2 y}{\mathrm{d}x^2} = -\hat{y} \cdot (\sin z) \cdot \omega_0^2 = -\omega_0^2 y \,. \tag{11.19}$$

Die Gleichung (11.18) beschreibt einen periodischen Vorgang mit der Periode $x_P = 2\pi / \omega_0$, der für $x = 0$ bereits von Null verschieden sein kann, es ist $y(0) = \hat{y} \sin \varphi$, und der die maximale Amplitude $\hat{y}$ besitzt. Die bei der allgemeinen Lösung noch unbestimmten Konstanten $\hat{y}$ und $\varphi$ müssen für ein spezielles Problem aufgrund der Randbedingungen ermittelt werden.

Der Vergleich von (11.19) mit der Differentialgleichung (11.11) ergibt die wichtige Beziehung

$$\omega_0 = \sqrt{k} \quad \text{bzw.} \quad x_P = \frac{2\pi}{\sqrt{k}} \,. \tag{11.20}$$

Die Periodizitätsgröße $x_P$ ist umgekehrt proportional der Quadratwurzel aus den Konstanten $k$ der Differentialgleichung (11.11).

Die meßtechnischen Anwendungen der Differentialgleichung der harmonischen Schwingung und ihrer Lösung (11.18) zielen in erster Linie auf die Bestimmung der Periodizitäzskonstanten $x_P$ (z. B. Periodendauer $T$), daraus werden über Gleichung (11.20) $k$ und aus $k$ ggf. weitere physikalische Größen gewonnen. (Beispiele: vgl. die Versuche 7.3.2., 7.3.3. und 7.3.4.)

# Sachverzeichnis


Abbildung mit Linsen 205 ff.
Abbildungsfehler 213
Abbildungsgleichung 205, 207
Abbildungsmaßstab 209
Aberration, chromatische 213
–, sphärische 213
Abkühlungsgesetz, Newtonsches 72
Absorption
–, Alpha-Strahlung 252, 276 f.
–, Beta-Strahlung 252, 276 ff.
–, Gamma-Strahlung 254 ff., 270 f.
–, opt. Strahlung 245 f.
–, Röntgenstrahlung 254 ff., 272 f.
Absorptionsgesetz 270,
s. Lambertsches Gesetz 246
Absorptionsgrad 245
Abstandsgesetz, geometrisches 280 f.
Adiabatenexponent 189
Adiabatisch abgeschlossen 71, 189
Äquivalentdosis 259 f.
Aggregatzustand 42, 66 ff., 86
Akkommodation 215
Aktivität
–, optische 229, 238 f.
–, radioaktive 34 f., 258
Alpha-Teilchen 251 f.
Amplitude 170
Analog-Anzeige 100
Analysator 233, s. Polarisation
Apertur, numerische 221
Archimedisches Prinzip 43
Auflösungsvermögen beim
Mikroskop 221
Auftrieb 43, 51, 55
Auge 215 f.
Ausflußviskosimeter 56 ff.
Ausgleichsgerade 19, 30 f.
Auswertung von Meßgrößen 13 ff., 22 ff.
Autokollimation 206

Balkenwaage 49, 51
Basiseinheiten, Basisgrößen 2 f.
Beersches Gesetz 245
Bernoullisches Gesetz 44
Bessel-Verfahren 211 f.
Beta-Teilchen 251, 276 f.
Beugung 157 f., 228
Bewegungsgesetz 39
Bewegungsgröße 39 f.
Bildkonstruktion 206 f.
Blasenkammer 257
Blindwiderstand 128, 130
Boyle-Mariottesches Gesetz 67
Braunsches Rohr 152
Brechkraft 208
Brechung 175 f., 202 f.
Brechungsgesetz 203
Brechungsindex 203, 231
Bremsstrahlung 252 f., 277
Brennweite 205, 208
–, Messung 210 f., 214
Brewstersches Gesetz 235

Compton-Effekt 254 f.

Dampfdruck 69
Dämpfung 149, 171 f.
Dehnungsmeßstreifen 48
Dezibel 181
Dichroismus 236
Dichte 38, 62
Differentialgleichung 284
– der Exponentialfunktion 284 ff.
– der Harmonischen Schwingung 288 ff.
Differenzierglied 148
Digitale Messung 99, 100
Dioptrie 208
Direktionskonstante 170
– Messung 184 f.

Dispersion 203, 233
Doppelbrechung 204, 229, 235
Dosismaße 258ff.
Drehmoment 40f.
Drehspulinstrument 98, 132
Drehung, spezifische 238f.
Druck 42f., 50, 65f.
–, hydrostatischer 43
Duane-Huntsches Gesetz 254
Dulong-Petitsche Regel 71
Durchlaßgrad 245
Dynamik, Grundgleichung 40
Dynamometer 49

Effektivwert, Spannung, Strom 129, 132
Einsteinsches Gesetz 250
Elektrodynamisches Meßwerk 99, 132
Elektronenstrahloszillograph 150ff.
–, Synchronisation 155f.
–, Triggerung 155f.
Elektronenstrahlröhre 152f.
Elektronenvolt 251
Elementarwelle, Huygens-Fresnel 175f.
Elongation 170f., 175
Endmaße 46
Energie
– einer Masse 250
– eines Photons 230, 250
–, elektrische 90, 129f.
–, mechanische 170
–, Schwingung, Welle 170f., 175
–, thermische s. Wärme
–, Energiedosis 259
Erdbeschleunigung 41, 186f.
Ersatzschaltbild 91
–, Amperemeter 93
–, Spannungsquelle 91, 93
–, Spule 134
Exponentialfunktion 284ff.
–, graph. Auswertung 31, 34f.
Extinktion 246

Feder, dynamisches Gleichgewicht 184
–, statisches Gleichgewicht 184
Fehler 7ff., s.a. Meßabweichung, Meßunsicherheit
Fehlerfortpflanzung 16ff.
Fehlerquadrate, Gaussches Prinzip der kleinsten 20
Feldlinse s. Mikroskop
Fernrohr 231
Festkörper 42, 68f.
Flächendichte 279
Flüssigkeit 42, 43ff., 68f.
–, ideale 43
–, Newtonsche 44
Flüssigkeitsmanometer 50
–, Thermometer 73
Fourier-Zerlegung 123

Gamma-Strahlung 254f., 270
Gas 42
–, ideales 66f.
– Thermometer 73
Gaussche Normalverteilung 10f.
Gay-Lussacsches Gesetz 67
Gefrierpunkterniedrigung 69f., 77f.
Geiger-Müller-Zählrohr 256, 263ff.
Geometrische Optik 202, 210
Gewicht, Gewichtskraft 41
Gitterspektrometer 233, 241f.
Gleichverteilungsprinzip 71
Grenzfrequenz 138, 141
Größengleichung 2
Güte eines el. Resonanzkreises 141
Güteklasse, Meßinstrument 100

Häufigkeitsverteilung 10, 22f., s. Verteilungsfunktion
Hagen-Poisseuillesches Gesetz 45, 56, 63
Halbleiter-Strahlungsdetektor 257
Halbschattenverfahren 240
Halbwertsdicke 270, 274
Hauptebene 205f., 208
Hellempfindlichkeitsgrad 226
Histogramm 22
Hochpass 137f.

Homogenitätsgrad 274
Huygens-Fresnelsches Prinzip 175

Impedanz 128, s. Wechselstromwiderstand
Impuls, elektrischer 160
–, mechanischer 40
–, Ultraschall 191 ff.
Induktivität 123, s. Wechselstromwiderstand
Innere Reibung 44
Integrierglied 148 f.
Intensität 175, 180 f., 226, 270
Interferenz 177 f., 228, 242
Interferometer 231
Ionendosis 259 ff.
Ionisation 250, 252, 256
–, spezifische 263, 277
Ionisationskammer 256, 264
Isobar, Isochor, Isotherm 67, 75

Joulesches Gesetz 90

Kalorimeter 80 ff., 83, 85 f.
–, Temperaturausgleich 81 f.
Kapazität 124, s. Wechselstromwiderstand
Kathetometer 47
Kelvin 65
Kerntreffer 252
Kinematik 39
Kirchhoffsche Gesetze 93 f.
Klemmenspannung 91
Knoten-Regel 93
Kohärenz 177, 228
Kollimatorlinse 242
Komparator 47
Kompensation, Poggendorfsche 108 ff.
–, Schreiber 150
Kompensator, optischer 233
Kondensator 134, s. Kapazität
Kondensator, Mikroskop 219
Konzentration 69
Korrelationskoeffizient 21
Kraft 39 ff., 49, 169
Kraftgesetz, lineares 169
Kryoskopische Konstante 70

Längenmessung 46 ff., 231
Lambert-Beersches Gesetz 246
Laser 229
Lateralvergrößerung 209
Lautsprecher 182
Leitwert 89
Licht 201, 226 f.
Lichtelektrischer Effekt 232
Lichtgeschwindigkeit 201, 203
Lichttechnische Größen 226 f.
–, Messung 232
Linse 205
–, Dicke 208
–, Dünne 205
–, Sammel ~ 205
–, Zerstreuungs~ 206
Linsenfehler 213
Linsenformel, s. Abbildungsgleichung 205, 207
Linsensystem 208, 214
Lissajous-Figuren 163 f., 165 f.
Lösungen, Effekte bei 69
Lupe 217 f., 219

Malussches Gesetz 236
Manometer 50
Maschen-Regel 94
Masse 39 ff., 49
Maßeinheit, Maßzahl 1
Massenschwächungskoeffizient 256, 273, 274
Meßabweichung 8,9
Meßinstrument, elektrisches 98 ff., 132, 149 ff.
–, Güteklasse 100
–, Meßbereichsänderung 101 f.
–, Schaltung 103 ff.
Meßinstrument,
–, Symbole 101
Messung 1

Meßunsicherheit 9f., 15f.
–, Fehlerfortpflanzung 17ff.
–, relativ 16
Meßwandler 120, 181f.
Meßwerkschreiber 149
Mikrometer 48
Mikrophon 181f.
Mikroskop 219ff., 231
–, Auflösungsvermögen 221
–, Objektiv, Okular 219
–, Feldlinse, Kondensor 219, 221
–, Öffnungswinkel 222
–, Vergrößerung 219
Mittelwert
–, arithmetischer 14
–, Normalverteilung 12
–, quadratischer 129
Mohrsche Waage 51ff.
Mol 66
Molare Masse 66, 70
Molare Wärmekapazität 71

Neutron 251, 253
Newtonsche Axiome 39f.
Newtonsche Flüssigkeit 44
Newtonsches Abkühlungsgesetz 72
Nonius 47f.
Normalspannung 42
Normalverteilung, Gauss 10ff.

Ohmscher Widerstand 90, 123
Ohmsches Gesetz 89
Optik, geometrische 202, 210
–, Quanten~ 229ff.
–, Strahlungsgrößen 226f., 232
–, Wellen~ 226, 228f.
Ostwald-Viskosimeter 58
Oszillograph
–, Elektronenstrahl~ 150ff.
–, Zweikanal~ 156

Paarbildung 255
Parallaxe 46f.
Parallelschaltung 95
Pendel, mathematisches 186f.
Periodendauer 170, 173f.
Phasendiagramm 68
Phasendifferenz
–, Interferenzbedingung 177f.
–, Lissajous-Figuren 163f., 165f.
–, Wechselstrom 123f., 128, 130
–, Welle 195
Photoeffekt 254, 273, s. Lichtelektrischer Effekt
Photometer 226, 232
Photon 229f.
Physikalische Größe 1
Plancksches Gesetz 230, 250
Poggendorffsche Kompensation 110ff.
Poissonsche Gleichungen 189
Poisson-Verteilung 12f.
Polarimeter 233, 235ff., 238f.
Polarisation 178f., 229, 247
Polarisator 233, 235
Positron 251
Potential 89
Potentiometerschaltung 96ff.
Prisma 204, 233
Proton 251
Pyrometer 73

Qualitätsfaktor 260f.
Quant 229, 250, 253

Radioaktiver Zerfall 250, 258
Raoultsches Gesetz 70
Raumwinkel 227
RBW-Faktor 260
Reaktionszeit 49
Reaktanz 128
Reflexion 176, 203
Reflexionsgesetz 203
Reflexionsgrad 245
Refraktometer 231
Regression, lineare 19f.
Regressionskoeffizient 20
Reibung, innere 44
Resistanz 128

Resistivität 111
Resonanz, elektrisch 139ff., 144
–, mechanisch, akustisch 172, 197, 200
–, Frequenz 139, 172
Röntgenröhre, Schaltung 272f.
Röntgenstrahlung, Spektrum 253f., 272
–, Aufhärtung 274
–, Photoabsorption 273
–, Streuung 274

Saccharimetrie 238f.
Schall 179f., 200
–, Geschwindigkeit 32, 179, 180, 191
–, Intensität 181
Schaltbilder 91
Schaltzeichen, elektrische 92
Scheinleistung 129
Scheinwiderstand, Induktivität 123f.
–, Kapazität 124
s. Wechselstromwiderstand
Schieblehre 47
Schmelzwärme 70, 85
Schubspannung 42
– in Flüssigkeiten 44
Schwächungskoeffizient 245, 255, 270
Schwebemethode 55f.
Schwingung, harmonische 169ff., 288ff.
–, erzwungene 172
–, gedämpfte 171
Schwingungsebene des Lichts 226
Sehweite, deutliche 209
Serienschaltung 94f.
– R, L, C 125ff., 133f., 139ff.
–, Wechselstromwiderstand 128
Skalar 2
Spannung
–, elektrische 88f., 91, 94, 120, s. Wechselspannung
–, mechanische 42
Spannungskoeffizient 67
Spektralapparat 232f.
Spektrograph 233
Spektrometer 232f., 241f. 242f.
Spektrum
–, optisch 230f.
–, Röntgen- 253f.
Spule, Ersatzschaltbild 134
Standardabweichung 12ff.
– des Mittelwertes 15, s. Meßunsicherheit
Statik, Grundgleichungen 40f.
Statistik 9, 10ff.
Staudruck 43f.
Stimulierte Emission 229
Stochastisch 20
Stokessches Gesetz 46, 60f.
Stoppuhr 48
Strahlenbelastung 258f., 261, 283
Strahlendiagramm 127
Strahlenschutz 258, 262
Strahlungsgrößen, optisch 226ff., 232
Strichmaß 46
Strom, elektrisch 89, 93, 120, s.a. Wechselstrom
Strömung, laminare 44ff.
–, turbulente 46
Strom-Spannungs-Kennlinie 89f., 120
Studentfaktor 15f.
Synchronisation 155
Szintillationszähler 257

Tangentialspannung 42
Temperatur 65ff., 72
Thermoelement 73, 114
Thermokraft 114
Thermometer 73
–, Widerstands- 119
Thermophor 84
Thermospannung 114
Tiefpaß 136f.
Totalreflexion 203
Trägheit 39
Trägheitsgesetz 39
Transientenrecorder 150
Transparenz 245
Triggerung 156
Tripelpunkt 68

Ultraschall 179, 191 ff.
– Prüfgerät 192 f.
Untergrundstrahlung 266 f.
Unterkühlung 79
Urspannung 91

Varianz 12
Vektor 2
Vergrößerung
–, optische Instrumente 209, 231
–, Lateral~ 209
–, Lupe 217 f.
–, Mikroskop 219
Verteilungsfunktion 10
–, Gauss 10 f.
–, Poisson 12 f.
Vertrauensbereich, -niveau 12
Viskosität 44 f., 63
–, Meßverfahren 56 f., 58 f., 60 f.
Volumenkontraktion 54 f.

Wärme 65 f., 70 ff.
–, latente 70, 85
Wärmekapazität 70
–, molare 71
–, spezifische 70 f., 80 f., 83 f.
Wärmeleitung 72
Wasserwert 81
Wattmeter, s. Leistungsmesser 99
–, Schaltung 135
Weber-Fechnersches Gesetz 180, 239
Wechselstrom, -spannung 121 ff.
–, Darstellung 123, 125 ff., 130
–, Effektivwerte 128 f., 132, 158
–, Meßgeräte 132, 149 f., 150 ff.
–, Wirkleistung 129
Wechselstromwiderstand 128, 131
–, Frequenzabhängigkeit 124
–, R, L, C 123 f., 131
–, Serienschaltung 125 ff., 139 ff.
–, Zeigerdiagramm 127 f.
Wechselwirkungsgesetz 40
Weicheiseninstrument 99
Welle, akustische 179 ff.
–, elastische 172 ff., 179 f.
–, harmonische 172 ff.
–, ionisierende Strahlung 253 f.
–, longitudinale 172 f., 180
–, optische 201, 226, 228 f., 232 f.
–, stehende 178, 196 f.
–, transversale 172, 178, 180, 229, 233
Wellenlänge 173 f.
Wellenwiderstand 176, 226
Wheatstonesche Brückenschaltung 116 ff.
Widerstand 89 f.
–, differentieller 107 f.
–, innerer 91, 93
–, ohmscher 89 f., 123
–, Parallelschaltung 95
–, Serienschaltung 94
Widerstandsthermometer 73, 119
Wilsonsche Nebelkammer 257
Wirkleistung 128 ff.

Zähler, elektronischer 49
Zählkammer 27
Zählrohr 256 f., 263 ff.
–, Charakteristik 265
–, Meßfehler 266 f.
–, Totzeit 266 ff.
Zählstatistik, radioaktiver Zerfall 28 f.
Zählverluste 267
Zahlenwertgleichung 2
Zeigerdiagramm 127 f.
Zeitablenkgenerator 154
Zeitkonstante 147 ff.
Zeitmessung 48 f.
Zerfallsgesetz 34 f., 256
Zerfallskonstante 258
Zerstreuungslinse 206
Zustandsänderung 67 f., 189
Zustandsgleichung, ideale Gase 66 f.
Zustandsgrößen, kalorische 66
–, thermische 65
Zwei-Präparate-Verfahren 268